Kit Yates
Warum Mathematik (fast) alles ist

PIPER

Wir alle betreiben Mathematik – und zwar täglich. Die Art und Weise, wie wir miteinander sprechen, wie wir reisen, arbeiten und sogar wie wir entspannen, wird von Mathematik bestimmt. Doch sind wir uns dessen meist gar nicht bewusst. Dabei beherrscht die Welt der Zahlen nicht nur Büros und Wohnzimmer, sondern auch Krankenstationen oder Gerichtssäle. Gerade dort spielt die Mathematik oft eine entscheidende Rolle: Unternehmer werden durch fehlerhafte Algorithmen in den Ruin getrieben, Patienten erhalten falsche Diagnosen, Unschuldige werden Opfer von Justizirrtümern. In diesem Buch erzählt Kit Yates leichtfüßig von den mathematischen Pannen und Katastrophen, die uns tagtäglich begegnen können. Dadurch zeigt er ganz nebenbei, warum es manchmal lebenswichtig ist, eine Statistik zu hinterfragen oder um eine zweite Meinung zu bitten. Aber nicht nur das: Wir erfahren auch, warum wir uns immer an die 37%-Regel halten sollten …

Kit Yates promovierte 2011 in Mathematik an der »University of Oxford«. Er unterrichtet am »Department of Mathematical Sciences« der »University of Bath« und ist Co-Direktor des »Centre for Mathematical Biology«. Seine Artikel erschienen im *Guardian*, in der *Times* und in der *Daily Mail*. Regelmäßig veröffentlicht Yates auf dem Wissenschaftsportal *The Conversation* – seine populären Beiträge wurden mehr als eine Million Mal geklickt.

Kit Yates

Warum
Mathematik
(*fast*)
alles ist

**... und wie sie unser
Leben bestimmt**

Aus dem Englischen von Monika Niehaus und Bernd Schuh

Mit 35 Schwarz-Weiß-Illustrationen

PIPER

Mehr über unsere Autorinnen, Autoren und Bücher:
www.piper.de

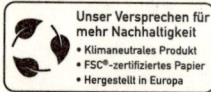

Ungekürzte Taschenbuchausgabe
ISBN 978-3-492-31947-8
Februar 2023
© Kit Yates, 2019
Die englische Originalausgabe erschien unter dem Titel »The Maths of Life and Death. Why Maths Is (Almost) Everything« bei Quercus Editions Ltd, London 2019.
© Piper Verlag GmbH, München 2021
Illustrationen: Amber Anderson
Umschlaggestaltung: zero-media.net, München
Umschlagmotiv: plainpicture/Tanja Luther; FinePic®, München
Satz: Eberl & Koesel Studio GmbH, Kempten
Gesetzt aus der Minion Pro
Litho: Lorenz & Zeller, Inning am Ammersee
Gedruckt von ScandBook in Litauen
Printed in the EU

Für meine Eltern,
Tim, Nancy und Mary,
die mir das Lesen beibrachten,
und meine Schwester, Lucy,
die mir das Schreiben beibrachte.

Inhalt

Einleitung

Fast alles

Mein vierjähriger Sohn spielt liebend gern draußen im Garten. Besonders gern wühlt er im Boden und inspiziert all das krabbelnde und kriechende Getier, das er dort findet, vor allem Schnecken. Wenn er lange genug geduldig wartet, kommen die Schnecken, nachdem sie ihren ersten Schock überwunden haben, aus ihrem natürlichen Lebensraum genommen worden zu sein, vorsichtig aus der Sicherheit ihres Gehäuses hervor und gleiten zögerlich über seine Hand, wobei sie eine zähe Schleimspur hinterlassen. Schließlich, wenn er ihrer müde geworden ist, entsorgt er sie ziemlich pietätlos auf dem Komposthaufen oder dem Holzstoß hinter dem Schuppen.

Spät im September letzten Jahres, nach einer besonders erfolgreichen Grabungstätigkeit, bei der er fünf oder sechs große Exemplare zutage gefördert hatte, kam er zu mir, als ich gerade beim Holzsägen war, und fragte: »Papa, wie viele Schnecken lebt (sic!) in unserem Garten?« Eine trügerisch einfache Frage, auf die ich keine gute Antwort hatte. Es hätten 100, aber genauso gut auch 1000 sein können. Um ganz ehrlich zu sein, er würde den Unterschied nicht verstanden haben. Dennoch weckte seine Frage meine Neugier. Wie konnten wir sie gemeinsam beantworten?

Wir entschlossen uns, ein Experiment zu machen. Am nächsten Samstagmorgen zogen wir aus, um Schnecken zu sammeln. Nach zehn Minuten hatten wir insgesamt 23 dieser Gastropoden gefunden. Ich nahm einen wasserfesten Edding aus meiner Gesäßtasche und markierte die Gehäuse der Schnecken mit einem schwarzen Kreuz. Nachdem sie alle derart gekennzeichnet worden waren, kippten wir den Eimer um und entließen die Schnecken wieder in den Garten.

Eine Woche später wiederholten wir das Spiel. Diesmal kamen wir bei unserer 10-Minuten-Suche nur auf 18 Exemplare. Bei genauerer Inspektion zeigte sich, dass drei von ihnen ein Kreuz auf dem Gehäuse trugen, während die anderen 15 unmarkiert waren. Das war alles an Information, was wir brauchten, um unsere Berechnung anzustellen.

Die Idee, die dahintersteckt, ist folgende: Die Anzahl der Schnecken, die wir beim ersten Mal fingen, 23, ist ein gegebener

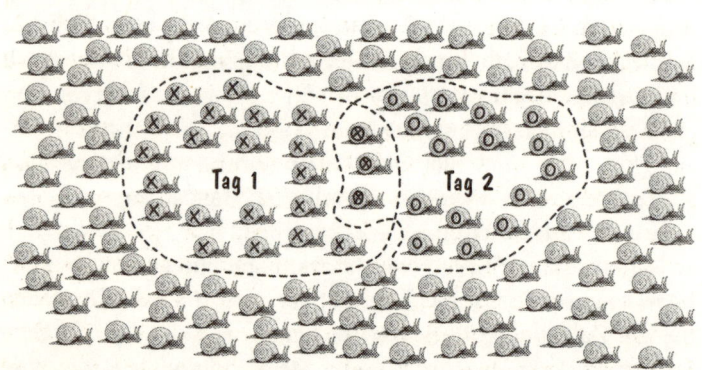

Abbildung 1: Das Verhältnis (3:18) der Zahl der wiedergefangenen Schnecken (markiert mit einem Kreuz und Kreis) zur Gesamtzahl der am zweiten Tag gefangenen Schnecken (markiert mit einem Kreis) sollte genauso groß sein wie das Verhältnis (23:138) der Zahl der am ersten Tag gefangenen Schnecken (markiert mit einem Kreuz) zur Gesamtzahl der Schnecken im Garten (markierte und unmarkierte).

Anteil an der Gesamtpopulation im Garten, die wir schätzen möchten. Wenn wir diesen Anteil bestimmen können, dann können wir anhand der Anzahl der gefangenen Schnecken die Gesamtpopulation der Schnecken im Garten ausrechnen. Dazu benutzen wir eine zweite Stichprobe, und zwar diejenige vom darauffolgenden Samstag. Der Anteil der markierten Schnecken in dieser Stichprobe, 3/18, sollte für die Population der markierten Schnecken im Garten insgesamt repräsentativ sein. Wenn wir diesen Anteil kürzen, stellen wir fest, dass durchschnittlich eine von sechs Schnecken in der Gesamtpopulation markiert ist (siehe Abbildung 1). Daher multiplizieren wir die Zahl der markierten Individuen, die am ersten Tag gefangen wurden, 23, mit einem Faktor 6, um eine Schätzung für die Gesamtzahl der Schnecken im Garten zu erhalten, also 138.

Nach Abschluss dieser Überschlagsrechnung wandte ich mich wieder meinem Sohn zu, der sich unterdessen um die gemeinsam gesammelten Schnecken »gekümmert« hatte. Wie reagierte er, als ich ihm mitteilte, dass ungefähr 138 Schnecken in unserem Garten lebten? »Daddy«, meinte er und sah auf die Schneckenhausreste hinab, die an seinen Fingern klebten. »Ich hab sie totgemacht.« Also nur 137.

Diese simple mathematische Methode, die als Capture-Recapture- oder auch als Rückfangmethode bezeichnet wird, stammt aus der Ökologie, wo sie eingesetzt wird, um die Größe tierischer Populationen zu schätzen. Man kann diese Technik selbst einsetzen, indem man zwei unabhängige Stichproben nimmt und ihre Überschneidung vergleicht. Vielleicht wollen Sie die Zahl der Lotterielose schätzen, die auf dem örtlichen Jahrmarkt verkauft wurden, oder Sie wollen wissen, wie viele Zuschauer ein Football-Spiel besucht haben, und dabei, statt mühsam Menschen zu zählen, Ticketabrisse benutzen.

Die Rückfangmethode wird auch in ernsthaften wissenschaftlichen Untersuchungen eingesetzt. Sie kann zum Beispiel wichtige Informationen über die Fluktuation innerhalb einer gefährdeten Tierart geben. Indem sie eine Schätzung der Anzahl der Fische in einem See erlaubt,[1] kann sie Fischereibehörden Hinweise für Fangquoten liefern. Die Methode ist dermaßen effizient, dass sie über die Ökologie hinaus zur Abschätzung von allem und jedem verwendet wird, von der Zahl der Drogensüchtigen in der Bevölkerung[2] bis zur Zahl der Kriegstoten im Kosovo.[3] Das ist die pragmatische Kraft, die einfachen mathematischen Ideen innewohnen kann. Und das ist die Art von Konzepten, mit denen wir uns in diesem Buch beschäftigen wollen und die ich routinemäßig in meinem Beruf als mathematischer Biologe anwende.

***

Wenn ich Leuten erzähle, dass ich mathematischer Biologe bin, erhalte ich in der Regel ein höfliches Kopfnicken, begleitet von einer ungemütlichen Stille, als würde ich gleich prüfen, ob sie sich noch an die Formel für den Satz des Pythagoras erinnern. Die Leute sind nicht nur regelrecht eingeschüchtert, sondern verstehen auch nicht so recht, dass ein Gebiet wie Mathematik, das sie als abstrakt, rein und geistig empfinden, irgendetwas mit Biologie zu tun haben kann, die gewöhnlich als praktisch, schmutzig und pragmatisch gilt. Dieser künstlichen Dichotomie begegnen die meisten Menschen erstmals in der Schule: Wenn man Naturwissenschaften mochte, Algebra hingegen weniger, dann konzentrierte man sich auf die Biowissenschaften. Wenn man wie ich Spaß an Naturwissenschaften hatte, aber kein Vergnügen daran fand, tote Tiere aufzuschneiden (einmal, zu Beginn einer Präparationsstunde, wurde ich ohnmächtig, als ich ins Labor kam und einen Fischkopf auf meinem Platz fand), wurde man zu den physikalischen Wissenschaften geführt. Niemals sollen die zwei zueinanderfinden.

So erging es mir. Ich wählte Biologie in der 6. Klasse ab und belegte Leistungskurse in Mathematik, höherer Mathematik, Physik und Chemie. Als es um die Universität ging, musste ich meine Themen noch stärker eingrenzen und war traurig, dass ich die Biologie für immer hinter mir lassen musste, ein Gebiet, das meiner Ansicht nach ein unglaublich großes Potenzial hat, unser Leben zu verbessern. Ich blickte mit großer Vorfreude auf die Gelegenheit, in die Welt der Mathematik einzutauchen, war aber auch besorgt, mir ein Thema ausgesucht zu haben, das offenbar wenig praktische Anwendungsmöglichkeiten besaß. Ich hätte mich nicht stärker irren können.

Während ich mich in die reine Mathematik vertiefte, die wir an der Universität lernten, und den Beweis des Zwischenwertsatzes oder die Definition eines Vektorraumes memorierte, begeisterten mich die Kurse über Angewandte Mathematik. Ich hörte Vorlesungen, in denen die Mathematik vorgestellt wurde, die Ingenieure benutzen, um zu verhindern, dass Brücken in Resonanz geraten und durch Windströmungen zusammenbrechen, oder um Tragflächen zu entwerfen, die sicherstellen, dass Flugzeuge nicht vom Himmel fallen. Ich lernte die Quantenmechanik kennen, die Physiker benutzen, um die seltsamen Geschehnisse auf subatomarer Ebene zu verstehen, und die Spezielle Relativitätstheorie, die die seltsamen Folgen erkundet, die sich aus der Konstanz der Lichtgeschwindigkeit ergeben. Ich belegte Kurse, in denen erklärt wurde, in welcher Weise Mathematik in der Chemie, in der Welt der Finanzen und in der Wirtschaft verwendet wird. Ich las darüber, wie Mathematik im Sport eingesetzt wird, um die Leistung von Spitzenathleten zu verbessern, und wie wir Mathematik im Film benutzen, um computergenerierte Bilder von Szenen zu schaffen, die es in der Realität nicht geben könnte. Kurz gesagt, ich lernte, dass Mathematik zur Beschreibung von fast allem dienen kann.

In meinem dritten Studienjahr konnte ich einen Kurs in mathematischer Biologie besuchen. Der Leiter war Philip Maini, ein engagierter nordirischer Professor in seinen Vierzigern. Er war nicht nur eine führende Persönlichkeit auf seinem Gebiet (später sollte er zum Fellow der Royal Society ernannt werden), sondern konnte sich auch offensichtlich für sein Thema begeistern, und sein Enthusiasmus übertrug sich auf die Studenten im Hörsaal.

Philip brachte mir nicht nur mathematische Biologie bei, er lehrte mich auch, dass Mathematiker menschliche Wesen mit Gefühlen sind, nicht die eindimensionalen Automaten, als die sie oft porträtiert werden. Ein Mathematiker sei mehr als »eine Maschine, die Kaffee in Theoreme umwandelt«, wie es der ungarische Wahrscheinlichkeitstheoretiker Alfréd Rényi einmal formulierte. Als ich in Philips Büro saß und auf ein Gespräch über eine Promotion wartete, sah ich, eingerahmt an der Wand hängend, die zahlreichen Ablehnungsbriefe, die er von den Premier-League-Clubs (höchste Spielklasse im englischen Fußball) erhalten hatte, bei denen er sich im Scherz um vakante Managerpositionen beworben hatte. Schließlich redeten wir mehr über Fußball als über Mathematik.

Entscheidend für mein akademisches Weiterkommen war, dass Philip mir half, mich wieder mit der Biologie vertraut zu machen. Während meiner Promotion arbeitete ich unter seiner Aufsicht an allem Möglichen, ob es darum ging, wie Heuschrecken schwärmen und wie man sie daran hindern kann, bis zur Vorhersage der komplexen Choreografie, der die Entwicklung des menschlichen Embryos folgt, und den verheerenden Konsequenzen, wenn die einzelnen Schritte aus dem Takt geraten. Ich baute Modelle, um zu erklären, wie Vogeleier ihre wunderbaren farbigen Muster entwickeln, und schrieb Algorithmen, um die Bewegung frei schwimmender Bakterien nachzuvollziehen. Ich simulierte Parasiten, die sich unserem Immunsystem entziehen, und modellierte die Art und Weise, in der sich tödliche Krankheiten in einer Population ausbreiten. Auf der Arbeit, die ich während meiner Promotion begann, habe ich seitdem aufgebaut. Ich arbeite noch immer auf diesen und anderen faszinierenden Gebieten der Biologie, nun in meiner gegenwärtigen Position als Associate Professor (Senior Lecturer) in Angewandter Mathematik an der University of Bath zusammen mit meinen eigenen Doktoranden.

***

Als Angewandter Mathematiker sehe ich Mathematik zuallererst als praktisches Werkzeug an, um unsere komplexe Welt zu verstehen. Mathematische Modelle können uns in Alltagssituationen nützlich sein und müssen dazu nicht Hunderte langweiliger Gleichungen oder Zeilen Computercodes enthalten. Mathematik, das sind, aufs Wesentliche zurückgeführt, Muster. Jedes Mal, wenn Sie sich die Welt ansehen, entwerfen Sie Ihr eigenes Modell der Muster, die Sie beobachten. Wenn Sie in den fraktalen Zweigen eines Baumes oder in der vielfältigen Symmetrie einer Schneeflocke ein Motiv erkennen, dann sehen Sie Mathe. Wenn Sie mit dem Fuß rhythmisch den Takt eines Musikstücks klopfen oder wenn Ihre Stimme beim Singen unter der Dusche mitschwingt und nachhallt, dann hören Sie Mathe. Wenn Sie einen Fußball ins Tor schlenzen oder einen Cricketball auf einer parabelförmigen Flugbahn fangen, dann betreiben Sie Mathe. Mit jeder neuen Erfahrung, jeder neuen sensorischen Information werden die Modelle, die Sie von Ihrer Umwelt gemacht haben, verbessert und neu geordnet, immer detaillierter und raffinierter. Unsere beste Chance, die Regeln zu verstehen, die unsere Welt kontrollieren, besteht im Entwurf mathematischer Modelle, denen es gelingt, unsere komplexe Realität einzufangen.

Meiner Meinung nach sind die einfachsten und wichtigsten Modelle Geschichten und Analogien. Der Schlüssel zur Veranschaulichung des Einflusses, den die unterschwellige Strömung der Mathematik auf unser Leben hat, besteht darin zu zeigen, wie sie sich auswirkt: vom Außerordentlichen zum Alltäglichen. Mit der richtigen Brille ausgerüstet können wir damit beginnen, die verborgenen mathematischen Regeln zu entdecken, die unseren vertrauten Erfahrungen zugrunde liegen.

Die sieben Kapitel dieses Buches beschäftigen sich mit wahren Geschichten lebensverändernder Ereignisse, in denen die Anwendung (oder Fehlanwendung) von Mathematik eine entscheidende Rolle gespielt hat: Wir begegnen Patienten, die durch fehlerhafte Gene zu Behinderten werden, und Unternehmern, die durch fehlerhafte Algorithmen bankrottgehen, unschuldigen Opfern von Justizirrtümern und ahnungslosen Opfern von Software-Pannen. Wir verfolgen Geschichten von Investoren, die ihr Vermögen verloren haben, und von Eltern, die ihre Kinder verloren haben, und das alles nur wegen mathematischer Missverständnisse. Wir ringen mit ethischen Dilemmata von Früherkennungsuntersuchungen bis zu statistischen Betrügereien und beschäftigen uns mit sozial relevanten Themen wie Volksentscheiden, Vorbeugung vor Epidemien, Strafjustiz und künstlicher Intelligenz. In diesem Buch werden wir sehen, dass Mathematik zu all diesen Themen und vielen mehr etwas Wichtiges zu sagen hat.

Statt lediglich aufzuzeigen, wo Mathe überall auftauchen kann, werde ich Sie mit einfachen mathematischen Regeln und Werkzeugen ausrüsten, die Ihnen im Alltag nützlich sein können, sei es, dass es darum geht, im Zug den besten Platz zu ergattern, oder darum, einen kühlen Kopf zu bewahren, wenn Sie von Ihrem Arzt ein unerwartetes Testergebnis erhalten. Ich zeige Ihnen einfache Wege, numerische Fehler zu vermeiden, und wir werden unsere Hände mit Druckerschwärze beschmutzen, wenn es darum geht, die Zahlen hinter den Schlagzeilen transparent zu machen. Wir werden auch einen näheren Blick auf die Mathe hinter persönlichen Gentests werfen und Mathematik in Aktion beobachten, wenn es darum geht, was man tun kann, um die Ausbreitung einer tödlichen Krankheit zu stoppen.

Wie Ihnen hoffentlich inzwischen klar geworden ist, ist dies kein Mathebuch. Und es ist auch kein Buch für Mathematiker. Sie werden auf diesen Seiten keine einzige Formel finden. Ziel des Buches ist es nicht, Erinnerungen an den Mathematikunterricht in der Schule wachzurufen, den Sie vielleicht vor vielen Jahren aufgegeben haben. Ganz im Gegenteil. Wenn Ihnen jemals das Gefühl vermittelt wurde, Sie könnten keine Mathematik, betrachten Sie dieses Buch als Befreiung.

Ich bin fest davon überzeugt, dass Mathe etwas für jedermann ist und wir alle die wunderbare Mathematik im Herzen der komplexen Phänomene, die uns im Alltag umgeben, würdigen können. Wie wir in den folgenden Kapiteln sehen werden, steckt Mathematik hinter den Fehlalarmen, die uns unser Verstand vorspiegelt, und dem falschen Vertrauen, das uns nachts schlafen lässt, hinter den Geschichten, die uns in den sozialen Medien aufgedrängt werden, und den Memen, die sich in diesen ausbreiten. Mathe schafft Schlupflöcher im Gesetz und ist gleichzeitig die Nadel, um sie zu stopfen, sie steht hinter der Technik, die Leben rettet, und den Fehlern, die Leben in Gefahr bringen, hinter dem Ausbruch von schrecklichen Epidemien und den Strategien zu ihrer Kontrolle. Sie ist unsere größte Hoffnung, wenn es um die Beantwortung fundamentaler Fragen über die Rätsel des Kosmos und die Geheimnisse unserer eigenen Spezies geht. Sie leitet uns auf den unzähligen Pfaden unseres Lebens, und während wir die letzten Atemzüge tun, lauert sie schon hinter dem Vorhang, um auf uns zurückzublicken.

1

Exponentiell denken

Die Furcht einflößende Macht und die ernüchternden Grenzen exponentiellen Verhaltens

Darren Caddick ist Fahrlehrer in Caldicot, einer kleinen Stadt im Süden von Wales. Im Jahr 2009 wurde er von einem Freund angesprochen, der ihm ein lukratives Angebot machte. Wenn er nur 3000 Pfund investierte und zwei weitere Leute dazu brächte, dasselbe zu tun, würde er in nur wenigen Wochen 23 000 Pfund zurückerhalten. Anfangs hielt Caddick das Angebot für zu gut, um wahr zu sein, und widerstand der Versuchung. Schließlich gelang es seinem Freund aber doch, ihn zu überzeugen, indem er ihm erklärte, »niemand werde verlieren, denn das System würde weiterlaufen und immer weiterlaufen«, so seine Worte; daher entschloss sich Caddick schließlich mitzumachen. Er verlor alles und leidet zehn Jahre später noch immer unter den Konsequenzen dieser Entscheidung.

Ohne es zu ahnen, fand sich Caddick auf der untersten Stufe eines Pyramiden- oder Schneeballsystems wieder, das eben nicht »immer weiterlaufen« konnte. Das »Give and Take«-System, das 2008 ins Rollen gebracht wurde, fand keine neuen Investoren mehr und brach in weniger als einem Jahr in sich zusammen – aber nicht, bevor die Organisatoren mehr als 10 000 Investoren in ganz Großbritannien um 21 Millionen Pfund erleichtert hatten, von denen 90 Prozent ihren 3000-Pfund-Einsatz niemals wiedersahen. Investmentsysteme, die darauf basieren, dass Investoren zahlreiche weitere Investoren rekrutieren, um ihren Gewinn zu realisieren, sind zum Scheitern verurteilt. Die Zahl an Neuinvestoren, die auf jeder Ebene nötig ist, steigt proportional zu der Anzahl der Leute im System. Nach 15 Rekrutierungsrunden würde ein Schneeballsystem dieser Art bereits mehr als 10 000 Menschen umfassen. Auch wenn das wie eine große Zahl aussieht, wurde sie von »Give and Take« problemlos erreicht. 15 Runden später müsste jedoch einer von sieben Menschen weltweit in das System investieren, damit es weiterläuft. Dieses phänomenal rasche Wachstum, das zwangsläufig zu einem Mangel an neuen Mitspielern und damit letztlich zum Kollaps des Systems führt, bezeichnet man als exponentielles Wachstum.

Es lohnt sich nicht, über vergossene Milch zu weinen

Ein System wächst exponentiell, wenn es proportional zu seiner momentanen Größe zunimmt. Stellen Sie sich vor, dass morgens, wenn Sie eine Flasche Milch öffnen, eine einzige Zelle des Bakteriums *Enterococcus faecalis* ihren Weg hinein findet, bevor Sie die Flasche wieder verschließen. *E. faecalis* gehört zu den Bakterien, die die Milch sauer werden und gerinnen lassen, aber wegen einer Zelle braucht man sich doch keine Sorgen zu machen, oder?[4] Vielleicht beginnen Sie sich aber doch ein bisschen zu sorgen, wenn Sie feststellen, dass sich diese Bakterienzellen in der Milch teilen und pro Stunde zwei Tochterzellen hervorbringen können.[5] Mit jeder Generation nimmt die Anzahl der Zellen proportional zu der bereits vorhandenen Anzahl von Zellen zu, daher wächst ihre Menge exponentiell.

Die Kurve, die beschreibt, wie eine exponentiell wachsende Größe steigt, erinnert an eine Quarter-Pipe-Rampe, wie sie Inlineskater, Skateboarder und BMX-Fahrer benutzen. Anfangs steigt die Rampe nur sehr leicht an – die Kurve ist flach und gewinnt nur sehr langsam an Höhe (wie Sie im ersten Diagramm von Abbildung 2 sehen können). Nach zwei Stunden gibt es in Ihrer Milch vier Bakterienzellen und nach vier Stunden sind es immer noch nur 16, was nicht allzu problematisch erscheint. Wie bei der Quarter-Pipe-Rampe ist es jedoch so, dass die Höhe und damit die Steigung der Exponentialkurve rasch zunimmt. Bei Größen, die exponentiell wachsen, kann es so aussehen, als wüchsen sie anfangs nur sehr langsam, würden dann aber auf scheinbar unerwartete Weise rasch an Fahrt gewinnen. Wenn Sie Ihre Milch zwischendurch 48 Stunden lang außerhalb des Kühlschranks stehen lassen und das exponentielle Wachstum von *E. faecalis* ungehindert weitergeht, befänden sich schließlich, wenn Sie die Milch über Ihr Müsli gießen, fast 100 Billionen Zellen in der Flasche – genug, um Ihnen das Blut in den Adern gerinnen zu lassen, gar nicht zu reden von der Milch. Zu diesem Zeitpunkt würde die Anzahl der Bakterienzellen in der Milch diejenige der Menschen auf unserem Planeten im Verhältnis 40 000 : 1 übersteigen. Exponentialkurven werden manchmal als »J-förmig« beschrieben, da sie an die steile Kurve des Buchstaben J erinnern. Da die Bakterien die Nährstoffe in der Milch aufbrauchen und deren pH-Wert verändern, verschlechtern sich die Wachstumsbedingungen allerdings mit der Zeit, und das exponentielle Wachstum kann nur eine bestimmte Zeit lang aufrechterhalten werden. Tatsächlich ist langfristiges exponentielles Wachstum in fast allen realen Szenarien nicht nachhaltig und in vielen Fällen pathologisch, weil das, was da wächst, rücksichtslos sämtliche Ressourcen verbraucht. Anhaltendes exponentielles Zellwachstum im Körper ist beispielsweise eines der typischen Kennzeichen von bösartigen Tumoren (Krebs).

Ein anderes Beispiel für eine Exponentialkurve ist eine Free-

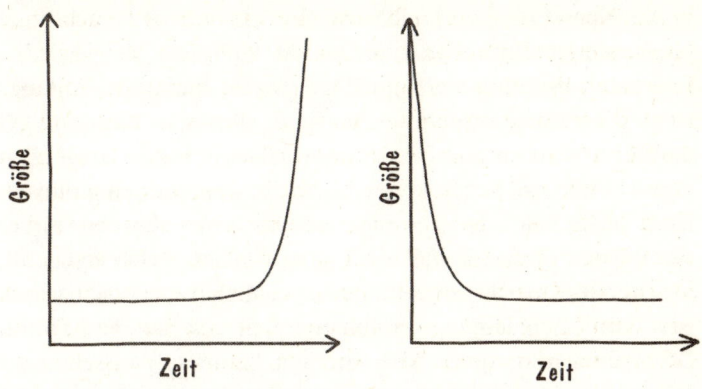

Abbildung 2: *J-förmiges exponentielles Wachstum (links) und eine ebensolche Abnahme (rechts).*

fall-Wasserrutsche, die so genannt wird, weil die Rutsche anfangs so steil ist, dass der Rutschende das Gefühl hat, sich im freien Fall zu befinden. Wenn wir die Rutsche hinunterrutschen, surfen wir diesmal auf einer exponentiell *abfallenden* Kurve (siehe Abbildung 2 rechts) statt auf einer (ansteigenden) *Wachstums*kurve. Zu einem exponentiellen *Abfall* kommt es, wenn eine Menge proportional zu ihrer gegenwärtigen Größe *abnimmt*. Stellen Sie sich vor, eine große Tüte M&Ms zu öffnen, den Inhalt auf den Tisch zu schütten und all diejenigen Schokolinsen zu essen, die mit der M-Seite nach oben liegen. Den Rest füllen Sie wieder in die Tüte zurück für morgen. Am nächsten Tag schütteln Sie die Tüte und schütten sie erneut aus. Wieder essen Sie die M-oben-Schokolinsen und füllen den Rest zurück in die Tüte. Jedes Mal, wenn Sie die Schokolinsen aus der Tüte schütten, werden Sie rund die Hälfte derjenigen essen, die verblieben sind, ganz gleich, wie viele Schokolinsen sich anfangs in der Tüte befanden. Die Anzahl der M&Ms nimmt proportional zur Anzahl der noch in der Tüte befindlichen Linsen ab, was zu einer exponentiellen Abnahme in der Anzahl der Linsen führt.

In derselben Weise startet die exponentielle Wasserrutsche hoch oben und ist fast vertikal, sodass die Höhe des Rutschenden sehr rasch abnimmt – wenn wir sehr viele Schokolinsen haben, ist auch die Anzahl derjenigen hoch, die wir essen können. Doch die Kurve wird nach und nach immer flacher, bis sie schließlich gegen Ende fast waagerecht verläuft: Je weniger Schokolinsen noch übrig sind, desto weniger können wir jeden Tag essen. Auch wenn es vom Zufall abhängt und nicht vorhersagbar ist, welche Schokolinse mit der M-Seite nach oben oder nach unten auf dem Tisch landet, kristallisiert sich aus der Anzahl der Schokolinsen, die jedes Mal zurückbleiben, die vorhersehbare Wasserrutschenkurve der exponentiellen Abnahme heraus.

Dieses ganze Kapitel hindurch werden wir die verborgenen Verbindungen zwischen exponentiellem Verhalten und Alltagsphänomenen enthüllen: die Ausbreitung von Krankheiten in einer Population oder eines Mems im Internet, das rapide Wachstum eines Embryos oder das allzu langsame Wachstum von Geld auf unserem Bankkonto, die Art und Weise, in der wir Zeit wahrnehmen, und sogar die Explosion einer Atombombe. Dabei werden wir nach und nach auch die volle Tragödie des »Give and Take«-Schneeballsystems offenlegen. Die Geschichten der Leute, die auf raffinierte Weise um ihr Geld betrogen wurden, zeigen uns besonders anschaulich, wie wichtig exponentielles Denken ist, was uns wiederum helfen wird, das manchmal überraschende Tempo vorherzusehen, mit der sich unsere moderne Welt verändert.

Eine Frage der Zinsen

Bei den sehr seltenen Gelegenheiten, bei denen ich etwas auf mein Bankkonto einzahlen will, tröste ich mich mit der Tatsache, dass der Betrag auf meinem Konto stets exponentiell wächst, ganz gleich, wie gering er auch sein mag. Tatsächlich ist ein Bankkonto einer der Orte, wo es tatsächlich keine Grenzen für ein exponentielles Wachstum gibt, zumindest auf dem Papier. Vorausgesetzt, dass der Zinssatz ein Zinseszinssatz ist (das heißt, dass die aufgelaufenen Zinsen zum Anfangskapitel addiert und selbst wieder verzinst werden), wächst die Gesamtsumme auf dem Konto proportional zu seiner gegenwärtigen Größe – das typische Kennzeichen exponentiellen Wachstums. Wie Benjamin Franklin meinte: »Geld kann Geld zeugen, und der Nachwuchs zeugt noch mehr.« Wenn man lange genug warten könnte, würde selbst aus der kleinsten Investition ein Vermögen werden. Aber gehen Sie nicht hin und schließen Sie Ihre Rücklagen für schlechte Zeiten jetzt schon weg. Wenn Sie 100 Pfund bei 1 Prozent Verzinsung pro Jahr investieren würden, bräuchten Sie über 900 Jahre, um zum Millionär zu werden. Obgleich exponentielles Wachstum oft mit rascher Zunahme assoziiert wird – bedenken Sie, dass exponentielles Wachstum bei einer kleinen Wachstumsrate und einer geringen anfänglichen Investition tatsächlich sehr langsam erscheinen kann.

Die Kehrseite des Ganzen ist, dass die Schulden auf Kreditkarten, die mit einem festen – oft hohen – Zinssatz auf den ausstehenden Betrag belastet werden, ebenfalls exponentiell wachsen können. Wie bei Hypotheken gilt: Je früher Sie das Minus auf Ihrer Kreditkarte begleichen, und je mehr Sie anfangs von Ihrer Hypothek zurückzahlen, desto weniger zahlen Sie insgesamt, da das exponentielle Wachstum dann niemals die Chance erhält, voll zuzuschlagen.

***

Das Abzahlen von Hypotheken und das Begleichen anderer Schulden war einer der Hauptgründe, die von den Opfern des »Give and Take«-Systems als Grund dafür angegeben wurden, dass sie überhaupt mitgemacht hätten. Die Versuchung, rasch und problemlos an Geld zu gelangen, um finanziellen Druck zu lindern, war für viele einfach zu groß, als dass sie hätten widerstehen können – trotz des nagenden Verdachts, dass irgendetwas dabei nicht stimmen könne. Wie Caddick gesteht: »Das alte Sprichwort ›Wenn etwas zu gut erscheint, um wahr zu sein, dann ist es wahrscheinlich nicht wahr‹ ist hier wirklich, wirklich wahr.«

Die beiden Initiatoren des Systems, die Pensionärinnen Laura Fox und Carol Chalmers, waren seit ihrer gemeinsamen Schulzeit in einem katholischen Konvent befreundet. Das Paar, beide Säulen ihrer Gemeinde – die eine Vizepräsidentin ihres lokalen Rotary-Clubs, die andere eine allseits respektierte Großmutter –, wusste genau, was es tat, als es sein betrügerisches Investmentsystem aufbaute. »Give and Take« war in cleverer Weise darauf ausgelegt, potenzielle Investoren in die Falle zu locken, während die Fallstricke geschickt verborgen wurden. Anders als das traditionelle zweistufige Pyramidensystem, bei dem die Person an der Spitze der Kette Geld direkt von den Investoren entgegennimmt, die sie rekrutiert hat, operierte »Give and Take« als ein vierstufiges Schenkkreis-System, auch »Flugzeug-System« genannt. Bei einem Flugzeug-System wird die Person an der Spitze der Kette als »Pilot« bezeichnet; der Pilot wirbt zwei »Co-Piloten« an, die ihrerseits jeweils zwei »Besatzungsmitglieder« anwerben, die wiederum jeweils zwei »Passagiere« anwerben. Sobald die Hierarchie von 15 Leuten komplett war, zahlten die acht Passagiere ihre 3000 Pfund an die Organisatorinnen, die eine riesige Auszahlung von 23 000 Pfund an den Anfangsinvestor weiterreichten, wobei 1000 Pfund abgeschöpft wurden. Ein Teil des Geldes wurde an Wohltätigkeitsorganisationen gespendet, wobei die Dankesbriefe von Organisationen wie der NSPCC (einer großen britischen Kinderschutzorganisation) dem System Glaubwürdigkeit verliehen. Ein anderer Teil wurde von den Organisatorinnen zurückgehalten, um ein glattes und kontinuierliches Weiterlaufen der Organisation zu gewährleisten.

Nachdem der Pilot seine Auszahlung erhalten hat, steigt er aus dem System aus; seine beiden Co-Piloten übernehmen seinen Platz und warten darauf, dass auf der untersten Stufe ihrer Pyramide acht neue Passagiere rekrutiert werden. Flugzeug-Systeme sind für Investoren besonders reizvoll, weil neue Teilnehmer lediglich zwei weitere Leute anwerben müssen, um ihre Investition um einen Faktor 8 zu erhöhen (auch wenn diese beiden natürlich erforderlich sind, um zwei weitere anzuwerben, und so fort). Andere, flachere Systeme erfordern für dieselbe finanzielle Rendite viel mehr Rekrutierungsbemühungen pro Individuum. Die steile, vierstufige Struktur von »Give and Take« brachte es mit sich, dass die »Besatzungsmitglieder« niemals direkt Geld von den »Passagieren« entgegennahmen, die von ihnen angeworben worden waren. Da es sich bei den neu Angeworbenen in der Regel um Freunde und Verwandte der »Besatzungsmitglieder« handelt, stellt dieses Verfahren sicher, dass Geld nie auf direktem Weg zwischen engen Bekannten fließt. Diese Trennung zwischen den »Passagieren« und den »Piloten«, deren Auszahlung sie finanzieren, vereinfacht die Anwerbung und senkt die Wahrscheinlichkeit von Vergeltungsmaßnahmen; das lässt die Chancen einer solchen Investition attraktiver erscheinen und erleichtert damit die Anwerbung Tausender von Investoren für das System.

In derselben Weise stützten Geschichten von erfolgreichen Auszahlungen das Vertrauen von Investoren in das »Give and Take«-Pyramidensystem; in einigen Fällen konnten sie diese Auszahlungen sogar »live« miterleben. Die Organisatorinnen des Systems, Fox und Chalmers, gaben in Chalmers Hotel in Somerset üppige private Partys, um dafür zu werben. Flyer, die bei diesen Partys ausgegeben wurden, zeigten Bilder der »Give and Take«-Mitglieder, die sich auf Betten voller Geldscheine rekelten oder Fäuste voller Fünfziger in die Kamera streckten. Zu den Partys luden die Organisatorinnen zudem stets auch einige der »Bräute« des Systems ein – diejenigen Personen (meist Frauen), die es zur Position des »Piloten« ihrer Pyramide gebracht hatten und nun ihre Auszahlung erhalten sollten. Den Bräuten wurden vor einem Publikum aus 200 – 300 potenziellen

Investoren vier einfache Fragen gestellt wie: »Welcher Körperteil von Pinocchio wächst, wenn er lügt?«

Mit diesem »Quiz-Aspekt« des Systems sollte ein vermeintliches Schlupfloch im Gesetz genutzt werden, von dem die Organisatorinnen annahmen, es erlaube solche Investitionen, wenn dabei ein »Kompetenzelement« eine Rolle spiele. Bei einer Handyaufnahme eines solchen Events kann man hören, wie Chalmers ruft: »Wir spielen in unserem eigenen Zuhause, und das macht die ganze Sache legal!« Aber sie irrte sich. Miles Bennett, der Staatsanwalt, der den Fall vor Gericht brachte, meinte: »Das Quiz war so einfach, dass es niemanden in der Auszahlungsposition gab, der sein Geld nicht erhalten hätte. Sie konnten bei den Fragen sogar einen Freund oder ein Mitglied des Komitees um Hilfe bitten, und das Komitee kannte die richtigen Antworten natürlich!«

Das hielt Fox und Chalmers nicht davon ab, diese Preisvergabe-Partys als Lockmittel bei ihrer technisch simplen viralen Marketing-Strategie zu verwenden. Nachdem sie miterlebt hatten, wie die strahlenden Bräute ihren 23 000-Pfund-Scheck entgegennahmen, investierten viele der Eingeladenen, ermunterten Freunde und Verwandte, es ihnen gleichzutun, und bildeten so die Pyramide unter sich. Vorausgesetzt, jeder neue Investor gab den Stab an zwei oder mehr andere weiter, konnte das System *ad infinitum* weiterlaufen. Als Fox und Chalmers ihr System im Frühjahr 2008 starteten, waren sie die einzigen beiden »Piloten«. Dadurch, dass sie Freunde dazu brachten, in ihr System zu investieren und sie bei dessen Organisation zu unterstützen, brachten sie rasch vier weitere Personen an Bord. Diese vier Passagiere rekrutierten acht weitere und dann 16 und so weiter. Diese exponentielle Verdopplung der Anzahl neuer Rekruten für das System erinnert stark an die Verdopplung der Anzahl der Zellen in einem heranwachsenden Embryo.

Der exponentielle Embryo

Als meine Frau mit unserem ersten Kind schwanger war, waren wir wie viele Paare, die zum ersten Mal Eltern werden, fasziniert von dem, was im Körper der werdenden Mutter vor sich ging. Wir liehen uns einen Ultraschall-Herzmonitor, um dem Herzschlag unseres Ungeborenen zu lauschen, wir meldeten uns für klinische Studien an, um zusätzliche Scans zu erhalten, und wir lasen Website um Website, die beschrieben, was mit unserer Tochter passierte, während sie heranwuchs und bewirkte, dass es meiner Frau jeden Tag übel wurde. Zu unseren »Favoriten« gehörten Websites vom Typ »Wie groß ist Ihr Baby?«, die die Größe des ungeborenen Babys in jeder Schwangerschaftswoche mit einer Frucht oder einem anderen Nahrungsmittel geeigneter Größe vergleichen. Mit anschaulichen Formulierungen wie »Mit einem Gewicht von rund 45 Gramm und einer Länge von ca. 8,5 Zentimetern ist Ihr kleiner Engel nur etwa so groß wie eine Zitrone« oder »Ihr kleiner Schatz wiegt nun ungefähr 140 Gramm und misst von Kopf bis Fuß rund 13 Zentimeter, so groß wie ein Rübchen« verleihen sie den ungeborenen Föten zukünftiger Eltern Substanz.

Was mich bei den Vergleichen auf diesen Websites wirklich verblüffte, war, wie rasch die Größe des Ungeborenen von Woche zu Woche zunahm. In Woche vier ist Ihr Baby etwa so groß wie ein Mohnsamen, doch in Woche fünf ist es bereits auf die Größe eines Sesamkorns angeschwollen – eine Volumenzunahme um annähernd das 16-Fache in einer einzigen Woche!

Vielleicht sollte uns dieser schnelle Größenzuwachs jedoch nicht überraschen. Wenn die Eizelle vom Spermium befruchtet wird, macht die daraus resultierende Zygote eine Reihe von Teilungen durch, die als Furchungen bezeichnet werden und dazu führen, dass die Anzahl der Zellen im sich entwickelnden Embryo rasch wächst. Zunächst teilt sich die befruchtete Eizelle in zwei Zellen. Acht Stunden später teilen sich diese beiden Zellen in vier Zellen, und nach acht weiteren Stunden werden aus vier acht Zellen, die bald zu 16 Zellen werden, und so weiter – genau wie die Anzahl der neuen Investoren auf jeder Ebene des Pyramidensystems. Alle acht Stunden kommt es fast synchron zu Folgeteilungen. Daher nimmt die Anzahl der Zellen proportional zur Menge der Zellen zu, die der Embryo zu einem bestimmten Zeitpunkt enthält: Je mehr Zellen es sind, desto mehr neue Zellen entstehen bei der nächsten Teilung. Da jede Zelle pro Zellteilung genau eine Tochterzelle produziert, ist der Faktor, mit dem die Anzahl der Zellen im Embryo zunimmt, in diesem Fall gleich 2; mit anderen Worten verdoppelt sich die Zellenanzahl des Embryos mit jeder Folgegeneration.

Während einer Schwangerschaft ist die Periode, in der ein menschlicher Embryo exponentiell wächst, zum Glück relativ kurz. Wenn der Embryo die ganze Schwangerschaft hindurch mit derselben exponentiellen Geschwindigkeit wachsen würde, würden die 840 synchronen Zellteilungen zu einem Superbaby mit rund 10^{253} Zellen führen. Um diese Zahl ein bisschen einzuordnen: Wenn jedes Atom im Universum selbst eine Kopie unseres Universums wäre und jedes Atom dieser Universen seinerseits eine Kopie unseres Universums wäre, dann würde sich die Gesamtzahl der Atome in all diesen Universen langsam der Anzahl von Superbabys Zellen annähern. Natürlich nimmt die Teilungsgeschwindigkeit ab, sobald komplexere Abläufe im Leben des Embryos einsetzen. Tatsächlich liegt die Anzahl der Zellen bei einem durchschnittlich großen Neugeborenen schätzungsweise bei recht bescheidenen zwei Billionen. Diese Anzahl Zellen ließe sich mit weniger als 41 synchronen Zellteilungen erzeugen.

Zerstörer der Welt

Exponentielles Wachstum ist entscheidend für die rasche Zunahme in der Anzahl der Zellen, die für die Schaffung neuen Lebens notwendig sind. Es war jedoch auch die erstaunliche und erschreckende Kraft exponentiellen Wachstums, die den

Atomphysiker J. Robert Oppenheimer ausrufen ließ: »Jetzt bin ich der Tod geworden, der Zerstörer der Welten.« Mit diesem Wachstum war nicht das Wachstum von Zellen oder selbst individueller Organismen gemeint, sondern die Energie, die bei der Spaltung von Atomkernen frei wird.

Während des Zweiten Weltkriegs war Oppenheimer wissenschaftlicher Leiter des Manhattan-Projekts, das im Los Alamos National Laboratory in New Mexico angesiedelt war und den Bau einer Atombombe zum Ziel hatte. Die Spaltung des Kerns (eng aneinander gebundene Protonen und Neutronen) eines schweren Atoms in kleinere Kerne war von zwei deutschen Chemikern und einer Kernphysikerin 1938 entdeckt worden. Sie wurde in Analogie zu der Zweiteilung lebender Zellen, die mit so großer Effizienz im sich entwickelnden Embryo auftritt, als »Kernspaltung« bezeichnet. Wie sich herausstellte, kam es auf natürliche Weise zu einer Kernumwandlung in Form eines radioaktiven Zerfalls instabiler chemischer Isotope, oder ein solcher Vorgang konnte durch Beschuss eines Atomkerns mit subatomaren Teilchen im Rahmen einer sogenannten »Kernreaktion« künstlich ausgelöst werden. In beiden Fällen ging die Spaltung eines schweren Kerns in zwei leichtere Kerne oder Spaltprodukte mit der Freisetzung sehr großer Energiemengen in Form elektromagnetischer Strahlung und der Bewegungsenergie der Spaltprodukte einher. Rasch wurde deutlich, dass diese energiereichen Spaltprodukte, die bei der ersten Spaltreaktion erzeugt wurden, dazu benutzt werden konnten, weitere Atomkerne zu spalten und noch mehr Energie freizusetzen: eine sogenannte »nukleare Kettenreaktion«. Wenn jedes Spaltprodukt im Durchschnitt mehr als *ein* Produkt erzeugte, das zur Spaltung weiterer Atomkerne eingesetzt werden könnte, dann konnte jede Kernspaltung theoretisch zahlreiche weitere Spaltungen auslösen. Im Lauf dieses Prozesses würde die Zahl der Reaktionsereignisse exponentiell zunehmen und Energie in einer bis dato noch nie da gewesenen Größenordnung freisetzen. Wenn sich ein Material finden ließe, das diese ungebremste nukleare Kettenreaktion erlaubte, würde der exponentielle Zuwachs an Energie, die innerhalb der kurzen Zeitspanne der Reaktion emittiert werden würde, im Prinzip erlauben, aus einem solchen *spaltbaren* Material eine Bombe zu bauen.

Im April 1939, am Vorabend des Kriegsausbruchs in Europa, machte der französische Physiker Frédéric Joliot-Curie (Schwiegersohn von Marie und Pierre Curie und ebenfalls Nobelpreisträger, gemeinsam mit seiner Frau Irène) eine entscheidende Entdeckung. In der Fachzeitschrift *Nature* veröffentlichte er den Beweis dafür, dass Atome des Uranisotops 235U bei einer von einem einzigen Neutron hervorgerufenen Spaltung durchschnittlich 3,5 (später auf 2,5 korrigiert) hochenergetische Neutronen emittierte.[6] Dies war genau das Material, das erforderlich war, um die exponentiell wachsende Kette von Kernreaktionen voranzutreiben. Das war der Startschuss für das »Rennen um die Bombe«.

Oppenheimer wusste, dass Werner Heisenberg, Nobelpreisträger für Physik, und andere berühmte deutsche Physiker für die Nationalsozialisten parallel an der Entwicklung einer Atombombe arbeiteten, und ihm war klar, dass er ihnen in Los Alamos zuvorkommen musste. Die größte Herausforderung bestand darin, die Bedingungen zu schaffen, die eine nukleare Kettenreaktion erleichtern und die für eine Atombombenexplosion nötige, fast augenblickliche Freisetzung riesiger Mengen an Energie erlauben würden. Um diese sich selbst erhaltende und ausreichend rasche Kettenreaktion in Gang zu setzen, musste er sicherstellen, dass genügend Neutronen, die via Spaltung emittiert und von den Kernen anderer Atome absorbiert wurden, sodass diese Kerne ebenfalls gespalten wurden. Wie sich herausstellte, werden im natürlich vorkommenden Uran zu viele der emittierten Neutronen von 238U-Atomen (das andere wichtige Isotop, das 99,3 Prozent des natürlich vorkommenden Urans ausmacht[7]) absorbiert, was zur Folge hat, dass jede Kettenreaktion exponentiell abnimmt, statt zuzunehmen. Um eine exponentiell wachsende Kettenreaktion zu erzeugen, musste

Oppenheimers Team so viel 238U wie möglich aus dem natürlichen Uranerz entfernen, um außerordentlich reines 235U zu erzeugen.

Aus diesen Überlegungen erwuchs die Idee der sogenannten *kritischen Masse* des Spaltmaterials. Die kritische Masse von Uran ist die Menge an Uran, die nötig ist, um eine sich selbst erhaltende nukleare Kettenreaktion in Gang zu halten. Sie hängt von einer ganzen Reihe von Faktoren ab. Wohl am wichtigsten ist der Gehalt an 235U. Selbst mit einem Anteil von 20 Prozent 235U (verglichen mit den natürlicherweise vorkommenden 0,7 Prozent) beträgt die kritische Masse für das gesamte Spaltmaterial noch immer über 400 Kilogramm; das macht eine hohe 235U-Konzentration entscheidend für die Realisierung einer Bombe. Selbst mit genügend reinem Uran zum Erreichen einer überkritischen Masse blieb die Frage, wie das Material in der Bombe »verpackt« werden sollte. Oppenheimer war klar, dass sie nicht einfach eine kritische Masse Uran in eine Bombe packen und hoffen konnten, diese würde nicht vorzeitig explodieren. Ein einzelner, natürlich vorkommender radioaktiver Zerfall im Material würde die Kettenreaktion auslösen und die exponentielle Explosion zünden.

Mit dem Gespenst der Bombenentwicklung im Dritten Reich ständig im Nacken, entwickelten Oppenheimer und sein Team hastig eine Lösung für dieses Problem. Beim Kanonenprinzip (auch: *Gun-Design*) wird eine unterkritische Uranmasse mithilfe konventionellen Sprengstoffs in eine andere Uranmasse katapultiert, um eine einzige, überkritische Masse zu erzeugen. Die Kettenreaktion wird dann durch eine spontane Spaltung in Gang gesetzt, bei der das auslösende Neutron emittiert wird. Die Trennung der beiden unterkritischen Massen stellte sicher, dass die Bombe nicht verfrüht explodieren würde. Dank des hohen Anreicherungsgrads des verwendeten Urans (rund 80 Prozent 235U) waren nur rund 20 – 25 Kilogramm nötig, um die kritische Masse zu erreichen. Aber Oppenheimer konnte einen Misserfolg seines Projekts nicht riskieren, denn der hätte ihn des Vorteils gegenüber seinen deutschen Rivalen beraubt; aus diesem Grund bestand er auf deutlich größeren Mengen.

Bis genügend hochreines Uran bereitstand, war der Krieg in Europa allerdings bereits vorbei. In der Pazifikregion tobten die Kämpfe hingegen noch immer, denn Japan zeigte trotz deutlicher militärischer Unterlegenheit keinerlei Bereitschaft, die Waffen zu strecken. Wohl wissend, dass eine Landinvasion in Japan die bereits schweren Verluste der Amerikaner weiter deutlich erhöhen würde, befahl General Leslie Groves, militärischer Leiter des Manhattan-Projekts, den Abwurf der Atombombe auf Japan, sobald es die Wetterbedingungen erlaubten.

Nach mehrtägigem schlechtem Wetter durch die Ausläufer eines Taifuns stieg die Sonne am 6. August 1945 in den blauen Himmel über Hiroshima auf. Um 07:09 Uhr wurde am Himmel über der Stadt ein amerikanisches Flugzeug gesichtet, und die Sirenen, die vor einem Luftangriff warnten, ertönten laut. Die 17-jährige Akiko Takakura hatte kürzlich eine Stelle als Bankangestellte angetreten. Als die Sirenen erklangen, war sie auf dem Weg zur Arbeit und suchte wie andere Pendler einen der öffentlichen Luftschutzbunker auf, die strategisch rund um die Stadt positioniert waren.

Warnungen vor Fliegerangriffen waren nichts Ungewöhnliches in Hiroshima; die Stadt war eine strategisch wichtige Militärbasis und beherbergte das Hauptquartier der Zweiten Hauptarmee. Bisher war die Stadt jedoch von Brandbomben, die auf so viele andere japanische Städte niedergingen, weitgehend verschont geblieben. Was Akiko und ihre Leidensgenossen nicht ahnten, war, dass Hiroshima absichtlich geschont worden war, damit die Amerikaner das ganze Ausmaß der Zerstörung bemessen konnten, das diese neue Waffe mit sich brachte.

Um halb acht ertönte das Entwarnungssignal. Die B-29 hoch am Himmel erschien nicht bedrohlicher als ein Wetterflugzeug. Als Akiko mit all den anderen Pendlern den Luftschutzbunker verließ, atmete sie erleichtert auf: An diesem Morgen würde es keinen Luftangriff geben.

Als sich Akiko und die anderen Bewohner Hiroshimas wieder auf den Weg zur Arbeit machten, ahnten sie nicht, dass die B-29 der *Enola Gay* – dem Flugzeug, das die Atombombe »Little Boy« mit sich führte – per Funk berichtete, der Himmel über Hiroshima sei klar. Während sich Kinder auf dem Schulweg befanden und Berufstätige ihren üblichen Tätigkeiten nachgingen, sei es im Betrieb oder im Büro, erreichte Akiko die Bank im Zentrum von Hiroshima, wo sie arbeitete. Von weiblichen Angestellten wurde erwartet, dass sie eine halbe Stunde vor den Männern eintrafen, um ihre Büros für den Tag aufzuräumen, daher befand sich Akiko um 08:10 Uhr bereits in dem großen, leeren Gebäude und arbeitete.

Um 08:14 Uhr kam das Fadenkreuz des Ziels, die T-förmige Aioi-Brücke, ins Visier von Colonel Paul Tibbets, dem Piloten der *Enola Gay*. Die 4400 Kilogramm schwere Bombe »Little Boy« wurde abgeworfen und begann ihren rund zehn Kilometer langen Fall Richtung Hiroshima. Nach rund 45 Sekunden freiem Fall, in rund 600 Metern Höhe über dem Boden, wurde die Bombe gezündet und eine subkritische Masse Uran in die andere gepresst, sodass eine überkritische Masse entstand, bereit zur Explosion. Fast augenblicklich setzte die spontane Spaltung eines Atoms Neutronen frei, von denen mindestens eins von einem 235U-Atom absorbiert wurde. Dieses Atom wurde dadurch seinerseits gespalten und emittierte weitere Neutronen, die wiederum auf weitere 235U-Atome trafen. Dieser sich rasch beschleunigende Prozess führte zu einer exponentiell wachsenden Kettenreaktion und gleichzeitig zur Freisetzung riesiger Mengen an Energie.

Als Akiko den Schreibtisch ihres später kommenden Kollegen abwischte, schaute sie aus dem Fenster und sah einen hellen weißen Blitz wie von einem brennenden Magnesiumstreifen. Was sie nicht wissen konnte: Exponentielles Wachstum erlaubte der Bombe, in einem einzigen Augenblick das Äquivalent von 30 Millionen Dynamitstangen freizusetzen. Die Temperatur der Bombe stieg auf mehrere Millionen Grad, heißer als die

Sonnenoberfläche. Eine Zehntelsekunde später erreichte ionisierende Strahlung den Boden und führte bei allen Lebewesen, die ihr ausgesetzt waren, zu verheerenden Strahlenschäden. Eine Sekunde später wölbte sich ein Feuerball mit einem Durchmesser von 300 Metern und einer Temperatur von mehreren Tausend Grad Celsius über die Stadt. Augenzeugen berichteten, die Sonne sei an diesem Tag ein zweites Mal über Hiroshima aufgegangen. Die Druckwelle, die sich mit Schallgeschwindigkeit ausbreitete, machte Gebäude in der ganzen Stadt dem Erdboden gleich und schleuderte Akiko so heftig durch den Raum, dass sie das Bewusstsein verlor. Infrarotstrahlung verbrannte exponierte Haut kilometerweit in alle Richtungen. Menschen, die sich in der Nähe des Hypozentrums der Bombe befanden, wurden sofort verdampft oder zu Asche verbrannt.

Akiko war vor den schlimmsten Auswirkungen der Detonationswelle durch das erdbebensichere Gebäude der Bank geschützt worden. Als sie wieder zu Bewusstsein kam, stolperte sie auf die Straße hinaus. Draußen musste sie feststellen, dass der klare blaue Morgenhimmel nicht mehr da war. Die zweite Sonne über Hiroshima war fast ebenso schnell wieder untergegangen, wie sie aufgegangen war. Die Straßen waren dunkel und voller Staub und Rauch. So weit das Auge reichte, lagen Körper hingestreckt da, wo sie gefallen waren. Nur 260 Meter vom Hypozentrum entfernt gehörte Akiko zu den Überlebenden, die der schrecklichen Detonationswelle der Bombe am nächsten gewesen waren.

Die Bombe selbst und der resultierende Feuersturm, der sich über die ganze Stadt ausbreitete, töteten Schätzungen zufolge rund 70 000 Menschen, davon 50 000 Zivilisten. Auch die meisten Gebäude der Stadt wurden vollständig zerstört. Oppenheimers prophetischer Ausspruch war wahr geworden. Ob es gerechtfertigt war, Hiroshima und später Nagasaki zu bombardieren, um den Zweiten Weltkrieg zu beenden, ist bis heute umstritten.

Die nukleare Option

Ob der Abwurf einer Atombombe zu rechtfertigen ist oder nicht – das bessere Verständnis der durch die Kernspaltung ausgelösten exponentiellen Kettenreaktion, die sich im Rahmen des Manhattan-Projekts ergab, führte uns zu einer Technologie, die uns erlaubt, saubere, sichere Energie aus Kernkraft zu gewinnen, und das ohne Kohlendioxidausstoß. Ein einziges Kilogramm Uran kann rund drei Millionen Mal mehr Energie freisetzen als die Verbrennung der gleichen Menge an Kohle.[8] Trotz Beweisen für das Gegenteil hat die Kernenergie, was Sicherheit und Auswirkungen auf die Umwelt angeht, einen schlechten Ruf. Daran ist zum Teil das exponentielle Wachstum schuld.

Am Abend des 25. April 1986 trat der Nukleartechniker Alexander Akimow seine Nachtschicht im Kernkraftwerk an, wo er als Schichtleiter arbeitete. An diesem Abend sollte in ein paar Stunden ein Stresstest des Kühlpumpensystems durchgeführt werden. Bevor er das Experiment einleitete, dachte er vielleicht, wie glücklich er sich schätzen konnte – in einer Zeit, als die Sowjetunion auseinanderbrach und 20 Prozent der Einwohner in Armut lebten –, einen sicheren Arbeitsplatz am Kernkraftwerk Tschernobyl zu haben.

Um die Leistung des Reaktors um rund 20 Prozent zu verringern, führte Akimow gegen 23 Uhr per Fernsteuerung eine Reihe von Steuerstäben zwischen die Uran-Brennstäbe und den Reaktorkern ein. Steuerstäbe dienen dazu, einen Teil der Neutronen zu absorbieren, die bei der Kernspaltung frei werden, und verhindern dadurch, dass diese zu viele andere Atome spalten. Dies unterbricht das rasche exponentielle Wachstum der Kettenreaktion, das bei einer Atombombenexplosion absichtlich herbeigeführt wird. Versehentlich führte Akimow jedoch zu viele Steuerstäbe ein, sodass die Nennleistung des Kraftwerks stark abfiel. Er wusste, dass dies zu einer Xenon-Vergiftung des Reaktors führen würde – das heißt, zur Erzeugung von Material, das wie die Steuerstäbe die Kettenreaktion weiter bremste und einen Temperaturabfall auslöste, der durch eine sich selbst verstärkende, positive Rückkopplungsschleife zu einer noch stärkeren Vergiftung und damit zu einer weiteren Abkühlung führte. Akimow geriet in Panik. Er überbrückte die Sicherheitssysteme, stellte mehr als 90 Prozent der Steuerstäbe unter manuelle Kontrolle und zog sie aus dem Kern zurück, um die drohende totale Abschaltung des Reaktors zu verhindern.

Als Akimow sah, dass die Nadeln der Anzeigeinstrumente nach oben gingen, während die Leistung langsam anstieg, beruhigte sich sein Herzschlag allmählich wieder. Da er die Krise gemeistert hatte, ging er nun zur nächsten Stufe des Tests weiter und schaltete die Kühlwasserpumpen ab. Was Akimow nicht wusste, war, dass die Sicherheitssysteme das Kühlwasser nicht so schnell in den Reaktor pumpten, wie sie es eigentlich hätten tun sollen. Das langsam fließende Kühlwasser verdampfte zunächst unerkannt, was dazu führte, dass weniger Neutronen absorbiert und die Wärme im Kern weniger stark reduziert wurde. Die zunehmende Erhitzung des Kerns und der Anstieg der Leistung führten dazu, dass immer mehr Wasser blitzschnell in Dampf verwandelt wurde und die Leistung weiter stieg: eine zusätzliche, noch gefährlichere positive Rückkopplungsschleife. Die wenigen verbliebenen Steuerstäbe, die Akimow nicht unter seine manuelle Kontrolle gestellt hatte, wurden automatisch wiedereingeführt, um die steigende Wärmeproduktion zu bremsen, aber es waren nicht genug. Als Akimow klar wurde, dass die Leistung des Reaktors zu schnell stieg, betätigte er die Schnellabschaltung, aber es war zu spät. Als die Stäbe in den Reaktor eintauchten, riefen sie eine kurze, aber starke Leistungsspitze hervor, was zu einer Überhitzung des Kerns führte; dadurch zerbrachen einige der Brennstäbe, und das Einführen weiterer Steuerstäbe wurde blockiert. Während die produzierte Wärmeenergie exponentiell wuchs, stieg die Leistung des Reaktors auf mehr als das Zehnfache des normalen Operationsniveaus. Kühlwasser verwandelte sich rasch in Dampf, was zu zwei massiven Dampfexplosionen führte, die den Kern zerstörten und radioaktives Material in die Luft schleuderten.

Zunächst weigerte sich Akimow, Berichte über die Explosion des Reaktorkerns zu glauben, und gab falsche Informationen über den Zustand des Reaktors weiter, was lebenswichtige Bemühungen zur Eindämmung des Unglücks verzögerte. Als er das wahre Ausmaß der Katastrophe schließlich erkannte, versuchte er, ungeschützt, mit seiner Crew Wasser in den zerstörten Reaktor zu pumpen. Bei diesem verzweifelten Rettungsversuch waren die Crewmitglieder Dosen von 200 Gray pro Stunde ausgesetzt. Eine typische tödliche Dosis beträgt etwa 10 Gray, was bedeutet, dass die ungeschützten Arbeiter in weniger als fünf Minuten eine tödliche Dosis abbekamen. Akimow starb zwei Wochen nach der Katastrophe an akuter Strahlenkrankheit.

Nach offiziellen sowjetischen Angaben starben bei der Tschernobyl-Katastrophe lediglich 31 Menschen. Allerdings liegen einige Schätzungen, die die an den großflächigen Aufräumarbeiten beteiligten Personen einschließen, deutlich höher – gar nicht zu reden von den Todesfällen außerhalb der direkten Nachbarschaft des Kernkraftwerks, die durch die Verbreitung radioaktiven Materials verursacht wurden; sie kommen in der offiziellen Statistik ebenfalls nicht vor. Ein Feuer, das im zerstörten Reaktorkern ausbrach, brannte tagelang. Dieses Feuer schleuderte viele Hundert Mal mehr radioaktives Material in die Atmosphäre, als bei der Bombardierung von Hiroshima frei geworden war, und führte beinahe überall in Europa zu ausgedehnten Umweltfolgen.[9]

Am Wochenende des 2. Mai 1986 kam es in den höher gelegenen Gebieten von Großbritannien zu für die Jahreszeit ungewöhnlich heftigen Niederschlägen. Die Regentropfen enthielten radioaktive Zerfallsprodukte des Fallouts, der aus der Explosion im Reaktor stammte – Strontium-90, Cäsium-137 und Jod-131. Insgesamt ging rund 1 Prozent der Strahlung, die aus dem Reaktor in Tschernobyl freigesetzt wurde, in Großbritannien nieder. Diese Radioisotope wurden vom Boden absorbiert, in das wachsende Gras eingebaut und dann von den Schafen gefressen, die dort weideten. Das Ergebnis war – radioaktives Fleisch.

Das britische Landwirtschaftsministerium schränkte den Verkauf und die Bewegung von Schafen beziehungsweise Schaffleisch aus den belasteten Gebieten sofort gesetzlich ein; betroffen waren fast 9000 Farmen und mehr als vier Millionen Schafe. David Elwood, ein Schafzüchter aus dem Lake District, konnte kaum glauben, was da geschah. Die Wolke, die die unsichtbaren, kaum nachweisbaren Radioisotope mitgebracht hatte, warf einen langen, dunklen Schatten über seine Lebensgrundlage. Jedes Mal, wenn er Schafe verkaufen wollte, musste er sie isolieren und einen Regierungsinspektor rufen, der prüfte, wie stark radioaktiv sie belastet waren. Jedes Mal, wenn die Inspektoren kamen, teilten sie ihm mit, die Einschränkungen würden nur um rund ein weiteres Jahr verlängert werden. Elwood lebte mehr als 25 Jahre unter dem Schatten dieser Wolke, bis die Restriktionen 2012 endlich aufgehoben wurden.

Es wäre für die Regierung jedoch ein Leichtes gewesen, Elwood und andere Schafzüchter zu informieren, wann die Strahlenbelastung so weit abgeklungen sein würde, dass er seine Schafe wieder frei verkaufen könne. Strahlenbelastungen lassen sich nämlich aufgrund eines Phänomens, das als exponentieller *Zerfall* bezeichnet wird, bemerkenswert gut vorhersagen.

Die Wissenschaft der Datierung

In direkter Analogie zum exponentiellen Wachstum beschreibt exponentieller Zerfall jede Menge, die in demselben Maß abnimmt, wie es ihrem momentanen Wert entspricht – erinnern Sie sich an die tägliche Abnahme in der Zahl der M&Ms und an die Wasserrutschenkurve, die diese Abnahme beschreibt. Exponentieller Zerfall beschreibt so unterschiedliche Phänomene wie die biologische Halbwertszeit von Medikamenten im Körper[10] und die Rate, mit der der Bierschaum auf einem Glas Bier in sich zusammenfällt.[11] Insbesondere eignet er sich hervorragend dazu zu beschreiben, wie rasch die Höhe der Strahlung, die von radioaktiven Substanzen ausgeht, im Lauf der Zeit abnimmt.[12]

Instabile Atome radioaktiven Materials emittieren spontan Energie in Form von Strahlung, ohne dass es eines externen Auslösers bedürfte; diesen Prozess nennt man radioaktiven Zerfall. Auf der Ebene eines einzelnen Atoms ist der Zerfallsprozess ein Zufallsereignis – die Quantentheorie besagt, dass sich unmöglich vorhersagen lässt, wann ein bestimmtes Atom zerfallen wird. Auf der Ebene eines radioaktiven Stoffes, der eine riesige Menge von Atomen enthält, folgt die Abnahme der Radioaktivität jedoch einem vorhersagbaren exponentiellen Zerfallsgesetz. Die Anzahl der Atome nimmt proportional zur verbleibenden Anzahl ab. Jedes Atom zerfällt unabhängig von den anderen Atomen. Die Zerfallsrate lässt sich durch die Halbwertszeit des Stoffes charakterisieren – die Zeit, die nötig ist, damit die Hälfte der instabilen Atome zerfällt. Da der Zerfall exponentiell verläuft, gilt: Ganz gleich, wie viel radioaktives Material beim Start vorhanden ist, die Zeit, bis seine Radioaktivität um die Hälfte abgenommen hat, bleibt stets dieselbe. Wenn man die M&M-Tüte täglich auf dem Tisch leert und die Schokolinsen mit dem oben liegenden M isst, führt dies zu einer Halbwertszeit von einem Tag – jedes Mal, wenn wir sie aus der Tüte schütten, essen wir rund die Hälfte der Linsen.

Das Phänomen des Zerfalls radioaktiver Atome bildet die Grundlage der radiometrischen Datierung – der Methode, mit deren Hilfe sich Stoffe aufgrund ihres Niveaus an radioaktiver Strahlung datieren lassen. Durch Vergleich der Menge an radioaktiven Atomen mit der seiner bekannten Zerfallsprodukte können wir theoretisch das Alter eines jeden Materials bestimmten, das atomare Strahlung abgibt. Die radiometrische Datierung wird vielseitig eingesetzt; mit ihrer Hilfe wurde beispielsweise das Alter der Erde näherungsweise bestimmt, ebenso das Alter antiker Artefakte wie der Schriftrollen vom Toten Meer.[13] Wenn Sie sich schon einmal gefragt haben, woher man überhaupt weiß, dass der Urvogel *Archaeopterix* 150 Millionen Jahre alt ist[14] oder dass Ötzi, der Mann aus dem Eis, vor 5300 Jahren starb,[15] können Sie darauf wetten, dass radiometrische Datierungsmethoden beteiligt waren.

Inzwischen erleichtern präzisere Messtechniken den Einsatz von radiometrischen Datierungsmethoden in der »Forensischen Archäologie«: Der exponentielle Zerfall von Radioisotopen wird als eine von vielen archäologischen Techniken zur Aufklärung von Verbrechen eingesetzt. Im November 2017 gelang es mithilfe der Radiokarbondatierung, den teuersten Whisky der Welt als Schwindel zu entlarven. Die Flasche, die als 130 Jahre alter Macallan Single Malt etikettiert war, erwies sich als billige Mischung aus den 1970er-Jahren – sehr zum Leidwesen des Schweizer Hotels, das einen einzigen Shot für 10 000 Dollar verkaufte. Im Dezember 2018 fand dasselbe Labor in einer Folgeuntersuchung, dass mehr als ein Drittel der qualitativ hochwertigen Whiskys (»Vintage Scotch Whiskies«), die sie testeten, ebenfalls Fälschungen waren. Der für die breite Öffentlichkeit wohl interessanteste Einsatz der radiometrischen Datierung betrifft jedoch die Verifizierung des Alters historischer Kunstwerke.

***

Vor dem Zweiten Weltkrieg waren nur 35 Gemälde des niederländischen alten Meisters Johannes Vermeer bekannt. Im Jahr 1937 wurde jedoch in Frankreich ein bemerkenswertes neues Werk entdeckt. Von Kunstkritikern als eines von Vermeers bedeutendsten Werken gepriesen, wurde das Gemälde *Christus und die Jünger in Emmaus* für viel Geld vom Museum Boijmans Van Beuningen in Rotterdam erworben. Im Lauf der nächsten Jahre tauchten eine ganze Anzahl weiterer, bis dato unbekannter Vermeer-Gemälde auf. Diese wurden rasch von reichen Niederländern aufgekauft, zum Teil auch deshalb, weil verhindert werden sollte, dass ein solch wichtiges Kulturgut an die Nationalsozialisten verloren ging. Dennoch landete eines dieser Vermeer-Werke, *Christus und die Ehebrecherin*, bei Feldmarschall Hermann Göring, Hitlers designiertem Nachfolger.

Als dieser verlorene Vermeer nach dem Krieg zusammen mit zahlreichen weiteren, von den Nazis gestohlenen Kunstwerken in einer österreichischen Salzmine entdeckt wurde, begann eine große Suche nach dem Verantwortlichen für den Verkauf dieser Gemälde. Es gelang schließlich, den Vermeer zu Han van Meegeren zurückzuverfolgen, einem gescheiterten Künstler, dessen Werk von vielen Kunstkritikern als Nachahmung alter Meister verspottet wurde. Wenig überraschend war van Meegeren direkt nach seiner Verhaftung in der niederländischen Öffentlichkeit ebenso verhasst wie verachtet. Er wurde nicht nur verdächtigt, niederländisches Kulturerbe an die Nazis verscherbelt zu haben – ein Verbrechen, auf das die Todesstrafe stand –, sondern er hatte an dem Verkauf offenbar auch sehr gut verdient und führte in Amsterdam während des Krieges ein Luxusleben, während viele Bewohner der Stadt darbten. In einem verzweifelten Versuch, sich zu retten, behauptete van Meegeren, das Bild, das er Göring verkauft habe, sei kein echter Vermeer, sondern eine Fälschung, die er selbst angefertigt habe. Darüber hinaus gestand er die Fälschungen der anderen »neuen Vermeers« wie auch kürzlich entdeckter Werke von Frans Hals und Pieter de Hooch.

Eine Gutachterkommission, die eingerichtet wurde, um die Fälschungen zu untersuchen, stützte van Meegerens Behauptungen, teilweise auch aufgrund einer neuen Fälschung, *Jesus unter den Schriftgelehrten*, die er unter den Augen der Kommission anfertigte. Als sein Prozess 1947 begann, wurde van Meegeren als Nationalheld bejubelt, der die Elite der Kunstkritiker, die ihn verhöhnt hatte, ebenso ausgetrickst hatte wie den Nazi Göring, dem er eine wertlose Fälschung angedreht hatte. Er wurde vom Vorwurf der Kollaboration mit den Nazis freigesprochen, und das Amsterdamer Gericht verurteilte ihn wegen Betrugs und Fälschung zur Mindeststrafe von einem Jahr Gefängnis; er starb jedoch noch vor Haftantritt an einem Herzanfall. Trotz des Urteils glaubten damals viele (vor allem diejenigen, die die »Van-Meegeren-Vermeers« gekauft hatten) noch immer, die Bilder seien echt, und stritten die Befunde der Kommission rundweg ab.

Im Jahr 1967 wurde *Christus und die Jünger in Emmaus* nochmals untersucht, diesmal mithilfe einer radiometrischen Blei-210-Datierung. Obwohl van Meegeren bei seinen Fälschungen sehr sorgfältig vorging und viele der Materialien benutzte, die Vermeer ursprünglich verwendet haben würde, war es ihm nicht möglich, die Methoden zu kontrollieren, mit denen diese Materialien hergestellt wurden. Der Authentizität wegen verwendete er Originalleinwände aus dem 17. Jahrhundert und mischte seine Farben entsprechend der ursprünglichen Rezepte, doch das Blei, das er für sein Bleiweiß verwendete, war erst vor kurzer Zeit aus seinem Muttergestein extrahiert worden. Natürlich vorkommendes Blei enthält das radioaktive Blei-210-Isotop sowie radioaktives Radium-226 (bei dessen Zerfall Blei entsteht). Bei der Gewinnung von Blei aus bleihaltigem Erz wird ein Großteil des Radium-226 entfernt, nur kleine Mengen bleiben zurück, was bedeutet, dass in dem extrahierten Material nur wenig neues Blei-210 entsteht. Durch den Vergleich der Konzentrationen von Blei-210 und Radium-226 in Proben lässt sich die bleihaltige Farbe präzise datieren; dabei macht man sich die Tatsache zunutze, dass die Radioaktivität von Blei-210 exponentiell mit einer bekannten Halbwertszeit abnimmt. In dem Gemälde *Christus und die Jünger in Emmaus* wurde bei der Überprüfung ein weitaus höherer Anteil an Blei-210 gefunden, als vorhanden gewesen sein sollte, wenn das Werk tatsächlich 300 Jahre früher entstanden wäre. Das bewies jenseits aller Zweifel, dass van Meegerens Gemälde nicht aus dem 17. Jahrhundert und damit nicht von Vermeer stammen konnten, da das Blei, das van Meegeren für sein Bleiweiß verwendete, damals noch gar nicht abgebaut worden sein konnte.[16]

Ice Bucket Flu

Würde van Meegeren heute leben, hätte er seine Werke wahrscheinlich unter dem Titel »Neun Gemälde, von denen Sie nicht glauben würden, dass sie nicht echt sind« als Clickbait-Artikel im Internet angeboten. Moderne Fälschungen, wie das manipulierte Foto des amerikanischen Multimillionärs und Präsidentschaftskandidaten Mitt Romney, der offenbar sechs mit Buchstaben geschmückte Anhänger so anordnete, dass man RMONEY statt ROMNEY las, oder der mit Photoshop bearbeitete Schnappschuss eines »Touristen« auf der Aussichtsplattform des Südturms des World Trade Center, der sich der tief fliegenden Maschine, die sich im Hintergrund nähert, offenbar nicht bewusst ist, erreichten die öffentliche Aufmerksamkeit, von der virale Vermarkter träumen.

Von viralem Marketing spricht man, wenn die Werbeziele durch einen Selbstreplikationsprozess ähnlich der Ausbreitung eine Virusepidemie erreicht werden (mit der Mathematik dieses Prozesses beschäftigen wir uns in Kapitel 7 eingehender). Ein Individuum im Netz infiziert andere, die ihrerseits wieder andere infizieren. Solange jedes neu »infizierte« Individuum mindestens ein weiteres infiziert, wächst die virale Botschaft exponentiell. Virales Marketing ist ein Untergebiet der Memetik, bei der sich ein sogenanntes Mem – ein Stil, ein Verhalten oder, und das ist besonders wichtig, eine Idee – via sozialer Netzwerke wie ein Virus unter Menschen verbreitet. Richard Dawkins prägte den Begriff »Mem« 1976 in seinem Buch *Das egoistische Gen*, um zu erklären, wie sich kulturelle Information ausbreitet. Er definierte Meme als Einheiten soziokultureller Weitergabe. In Analogie zu Genen schlug er vor, Meme könnten sich selbst replizieren und auch mutieren. Die Beispiele für

Meme, die er aufzählte, umfassten Melodien, Slogans und in einem wunderbar unschuldigen Hinweis auf die Zeit, in der er das Buch schrieb, die Herstellungsweisen von Töpfen oder die Bauweisen von Gewölben. Natürlich gab es 1976 das Internet in seiner gegenwärtigen Form noch nicht, und Dawkins konnte noch nichts von der Ausbreitung früher unvorstellbarer (und sehr wahrscheinlich sinnloser) Meme wie #thedress, Rickrolling und Lolcats wissen.

Eines der erfolgreichsten und wohl wirklich organischen Beispiele für eine virale Marketing-Kampagne war die ALS Ice Bucket Challenge (ALS = amyotrophe Lateralsklerose). Im Sommer 2014 war es der letzte Schrei in der nördlichen Hemisphäre, sich dabei filmen zu lassen, wie man sich einen Kübel mit Eiswasser über den Kopf schüttet, und danach mehrere andere Personen zu nominieren, es einem gleichzutun, während man gleichzeitig möglichst einen gewissen Betrag an eine Wohlfahrtsorganisation spendet. Auch ich habe mich damals anstecken lassen.

Gemäß des klassischen Formats der Ice Bucket Challenge nominierte ich, nachdem ich völlig durchnässt war, in einem Video, das ich später in den sozialen Medien hochlud, zwei weitere Personen. Wie bei den Neutronen in einem Kernreaktor gilt: Solange im Durchschnitt für jedes gepostete Video mindestens eine Person die Herausforderung annimmt, kann sich das Mem selbst erhalten und führt zu einer exponentiell wachsenden Kettenreaktion.

Bei einigen Varianten der Challenge konnten die Nominierten entweder die Herausforderung annehmen und einen kleinen Betrag an die Gesellschaft für amyotrophe Lateralsklerose (ALSA) oder eine andere Wohlfahrtseinrichtung ihrer Wahl spenden oder sich vor der Herausforderung drücken und im Gegenzug eine deutlich größere Spende machen. Anfang September berichtete die ALSA, von über drei Millionen Spendern mehr als 100 Millionen Dollar erhalten zu haben. Dank dieser zusätzlichen Spendengelder gelang es Forschern, ein drittes, für

ALS verantwortliches Gen zu entdecken, was die weitreichenden Auswirkungen dieser viralen Kampagne deutlich machte.[17]

Ebenso wie einige extrem ansteckende Viren, beispielsweise das Influenzavirus, war auch die Ice Bucket Challenge eine ausgesprochen saisonale Angelegenheit (ein wichtiges Phänomen, bei dem die Geschwindigkeit, mit der sich eine Infektion ausbreitet, im Lauf des Jahres variiert und mit der wir uns in Kapitel 7 eingehender beschäftigen werden). Als der Herbst nahte und es auf der Nordhalbkugel kühler wurde, schien eine Eiswasserdusche auf einmal weniger Spaß zu machen, selbst wenn es für einen guten Zweck war. Anfang September war der Hype dann weitgehend abgeklungen. Genau wie die saisonale Grippe kehrte er jedoch im nächsten Jahr und im darauffolgenden Jahr in ähnlichen Formaten zurück, doch der Enthusiasmus war weitgehend abgeklungen. Im Jahr 2015 erbrachte die Challenge weniger als 1 Prozent des Vorjahresergebnisses für die ALSA. Leute, die dem Virus 2014 ausgesetzt waren, hatten in der Regel eine starke Immunität aufgebaut, selbst gegenüber leicht mutierten Formaten (beispielsweise mit unterschiedlichen Substanzen im Kübel). Gebremst durch die Immunität der Apathie verlief jeder neue Ausbruch rasch im Sande, denn es gelang neuen Teilnehmern nicht, das Virus im Durchschnitt an mindestens eine andere Person weiterzugeben.

Ist die Zukunft exponentiell?

Es gibt eine Parabel zum Thema exponentielles Wachstum, die die Gefahren der Prokrastination (von aufschiebendem Verhalten) vor Augen führt. Eines Tages stellt man fest, dass sich auf der Oberfläche des lokalen Sees eine winzig kleine Algenkolonie gebildet hat. Im Lauf der nächsten Tage wird deutlich, dass die Kolonie ihre Größe jeden Tag verdoppelt. Sie wird weiterhin derart schnell wachsen, dass sie die gesamte Seeoberfläche bedeckt, es sei denn, jemand greift ein. Wenn nichts passiert, dauert es 60 Tage, bis die Oberfläche bedeckt ist und das Wasser des Sees vergiftet wird. Da die Algenbedeckung anfangs so klein ist und keine unmittelbare Gefahr besteht, entschließt man sich, die Algendecke wachsen zu lassen, bis sie die Hälfte des Sees bedeckt und sie sich einfacher entfernen lassen wird. Die Frage dazu lautet: »Wann werden die Algen die Hälfte des Sees bedeckt haben?«

Viele Leute antworten »30 Tage«. Da die Kolonie ihre Größe aber jeden Tag verdoppelt, wird der See bereits einen Tag, nachdem er halb bedeckt ist, vollständig bedeckt sein. Daher lautet die vielleicht überraschende Antwort, dass die Algen am 59. Tag die Hälfte des Sees bedecken werden und dann nur noch ein einziger Tag bleibt, um den See zu retten. An Tag 30 nehmen die Algen weniger als ein Milliardstel der Oberfläche des Sees ein. Wenn Sie eine Algenzelle im See wären, wann würden Sie erkennen, dass der Platz für Sie knapp wird? Würde Ihnen jemand am 55. Tag, wenn die Algen lediglich 3 Prozent der Oberfläche bedecken, erklären, der See werde in fünf Tagen völlig bedeckt sein – würden Sie ihm glauben, wenn Sie keine Ahnung von exponentiellem Wachstum hätten? Wahrscheinlich nicht.

Dieses Beispiel soll zeigen, wie das menschliche Denken konditioniert ist. Zu Zeiten unserer Vorfahren ähnelten die Erfahrungen einer Generation in der Regel stark denjenigen der vorausgegangenen Generationen: Die Menschen verrichteten dieselbe Arbeit, benutzten dieselben Werkzeuge und lebten am selben Ort wie ihre Altvordern. Und sie erwarteten, dass es ihre Nachfahren ebenso halten würden. Technologisches Wachstum und sozialer Wandel schreiten heute jedoch so rasch fort, dass es innerhalb einer einzigen Generation zu merklichen Veränderungen kommt. Der technische Fortschritt selbst, glauben einige Theoretiker, nimmt exponentiell zu.

Der Computerwissenschaftler Vernor Vinge verwendete solche Ideen in einer Reihe von Science-Fiction-Romanen und Geschichten,[18] in denen technische Fortschritte immer schneller aufeinanderfolgen, bis zu einem Punkt, an dem sie das menschliche Verständnis übersteigen. Die Explosion der künstlichen Intelligenz führt zu einer »technologischen Singularität« und zum Auftreten einer omnipotenten Superintelligenz. Der amerikanische Futurologe Ray Kurzweil machte sich daran, Vinges Ideen aus dem Reich der Science-Fiction in die reale Welt zu übertragen. In seinem 1999 erschienenen Buch *The Age of Spiritual Machines* (deutsch: *Homo S@piens*) stellte Kurzweil ein hypothetisches »Gesetz des sich beschleunigenden Nutzens« auf.[19] Er vermutete, die Evolution einer breiten Spanne von Systemen – einschließlich unserer eigenen biologischen Evolution – erfolge in exponentiellem Tempo. Er ging sogar so weit, vorherzusagen, wann Vinges »technologische Singularität« – der Zeitpunkt, an dem wir nach Kurzweils Ansicht eine technische Veränderung erleben werden, »die so schnell und tiefgreifend ist, dass sie einen Riss im Gewebe der menschlichen Geschichte darstellt« – eintreten werde: um 2045.[20] Zu den Folgen der Singularität gehören nach Kurzweil die »Verschmelzung von biologischer und nicht biologischer Intelligenz, unsterbliche, auf Software basierende Menschen und eine ultrahohe Intelligenz, die sich mit Lichtgeschwindigkeit im Universum ausdehnt«. Während diese extremen, fremdartigen Vorhersagen vielleicht besser auf den Bereich der Science-Fiction beschränkt geblieben wären, gibt es Beispiele für technische Fortschritte, die tatsächlich über lange Zeitspannen für exponentielles Wachstum gesorgt haben.

Das mooresche Gesetz – die Beobachtung, dass sich die Anzahl von Komponenten in einem Computerschaltkreis offenbar etwa alle zwei Jahre verdoppelt – ist ein wohlbekanntes Beispiel für exponentielles technisches Wachstum. Anders als Newtons Bewegungsgesetze ist das mooresche Gesetz kein physikalisches Gesetz oder Naturgesetz, daher gibt es keinen Grund für die Annahme, dass es immer so weitergehen wird. Zwischen 1970 und 2016 hat sich dieses Gesetz jedoch als bemerkenswert zutreffend erwiesen. Das mooresche Gesetz ist eingebettet in die breitere allgemeine Beschleunigung der digitalen Technologie, die ihrerseits signifikant zum wirtschaftlichen Wachstum um die Jahrtausendwende beigetragen hat.

Als Wissenschaftler 1990 darangingen, die drei Milliarden Basenpaare des menschlichen Genoms zu kartieren, mokierten sich Kritiker über die Größenordnung des Projekts und behaupteten, die vollständige Entschlüsselung würde bei der gegenwärtigen Geschwindigkeit viele Tausend Jahre dauern. Die Sequenzierungstechnologie verbesserte sich jedoch mit exponentieller Geschwindigkeit. Das vollständige »Buch des Lebens« wurde 2003 präsentiert, vor dem geplanten Zeitpunkt und ohne Überschreitung seines 1-Milliarde-Dollar-Budgets.[21] Heutzutage braucht es weniger als eine Stunde, um den gesamten genetischen Code eines Individuums zu sequenzieren, und das Ganze kostet weniger als 1000 Dollar.

Bevölkerungsexplosion

Die Geschichte von den Algen auf dem See macht deutlich, dass unser Unvermögen, exponentiell zu denken, Ursache für den Zusammenbruch von Ökosystemen und Populationen sein kann. Trotz klarer und permanenter Warnzeichen ist *eine* der Spezies auf der Liste der bedrohten Arten natürlich unsere eigene.

Zwischen 1346 und 1353 eilte der Schwarze Tod, eine der verheerendsten Pandemien in der menschlichen Geschichte (die Ausbreitung von Infektionskrankheiten wird in Kapitel 7 ausführlicher behandelt), im Eilschritt durch Europa und tötete rund 60 Prozent der Einwohner. Damals wurde die Gesamtbevölkerung der Welt um rund 370 Millionen Menschen reduziert. Seitdem ist die Bevölkerung ohne Unterlass ständig gestiegen. Um 1800 hatte die menschliche Bevölkerung beinahe ihre erste Milliarde erreicht. Der rasche Bevölkerungsanstieg in jener Zeit ließ den englischen Mathematiker Thomas Malthus vermuten, die menschliche Bevölkerung wachse mit einer Geschwindigkeit, die ihrer momentanen Größe proportional sei.[22] Wie im Fall der Zellen des heranwachsenden Embryos oder dem auf dem Bankkonto geparkten Geld weist diese einfache Regel für ein exponentielles Wachstum der menschlichen Bevölkerung auf einem bereits vollen Planeten hin.

Ein beliebtes Thema vieler Science-Fiction-Romane und -Filme (man denke nur an kürzlich gezeigte Blockbuster wie »Interstellar« oder »Passengers«) besteht darin, das Problem der Überbevölkerung auf der Welt durch Auswanderung ins Weltall zu lösen. In der Regel wird in diesem Szenario ein erdähnlicher Planet entdeckt und für die menschliche Besiedlung vorbereitet. Und das ist offenbar keine rein fiktive Spinnerei – 2017 äußerte sich der renommierte Physiker Stephen Hawking ernsthaft zu der Möglichkeit einer extraterrestrischen Kolonisation. Er forderte die Menschen auf, sich darauf vorzubereiten, die Erde innerhalb der nächsten 30 Jahre zu verlassen, um den Mars oder den Mond zu kolonialisieren; anderenfalls drohe unsere Spezies, aufgrund von Überbevölkerung und dem damit verbundenen Klimawandel zugrunde zu gehen. Leider ist das auch keine Lösung: Selbst wenn wir die Hälfte der Erdbewohner auf einen neuen, erdähnlichen Planeten aussiedelten, würde uns dies bei unveränderter Wachstumsrate nur 63 Jahre Luft verschaffen, bis sich die Zahl der Menschen erneut verdoppelt haben und beide Planeten an ihre Belastbarkeitsgrenze gelangt sein würden. Malthus sagte voraus, dass dieses exponentielle Wachstum die Idee einer interplanetaren Kolonisation obsolet machen würde, als er schrieb: »Die Lebenskeime auf unserem Fleckchen Erde, falls sie ausreichend Nahrung und Platz zur Ausbreitung hätten, würden im Lauf einiger Jahrtausende Millionen von Welten anfüllen.«

Wie wir jedoch bereits erfahren haben (denken Sie an das Bakterium *E. faecalis* am Anfang dieses Kapitels, das in der Milch wuchs), kann exponentielles Wachstum nicht auf Dauer aufrechterhalten bleiben. Wenn eine Population wächst, gehen die Umweltressourcen, auf die sie angewiesen ist, in der Regel zurück, was ganz natürlich zu einer Abnahme der Netto-Wachstumsrate (der Differenz zwischen Geburten- und Sterberate) führt. Man spricht in diesem Zusammenhang von der »Tragfähigkeit« der Umwelt für eine bestimmte Art – eine inhärente Grenze, die bestimmt, welche Populationsgröße auf Dauer maximal tragbar ist. Charles Darwin erkannte, dass begrenzende Umweltfaktoren zu einem »Kampf ums Dasein« führen würden, wenn Individuen »um ihre Plätze im Haushalt der Natur konkurrieren«. Das einfachste mathematische Modell, das die Auswirkung eines Konkurrenzkampfs um begrenzte Ressourcen innerhalb einer Art oder zwischen verschiedenen Arten zeigt, ist als logistisches Wachstumsmodell bekannt.

In Abbildung 3 sieht die logistische Wachstumskurve zunächst – wenn die Population, uneingeschränkt von Umweltbedingungen, proportional zu ihrer momentanen Größe steigt – exponentiell aus. Mit zunehmender Populationsgröße sorgt Ressourcenknappheit jedoch dafür, dass sich Geburten- und Sterberate einander annähern. Schließlich sinkt das Netto-Populationswachstum auf null: Die Geburten in der Population reichen gerade aus, um die gestorbenen Individuen zu ersetzen, mehr nicht, was bedeutet, dass die Individuenzahlen bis zur Kapazität K steigen und dort ein Plateau bilden. Der schottische Wissenschaftler Anderson McKendrick (einer der ersten mathematischen Biologen, mit dem wir uns in Kapitel 7 im Zusammenhang mit seiner Arbeit zur Modellierung der Ausbreitung von Infektionskrankheiten noch eingehender beschäftigen werden) war der Erste, der nachwies, dass Bakterienpopulationen ein logistisches Wachstum aufweisen.[23] Wie sich seitdem gezeigt hat, stellt das logistische Modell eine ausgezeichnete Repräsentation für eine Population dar, die in eine neue Umwelt eingesetzt wird, und beschreibt das Wachstum von so unterschiedlichen tierischen Populationen wie Schafen[24], Robben[25] und Kranichen[26].

Die maximal tragbare Population vieler Tierarten bleibt mehr oder minder konstant, denn sie sind von den Ressourcen

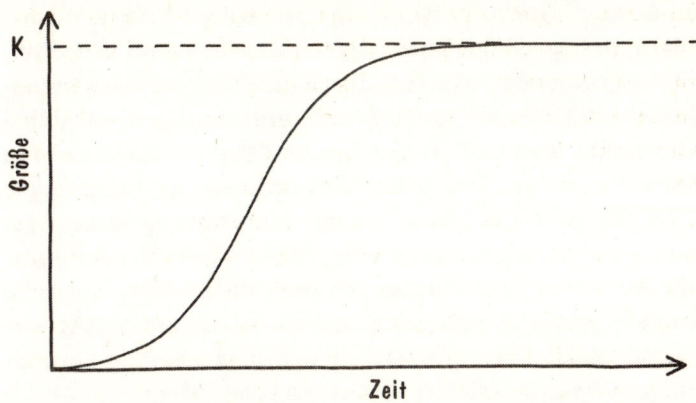

Abbildung 3: *Die logistische Wachstumskurve steigt zunächst bis etwa zur Mitte fast exponentiell an, verlangsamt sich jedoch, wenn die Ressourcen zum begrenzenden Faktor werden und die Population sich der Tragfähigkeit oder Kapazität K nähert.*

in ihrer Umwelt abhängig. Das gilt für die menschliche Spezies jedoch aus verschiedenen Gründen nicht im gleichen Maße: So haben beispielsweise die Industrielle Revolution, die Mechanisierung der Landwirtschaft und die Grüne Revolution mit sich gebracht, dass unsere Art ihre Populationsgröße ständig steigern konnte. Auch wenn aktuelle Schätzungen der maximal tragbaren Population auf der Erde variieren, sprechen viele Berechnungen dafür, dass sie irgendwo zwischen neun und zehn Milliarden Menschen liegt. Der renommierte Soziobiologe E. O. Wilson glaubt, es gebe inhärente, unverrückbare Grenzen für die Menge an Menschen, die die irdische Biosphäre tragen kann.[27] Zu den einschränkenden Faktoren gehören: die Verfügbarkeit von Süßwasser, fossilen Brennstoffen und anderen nicht erneuerbaren Ressourcen, Umwelteinflüsse (allem voran der Klimawandel) und Lebensraum. Einer der häufiger diskutierten Faktoren ist die Verfügbarkeit von Nahrung. Selbst wenn jedermann Vegetarier würde und pflanzliche Nahrung direkt verzehrte, statt sie an Nutzvieh zu verfüttern (denn Fleischverzehr ist ein ineffizienter Weg, pflanzliche Energie in Nahrungsenergie zu verwandeln), würden die gegenwärtigen 1,4 Milliarden Hektar nutzbaren Bodens nach Wilsons Schätzungen nur Nahrung für rund zehn Milliarden Menschen produzieren.

Wenn sich die fast siebeneinhalb Milliarden Menschen weiterhin mit der gegenwärtigen Geschwindigkeit von 1,1 Prozent pro Jahr vermehren, werden wir die 10-Milliarden-Grenze in rund 30 Jahren erreichen. Malthus warnte schon 1798 vor dem Gespenst der Überbevölkerung: »Ich sage, dass die Bevölkerung viel stärker wächst als das Vermögen der Erde, die für ihren Unterhalt notwendigen Nahrungsmittel hervorzubringen [...] sodass ein vorzeitiger Tod die Menschheit auf die eine oder andere Weise ereilen muss.« Im Kontext der menschlichen Geschichte sind wir inzwischen am letzten Tag angelangt, der uns bleibt, um den See zu retten.

Es gibt jedoch Grund zum Optimismus. Obwohl die Zahl der Menschen noch immer wächst, haben effektive Maßnahmen zur Geburtenkontrolle und eine Senkung der Kindersterblichkeit (die geringere Reproduktionsraten nach sich zieht) dazu geführt, dass wir uns langsamer vermehren als in vorangegangenen Generationen. Gegen Ende der 1960er-Jahre erreichte unsere Wachstumsrate mit 2 Prozent pro Jahr einen Spitzenwert, doch Schätzungen zufolge wird sie bis 2023 auf weniger als 1 Prozent pro Jahr gesunken sein.[28] Um dies in den richtigen Zusammenhang zu stellen: Wenn die Wachstumsrate so hoch wie in den 1960er-Jahren geblieben wäre, hätte sich die Zahl der Menschen in nur 35 Jahren verdoppelt. Tatsächlich erreichten wir die 7,3-Miliarden-Marke (eine Verdopplung der 3,65-Milliarden-Weltpopulation von 1969) jedoch erst 2016, also fast 50 Jahre später. Mit einer Wachstumsrate von nur 1 Prozent pro Jahr würde die Zeit bis zu einer Verdopplung auf 69,7 Jahre steigen, fast doppelt so lang wie die Verdopplungsperiode bei der Rate von 1969. Eine leichte Reduzierung der Wachstumsrate macht einen großen Unterschied, wenn es um exponentielles Wachstum geht. Wie es aussieht, sind wir auf ganz natürliche Weise dabei, uns ein wenig zusätzliche Zeit zu kaufen, indem wir unser Bevölkerungswachstum verlangsamen, während wir uns auf die Tragfähigkeitsgrenze unseres Planeten zubewegen. Es gibt jedoch Gründe dafür, dass exponentielles Verhalten uns als Individuen möglicherweise das Gefühl gibt, uns bliebe weniger Zeit, als wir denken.

Wenn man älter wird, dann läuft die Zeit im Sauseschritt

Erinnern Sie sich noch, dass Ihnen die Sommerferien als junger Mensch wie eine Ewigkeit vorkamen? Meinen Kindern, vier und sechs Jahre alt, erscheint die Zeitspanne zwischen zwei Weihnachtsfesten beinahe unendlich. Ich habe hingegen den Eindruck, dass die Zeit, während ich älter werde, mit alarmierender Geschwindigkeit verstreicht, während Tage in Wochen und Wochen in Monate übergehen und alle im bodenlosen Loch der Vergangenheit versinken. Wenn ich wöchentlich mit meinen Eltern plaudere, die in ihren Siebzigern sind, vermitteln sie mir das Gefühl, dass sie kaum Zeit haben, meinen Anruf entgegenzunehmen, so vollgepackt ist ihr Tagesablauf. Wenn ich sie frage, was sie die ganze Woche über tun, erscheint es mir oft so, als ob ihre unablässige Plackerei nur die Arbeit eines einzigen Tages umfasst. Aber was weiß ich schon über konkurrierende Zeiterfordernisse: Ich habe bloß zwei kleine Kinder, einen Vollzeitjob und ein Buch zu schreiben.

Ich sollte jedoch nicht allzu sarkastisch zu meinen Eltern sein, denn wie es aussieht, läuft die Zeit tatsächlich umso schneller, je älter wir werden, und vermittelt uns das Gefühl, immer weniger Zeit zu haben.[29] Bei einem 1996 durchgeführten Experiment wurden eine Gruppe junger Leute (19–24 Jahre) und eine Gruppe älterer Leute (60–80 Jahre) gebeten, im Kopf

3 Minuten abzuzählen. Im Mittel kamen die jungen Leute auf 3 Minuten und 3 Sekunden Echtzeit, also ein annähernd perfektes Ergebnis, während die Älteren erst bei erstaunlichen 3 Minuten und 40 Sekunden haltmachten.[30] In anderen ähnlichen Experimenten wurden die Versuchsteilnehmer aufgefordert, die Länge einer festgelegten Zeitspanne abzuschätzen, während derer sie eine Aufgabe erledigt hatten.[31] Ältere Teilnehmer schätzten die Länge der Zeitspanne durchgehend kürzer ein als die jüngeren Teilnehmer. So waren die älteren Probanden im Kopf nach 2 Minuten Echtzeit durchschnittlich erst bei 50 Sekunden angekommen, was sie sich fragen ließ, wohin die verbliebenen 1 Minute und 10 Sekunden verschwunden waren.

Die Beschleunigung unserer Wahrnehmung, was das Vergehen der Zeit betrifft, hat wenig damit zu tun, dass wir die sorgenfreien Tage der Jugend hinter uns gelassen haben und sich unser Kalender mit den Verpflichtungen des Erwachsenseins füllt. Tatsächlich gibt es eine ganze Reihe konkurrierender Vermutungen, die erklären könnten, warum ältere Menschen das Gefühl haben, die Zeit vergehe rascher als früher. Eine Theorie basiert auf der Tatsache, dass unser Stoffwechsel sich mit zunehmendem Alter verlangsamt und sich dem verlangsamten Herzschlag und der verlangsamten Atmung anpasst.[32] Genauso wie bei einer schnell gehenden Stoppuhr ticken die biologischen Uhren bei Kindern rascher. Innerhalb einer festen Zeitspanne erleben junge Menschen mehr Schläge dieser biologischen Schrittmacher (beispielsweise Atemzüge oder Herzschläge), was ihnen das Gefühl vermittelt, es sei eine längere Zeitspanne verstrichen.

Eine andere Theorie geht davon aus, dass unser Gefühl für die Länge der Zeit, die verstrichen ist, von der Menge an neuer sensorischer Information abhängt, die wir aus unserer Umwelt beziehen.[33] Je mehr neue Reize auf uns einströmen, desto länger braucht unser Gehirn, um diese Information zu verarbeiten. Die korrespondierende Zeitspanne erscheint, zumindest retrospektiv, entsprechend länger. Mithilfe dieses Arguments lässt sich erklären, wie es dazu kommt, dass die Momente, die einem Unfall vorausgehen, oft wie im Film wahrgenommen und in Zeitlupe erlebt werden. Die Situation ist für das Unfallopfer in diesen Szenarien so unvertraut, dass die Menge an neuer sensorischer Information entsprechend riesig ist. Möglicherweise verlangsamt sich nicht die Zeit während des Ereignisses, sondern unsere Erinnerung an das Ereignis wird in der Rückschau entschleunigt, da unser Gehirn aufgrund der Datenflut, der es ausgesetzt ist, mehr detaillierte Erinnerungen speichert. Experimente mit Versuchspersonen im freien Fall, einer höchst ungewöhnlichen Erfahrung, haben dies bestätigt.[34]

Diese Theorie passt gut zur Beschleunigung der erlebten Zeit. Wenn wir älter werden, wird uns unsere Umgebung dank wachsender Lebenserfahrung in der Regel immer vertrauter. Unser täglicher Weg zur Arbeit, der uns anfangs vielleicht lang und schwierig erschienen sein mag, voller neuer Bilder und Möglichkeiten, falsch abzubiegen, blitzt nun vorüber, während wir die gewohnte Strecke quasi per Autopilot zurücklegen.

Bei Kindern ist das anders. Ihre Welt ist oft voller Überraschungen und neuer Erfahrungen. Junge Menschen sind ständig dabei, ihr Modell der Welt rund um sie herum neu auszurichten, was geistige Anstrengung verlangt und ihnen das Gefühl vermittelt, der Sand rinne langsamer durch ihr Stundenglas, als es bei routinierten Erwachsenen der Fall ist. Je mehr Erfahrung wir mit den Routinen des Alltags haben, desto rascher scheint die Zeit für uns zu vergehen, und im Allgemeinen nimmt diese Erfahrung mit zunehmendem Alter zu. Dieser Theorie zufolge sollten wir unser Leben mit neuen und abwechslungsreichen Erfahrungen füllen, um der Zeit-raubenden Routine des Alltags zu entgehen und die subjektiv erlebte Zeit länger erscheinen zu lassen.

Keine der erwähnten Theorien kann erklären, warum sich unsere Zeitwahrnehmung mit einer fast perfekt regelmäßigen Geschwindigkeit zu beschleunigen scheint. Dass sich die Länge eines festen Zeitintervalls mit zunehmendem Alter offenbar kontinuierlich verringert, spricht für eine »exponentielle Skala« unserer Zeitwahrnehmung. Wir benutzen exponentielle Skalen anstelle von traditionellen linearen Skalen, wenn wir Mengen abmessen, die über einen breiten Wertebereich variieren. Die bekannteste Skala ist diejenige für Energiewellen wie Schall (gemessen in Dezibel) und seismische Aktivität. Auf der exponentiellen Richterskala (für Erdbeben) korrespondiert eine Zunahme von Magnitude (Stärke) 10 auf Magnitude 11 mit einer zehnfachen Zunahme der Bodenbewegung, statt mit einer zehnprozentigen Zunahme, wie es bei einer linearen Skala der Fall wäre. Am unteren Ende konnte die Richterskala die geringe Erschütterung in Mexico City wahrnehmen, als die mexikanischen Fußballfans beim Public Viewing in der Stadt das Tor gegen Deutschland bei der Weltmeisterschaft im Juni 2018 feierten. Am anderen Ende der Skala stand das Valdivia-Erdbeben 1960 in Chile. Die bei diesem Erdbeben der Stärke 9,6 freigesetzte Energie entsprach mehr als dem 14-Millionenfachen der Energie der auf Hiroshima abgeworfenen Atombombe.

Wenn die Länge eines Zeitintervalls proportional zu der Zeit beurteilt wird, die wir bereits leben, dann ergibt ein exponentielles Modell der wahrgenommenen Zeit Sinn. Als 34-Jähriger macht ein Jahr etwas weniger als 3 Prozent meiner Lebenszeit aus. Meine Geburtstage folgen aus meiner Sicht inzwischen immer rascher aufeinander. Für einen Zehnjährigen, der 10 Prozent seiner bisherigen Lebenszeit auf die nächste Geschenkrunde warten muss, erfordert das Warten eine fast überirdische Geduld. Für meinen vierjährigen Sohn ist die Vorstellung, ein Viertel seines bisherigen Lebens warten zu müssen, bis er wieder »Geburtstagskind« ist, fast unerträglich. Bei diesem exponentiellen Modell ist die proportionale Alterszunahme, die ein Vierjähriger zwischen seinen Geburtstagen erlebt, äquivalent einem 40-Jährigen, der darauf wartet, dass er 50 wird. Aus dieser relativen Perspektive betrachtet ergibt es Sinn, dass sich die Zeit zu beschleunigen scheint, wenn wir älter werden.

Nicht selten teilen wir unser Leben in Jahrzehnte ein – unsere sorglosen Zwanziger, unsere ernsthaften Dreißiger und so weiter –, was darauf hindeutet, dass jede Periode gleich gewichtet werden sollte. Wenn die subjektive Zeit jedoch tatsächlich exponentiell beschleunigt abläuft, könnten sich Kapitel unseres Lebens, die unterschiedliche Zeiträume überspannen, gleich lang anfühlen. Wenn das exponentielle Modell zutrifft, könnten uns die Zeitspannen von 5 bis 10 Jahren, 10 bis 20 Jahren, 20 bis 40 Jahren und sogar von 40 bis 80 Jahren identisch lang (oder kurz) erscheinen. Das sollte nicht zum hektischen Verfassen zu vieler Listen à la »Dinge, die man vorm Lebensende noch gemacht haben will« führen, doch nach diesem Modell könnte die Periode zwischen 40 und 80, die einen Großteil der mittleren Jahre und des Alters umfasst, genauso rasch vorbeigehen wie die fünf Jahre zwischen Ihrem fünften und zehnten Geburtstag.

***

Daher sollte es für die Pensionärinnen Fox und Chalmers, die für die Organisation von »Give and Take« zu einer mehrmonatigen Haftstrafe verurteilt wurden, zumindest ein kleiner Trost sein, dass die Routine des Gefängnisalltags oder das exponentiell wachsende Verstreichen der wahrgenommenen Zeit ihre Strafzeit sehr rasch vergehen lassen sollte.

Insgesamt wurden neun Frauen für ihren Anteil an dem System verurteilt. Auch wenn einige gezwungen wurden, einen Teil des Geldes zurückzuzahlen, wurde nur ein sehr geringer Teil der Millionen Pfund, die in dieses System investiert worden waren, wiedergefunden. Nichts davon ging zurück zu den betrogenen Investoren – die ahnungslosen Opfer, die alles verloren, weil sie die Macht exponentiellen Wachstums unterschätzten.

Von der Explosion eines Kernreaktors bis zur menschlichen Bevölkerungsexplosion und von der Ausbreitung eines Virus bis zur Weiterverbreitung einer viralen Werbekampagne können exponentielles Wachstum und exponentieller Zerfall eine unsichtbare, aber oft entscheidende Rolle im Leben ganz normaler Menschen spielen. Auf exponentiellem Verhalten fußen neue Wissenschaftszweige, die zur Überführung von Verbrechern führen können, und andere, die im buchstäblichen Sinne die Welt zerstören können. Ohne Denken in exponentiellen Zusammenhängen können unsere Entscheidungen wie eine unkontrollierte nukleare Kettenreaktion unerwartete und exponentiell weitreichende Konsequenzen haben. Neben anderen Innovationen hat der exponentielle technologische Fortschritt das Aufkommen der personalisierten Medizin eingeläutet, eine Ära, in der jedermann seine DNA für eine relativ bescheidene Summe sequenzieren lassen kann. Diese genomische Revolution hat das Potenzial, uns ungeahnte Einblicke in unsere individuellen gesundheitlichen Merkmale zu verleihen. Das gilt aber nur dann, wenn die Mathematik, die der modernen Medizin zugrunde liegt, damit Schritt halten kann. Mit diesem Thema wollen wir uns im nächsten Kapitel beschäftigen.

2

Sensitivität, Spezifität und eine zweite Meinung

Warum Mathematik für die Medizin von so großer Bedeutung ist

Als ich die E-Mail in meinem Posteingang sah, spürte ich einen Adrenalinschub. Das Gefühl begann in meinem Magen und bewegte sich meine Arme hinunter, bis meine Finger prickelten. Mein Puls klopfte hinter den Ohren, als ich unwillkürlich den Atem anhielt. Ich öffnete die E-Mail, überflog den einleitenden Text und klickte sofort auf den Link »Zu den Ergebnissen«. Ein Fenster öffnete sich, ich loggte mich ein und klickte auf den Abschnitt mit der Überschrift »Genetische Gesundheitsrisiken«. Als ich die Liste durchsah, stellte ich zu meiner Erleichterung fest »Parkinsonkrankheit: keine Varianten gefunden«, »BRCA1/BRCA2: keine Varianten gefunden«, »Altersabhängige Makuladegeneration: keine Varianten gefunden«. Meine Angst legte sich, als ich mich durch mehr und mehr Krankheiten hindurchscrollte, für die ich keine genetische Disposition besaß. Als ich das Ende der Listen mit den »Alles in Ordnung«-Aussagen erreichte, schnellte mein Blick zurück zu einem früheren Eintrag, den ich übersehen hatte: »Spät einsetzende Alzheimerkrankheit: erhöhtes Risiko.«

Als ich dieses Buch zu schreiben begann, dachte ich, es wäre interessant, die Mathematik hinter den Gentests zu untersuchen, die man zu Hause machen kann. Daher meldete ich mich bei 23andMe an, dem wahrscheinlich bekanntesten Biotechnologieunternehmen, das Privatleuten eine Genanalyse anbietet. Und wie kann man solche Ergebnisse besser verstehen, als wenn man den Test selber macht? Gegen ein nicht unbeträchtliches Honorar erhielt ich ein Teströhrchen, das ich mit zwei Milliliter Speichel füllte, versiegelte und zurücksandte. In den nächsten Monaten dachte ich nicht mehr an die ganze Sache, denn ich glaubte eigentlich nicht, dass irgendetwas Bedeutendes dabei herauskommen würde. Als die E-Mail eintraf, wurde mir jedoch plötzlich bewusst, dass eine umfassende Prognose meiner zukünftigen Gesundheit nur ein paar Klicks weit entfernt war. Und nun saß ich da vor meinem Computerbildschirm und sah mich einem Ergebnis gegenüber, das unter Umständen für recht ernst zu nehmende gesundheitliche Folgen sprach.

Um besser zu verstehen, was ein »erhöhtes Risiko« bedeutete, lud ich den ganzen 14-seitigen Bericht meines Alzheimer-Risikos herunter. Ich wusste nur sehr wenig über Alzheimer und wollte mehr darüber herausfinden. Der erste Satz des Berichts war nicht geeignet, meine Sorge zu lindern: »Die Alzheimerkrankheit ist charakterisiert durch Gedächtnisverlust, kognitiven Abbau und Persönlichkeitsveränderungen.« Beim Weiterlesen erfuhr ich, dass 23andMe bei mir die epsilon-4-Variante (ε4) in einem der beiden Kopien des *Apolipoprotein E (APOE)*-Gens gefunden hatte. In der ersten quantitativen Information des Berichts hieß es »… im Durchschnitt hat ein Mann europäischer Herkunft mit dieser Variante ein um 4 – 7 Prozent erhöhtes Risiko, bis zum Alter von 75 Jahren an der spät einsetzenden Form der Alzheimerkrankheit zu leiden, und ein um 20 – 23 Prozent erhöhtes Risiko, dies mit 85 Jahren zu tun.«

Auch wenn diese Zahlen nur eine abstrakte Bedeutung für mich hatten, fand ich sie schwer zu fassen. Es gab drei Dinge, die ich wirklich wissen wollte. Erstens: Gab es etwas, das ich aufgrund dieser misslichen Erkenntnis tun konnte? Zweitens: Um wie viel schlechter als der Durchschnitt der Bevölkerung stand ich da? Und drittens: Wie vertrauenswürdig waren die Angaben, die mir 23andMe geliefert hatte? Als ich weiterscrollte, stieß ich auf die Antwort auf meine erste Frage: »Gegenwärtig gibt es keine bekannte Vorbeugung oder Heilung für die Alzheimerkrankheit.« Um die Antwort auf meine anderen Fragen zu finden, musste ich mich tiefer in den Bericht einarbeiten. Mein Interesse an der mathematischen Interpretation von Gentests war plötzlich viel dringender und persönlicher geworden.

***

Während die Medizin zunehmend zu einer quantitativen Disziplin wird, liefern mathematische Formeln oft die nüchterne Basis für Schlüsselentscheidungen, ob es um die Kosten-Nutzen-Analyse einer bestimmten Behandlung oder, auf persönlicherer Ebene, unsere Lifestyle-Entscheidungen geht. In diesem Kapitel werden wir uns mit diesen Formeln beschäftigen, um herauszufinden, ob sie eine solide wissenschaftliche Basis haben oder ob es sich um einen überholten Zahlenfetischismus handelt, den man entzaubern und entsorgen sollte. Erstaunlicherweise werden wir uns auf jahrhundertealte Mathematik stützen, um einen raffinierteren Ersatz vorzuschlagen.

Mit dem Fortschreiten diagnostischer Techniken sehen wir uns mehr medizinischen Evaluationen gegenüber als jemals zuvor. Wir wollen uns mit den überraschenden Auswirkungen falsch-positiver Ergebnisse in den am weitesten verbreiteten medizinischen Früherkennungsprogrammen beschäftigen, um zu verstehen, warum Tests gleichzeitig höchst genau und doch unpräzise sein können. Wir werden die Dilemmata im Gefolge von Schwangerschaftstests diskutieren, die falsch-positive wie auch falsch-negative Ergebnisse mit sich bringen, und erfahren, wie diese inkorrekten Ergebnisse in unterschiedlichen diagnostischen Kontexten sinnvoll genutzt werden können.

Die Sequenzierung vollständiger Genome, tragbare Geräte und Fortschritte in der Datenverarbeitung sind dabei, uns in die Ära der personalisierten Medizin zu führen. Während wir unsere ersten vorsichtigen Schritte in diesem neuen Zeitalter der Gesundheitsfürsorge unternehmen, möchte ich die Resultate meiner eigenen DNA-Analyse neu interpretieren, um zu verstehen, wie mein Risikoprofil für Erkrankungen wirklich aussieht, und um zu entscheiden, ob die mathematische Methodik, die gegenwärtig zur Interpretation personalisierter Gentests angewandt wird, einer kritischen Überprüfung standhält.

Wie hoch sind die Chancen und Risiken?

Das 2006 gegründete Biotech-Unternehmen 23andMe, dessen Name sich auf die üblichen 23 Chromosomenpaare des Menschen bezieht, war das erste, das Privatpersonen die Untersuchung ihrer DNA zur Klärung ihrer geografischen Herkunft anbot. Dank einer 4-Millionen-Dollar-Investition des Google-Konzerns bot das Unternehmen zusätzlich einen Speicheltest an, mit dessen Hilfe sich das Risiko schätzen ließ, an einem von mehr als 100 verschiedenen medizinischen Problemen zu leiden, von Alkoholintoleranz bis Vorhofflimmern. Die Liste der Merkmale war so umfangreich und die Ergebnisse hatten solche potenziellen Auswirkungen, dass das *Time Magazine* den Test als »Innovation des Jahres« pries.

Aber die guten Zeiten für 23andMe sollten nicht lange anhalten. Im Jahr 2010 teilte die Food and Drug Administration (FDA), die US-amerikanische Behörde zur Überwachung von Lebens- und Arzneimitteln, dem Unternehmen mit, seine Tests seien als »medizinische Geräte« zu betrachten und bedürften daher einer offiziellen Zulassung. Im Jahr 2013 fehlte 23andMe diese Zulassung noch immer, und die FDA verbot dem Unternehmen, weiterhin Analysen gesundheitlicher Risikofaktoren zu liefern, bis die Genauigkeit seiner Tests verifiziert worden sei. Die Klienten von 23andMe reichten eine Sammelklage ein und behaupteten, sie seien über das, was das Gentest-Unternehmen liefern könne, getäuscht worden. Auf dem Höhepunkt dieser Schwierigkeiten, im Dezember 2014, bot 23andMe seinen Gesundheitsservice erstmals auch in Großbritannien an. Angesichts dieser Kontroversen fragte ich mich nach der Zuverlässigkeit der Tests, die das Unternehmen an meiner eigenen DNA durchführen würde, wenn ich ihm eine Probe schickte.

Das, was ich über die Erfahrungen des 33-jährigen Webdesigners Matt Fender in der *New York Times* las, trug nicht dazu bei, meine Besorgnis zu lindern. Als bekennender Nerd und Mitglied der ständig wachsenden Community der »Besorgten« ist Fender für 23andMe der ideale Kunde. Nach Empfang seiner Profildaten, die er sich von dritter Seite erklären ließ, entdeckte Fender, dass er die PSEN1-Mutation aufwies. PSEN1 ist ein Indikator für die früh einsetzende Variante der Alzheimerkrankheit mit »vollständiger Penetranz«, was bedeutet, dass jeder, der diese Mutation aufweist, erkrankt, ohne Wenn und Aber. Nicht überraschend, war Fender höchst bestürzt bei dem Gedanken, seine Fähigkeit zum abstrakten Denken, zum Problemlösen und zu zusammenhängenden Erinnerungen zu verlieren. Die Diagnose reduzierte seine Erwartung für ein Leben in geistiger Gesundheit um mindestens 30 Jahre.

Da ihm die Konsequenzen der Mutation nicht aus dem Kopf gingen, wollte er sich vergewissern. Da es in seiner Familie bislang keinen Alzheimer gab, gelang es Fender nicht, Genetiker zu überzeugen, einen Folgetest zu machen, um das Ergebnis zu überprüfen. Stattdessen entschloss er sich, einen zweiten Do-it-yourself-Gentest durchzuführen. Er ließ sich ein weiteres Teströhrchen kommen, diesmal von Ancestry.com, und wartete auf die Ergebnisse, die fünf Wochen später eintrafen: negativ für

PSEN1. Ein wenig erleichtert, aber immer noch verunsichert gelang es Fender schließlich, einen klinischen Test durchzusetzen, der das negative Ergebnis von Ancestry.com bestätigte.

Die von 23andMe und von Ancestry.com verwendete Sequenzierungstechnik scheint mit einer Irrtumswahrscheinlichkeit von 0,1 Prozent außerordentlich zuverlässig. Wenn man aber fast eine Million genetischer Varianten testet, sollte man sich klarmachen, dass selbst bei dieser geringen Fehlerrate rund 1000 Irrtümer zu erwarten sind. Es ist beunruhigend, aber eigentlich nicht überraschend, dass die Ergebnisse zweier unterschiedlicher Unternehmen differieren können. Vielleicht noch besorgniserregender ist der offensichtliche Mangel an Unterstützung nach Erhalt der Resultate. Kunden, die einen Do-it-yourself-Gentest machen, müssen fast ohne jegliche medizinische Aufklärung mit ihren Ergebnissen fertigwerden.

Nachdem 23andMe schließlich die Zustimmung der FDA für einen deutlich abgespeckten Gentest erhielt, startete das Unternehmen 2017 in den Vereinigten Staaten neu durch, und sein »DNA-Test für zu Hause« wurde am Black Friday desselben Jahres bei Amazon zu einem der Bestseller. Trotz (oder vielleicht wegen) meiner Bedenken bestellte ich ein Testkit und sandte meine Speichelprobe ein.

In fast allen Zellen des menschlichen Körpers gibt es einen Zellkern, der eine Kopie unserer DNA enthält – das sogenannte »Buch des Lebens«. Wir erben diese langen, verdrillten Nukleotid-Leitern in Form von 23 Chromosomenpaaren, wobei ein Partner eines jeden Paares vom Vater, der andere von der Mutter stammt. Jedes Chromosom eines jeden Paares enthält Kopien derselben Gene wie sein Partner, deren Sequenzen ähnlich, aber nicht unbedingt völlig identisch sind. So gibt es beispielsweise zwei hauptsächliche Varianten des mit der Alzheimerkrankheit assoziierten APOE-Gens, auf das 23andMe testet, die als ε3 und ε4 bezeichnet werden. Die ε4-Variante geht mit einem erhöhten Risiko für spät einsetzenden Alzheimer einher. Da es zwei Chromosomen gibt, können Sie entweder eine Kopie von ε4 (und eine Kopie von ε3) haben, zwei Kopien von ε4 (und keine Kopie von ε3) oder keine Kopie von ε4 (und zwei Kopien von ε3) – die Zahl der Kopien wird als Ihr Genotyp bezeichnet. Der häufigste Genotyp sind zwei Kopien von ε3, und das ist die Ausgangslage, gegenüber der die Wahrscheinlichkeit einer Alzheimer-Erkrankung beurteilt wird. Je mehr Kopien der ε4-Variante jemand hat, desto höher ist sein Risiko, Alzheimer zu entwickeln.

Aber wie hoch ist hoch? Angesichts der Tatsache, dass 23andMe bei mir einen bestimmten Genotyp festgestellt hat, wie groß war mein »prognostiziertes Risiko«, also die Wahrscheinlichkeit, die Krankheit zu entwickeln? Um von dem Risiko, das 23andMe für mich prognostiziert hat, überzeugt zu sein, musste ich sicherstellen, dass dessen mathematische Analyse auf sicheren Füßen stand, bevor ich daraus übereilte Schlüsse zog.

***

Die beste Weise, das prognostizierte Alzheimer-Risiko richtig einzuschätzen, wäre, eine große Anzahl von Individuen auszuwählen, die für die Population insgesamt repräsentativ sind, ihren Genotyp zu bestimmen und dann regelmäßig zu überprüfen, wer von ihnen Alzheimer entwickelt. Mit diesen repräsentativen Daten wäre es dann ein Leichtes, die Risiken, angesichts eines bestimmten Genotyps an Alzheimer zu erkranken, mit dem Risiko der Allgemeinbevölkerung zu vergleichen – das sogenannte »relative Risiko«. Diese Art Längsschnittstudie ist jedoch aufgrund der großen Anzahl der benötigten Probanden (die besonders bei seltenen Krankheiten schwer zu finden sind) und des langen Beobachtungszeitraums in der Regel außerordentlich teuer.

Häufiger wird daher auf eine weniger aussagekräftige Fall-Kontroll-Studie zurückgegriffen, bei der eine Anzahl von Menschen, die bereits an Alzheimer leiden, mit einer Anzahl von

»Kontrollen« verglichen werden – Menschen mit ähnlichem Hintergrund, aber ohne die Krankheit. (Wir werden in Kapitel 3 sehen, warum es so wichtig ist, den Hintergrund von Probanden sorgfältig zu kontrollieren.) Anders als bei einer Längsschnittstudie, bei der die Teilnehmer unabhängig von ihrem Krankheitsstatus ausgewählt werden, liefern die Teilnehmer einer Fall-Kontroll-Studie ein in Richtung Krankheitsträger verzerrtes Bild; daher kam man daraus keine Schätzung der Inzidenz (Anzahl der neu auftretenden Fälle) der Krankheit in der Gesamtbevölkerung ableiten. Das heißt, wir erhalten eine unausgewogene Prognose des relativen Erkrankungsrisikos. Diese Studien erlauben uns jedoch, das Chancen- oder Risikoverhältnis (nach dem englischen Begriff auch Odds-Ratio genannt) zu berechnen, das keine Kenntnis der Gesamthäufigkeit der Krankheit in der Bevölkerung voraussetzt.

Wenn Sie jemals bei einem Windhund- oder einem Pferderennen waren, erinnern Sie sich vielleicht daran, dass die Wahrscheinlichkeit für den Sieg eines bestimmten Tieres oft als Quote oder Odds-Ratio ausgedrückt wird. Bei einem bestimmten Rennen hat ein Außenseiter vielleicht eine Odds-Ratio von 5 zu 1 *gegen* seinen Sieg (*odds against*). Das heißt: Wenn dasselbe Rennen insgesamt sechsmal durchgeführt würde, ist zu erwarten, dass der Außenseiter fünfmal verliert und einmal gewinnt. Die Wahrscheinlichkeit, dass der Außenseiter gewinnt, ist also gleich 1 von 6 oder 1/6. Eine »Quote gegen« ist das Verhältnis der Wahrscheinlichkeit, dass ein Ereignis nicht eintritt, zur Wahrscheinlichkeit, dass es tatsächlich eintritt (in diesem Fall 5/6 zu 1/6 oder gekürzt 5 zu 1). Umgekehrt hat der Favorit des Rennens vielleicht eine Odds-Ratio von 2 zu 1 *für* seinen Sieg (*odds on*). Bei Sportwetten wird die größere Zahl aus traditionellen Gründen stets vorangestellt, daher müssen wir zwischen *odds on* und *odds against* unterscheiden. *Odds on*, das Gegenteil von *odds against*, ist gleich dem Verhältnis der Wahrscheinlichkeit, dass ein Ereignis eintritt, zur Wahrscheinlichkeit, dass es nicht eintritt. Bei *odds on* von 2 zu 1 gilt: Wenn dasselbe Rennen dreimal durchgeführt würde, ist zu erwarten, dass der Favorit zwei Rennen gewinnt und eins verliert. Die Wahrscheinlichkeit, dass der Favorit gewinnt, beträgt demnach 2 zu 3 oder 2/3, und die Wahrscheinlichkeit, dass er verliert, 1/3, wodurch wir zu einer Quote von 2/3 zu 1/3 oder gekürzt von 2 zu 1 kommen.

Wenn ein Kommentator oder Buchhalter von *odds on favourite* (Quote für den Favoriten) spricht, handelt es sich gewöhnlich um ein Rennen mit nur wenigen Pferden. Der Ausdruck ist eine Tautologie. Jedes Pferd, das eine »Quote für« aufweist, muss der Favorit sein, denn es kann nur ein einziges Pferd in einem Rennen geben, das mit höherer Wahrscheinlichkeit gewinnt als verliert. Bei einem Rennen mit einer größeren Anzahl von Pferden ist es ungewöhnlich, dass ein einzelnes Pferd mehr Rennen gewinnt als verliert. Im berühmtesten Pferderennen in Großbritannien, dem Grand National, wetteifern insgesamt 40 Pferde miteinander. Selbst der Sieger von 2018, Tiger Roll, der auch 2019 als Favorit ins Rennen ging (und schließlich auch gewann), hatte *odds against* von 4 zu 1. Da die meisten Pferde höchstwahrscheinlich weniger Rennen gewinnen als verlieren, sind die Quoten auf Rennplätzen mit der größten Zahl zuerst gewöhnlich *odds against*.

Im medizinischen Umfeld gilt genau das Gegenteil. Quoten werden gewöhnlich als »Quoten für« ausgedrückt – die Wahrscheinlichkeit, dass ein Ereignis eintritt, versus der Wahrscheinlichkeit, dass es nicht eintritt –, und da wir gewöhnlich über seltene Krankheiten sprechen (mit einer Prävalenz, d. h. Krankheitshäufigkeit von weniger als 0,05 Prozent in der Bevölkerung), steht die kleinere Zahl gewöhnlich vorn.

Wie berechnet man nun die medizinischen Risiken und die gewünschten Quoten? Dazu wollen wir eine hypothetische Fall-Kontroll-Studie betrachten, in der es darum geht, welche Folgen der Besitz einer einzelnen ε4-Variante (wie in meinem DNA-Profil) für die Inzidenz hat, im Alter von 85 Jahren an Alzheimer zu leiden (siehe Tabelle 1). Die Quote, im Alter von

	Alzheimer mit 85 Jahren	kein Alzheimer mit 85 Jahren
ε3/ε4	100	335
ε3/ε3	79	956

Tabelle 1: Resultate einer hypothetischen Fall-Kontroll-Studie über den Einfluss einer einzelnen ε4-Variante auf das Auftreten von Alzheimer im Alter von 85 Jahren.

85 Jahren an Alzheimer zu leiden, wenn man (wie ich) eine Kopie der ε4-Variante besitzt, ist gleich der Anzahl von Leuten mit der Krankheit (100), geteilt durch die Anzahl der Leute ohne die Krankheit (335): 100 zu 335, oder als Bruch ausgedrückt, 100/335. Analog gilt, wenn man die Zahlen aus der zweiten Reihe der Tabelle heranzieht: Das Risiko, mit 85 Jahren von der Krankheit betroffen zu sein, wenn man zwei Kopien der häufigen ε3-Variante hat, beträgt 79 zu 956 oder 79/956. Die Quote ergibt sich dann aus einem Vergleich der Erkrankungsquote bei Vorliegen des interessierenden Genotyps (beispielsweise eine Kopie der ε4-Variante und eine Kopie der ε3-Variante) mit der Erkrankungsquote bei Vorliegen des häufigsten Genotyps (zwei Kopien der ε3-Variante). Für die hypothetischen Zahlen in Tabelle 1 beträgt die Odds-Ratio 100/335 geteilt durch 79/956, was 3,61 ergibt. Entscheidend ist, dass Quoten nicht erfordern, die Inzidenz in der Gesamtbevölkerung zu kennen, und sich daher leicht aus Fall-Kontroll-Studien berechnen lassen.

Obgleich die Quoten selbst keine Aussagen über das relative Risiko (das Verhältnis des Risikos, die Krankheit zu bekommen, wenn man den ε3/ε4-Genotyp hat, zu dem Risiko, die Krankheit zu bekommen, wenn man den ε3/ε3-Genotyp hat) machen, lassen sie sich mit dem Risiko der Gesamtbevölkerung für die Krankheit und den bekannten Genotypfrequenzen kombinieren, um die Erkrankungswahrscheinlichkeit für einen gegebenen Genotyp zu bestimmen. Diese Berechnung ist nicht einfach. Tatsächlich gibt es nicht einmal einen festgelegten Weg, um diese Berechnung durchzuführen. Ich habe versucht, das Risiko für spät einsetzenden Alzheimer in meinem Gentest-Bericht nachzuvollziehen, indem ich dieselbe Methode wie 23andMe sowie Daten benutzte, die direkt aus dem Bericht oder den dort zitierten Fachartikeln stammten.[35] (Falls es Sie interessieren sollte: Für die Berechnung, die ich anstellte, um die jeweiligen Erkrankungswahrscheinlichkeiten zu finden, benutzte ich einen nichtlinearen Löser, um ein System mit drei gekoppelten Gleichungen für drei unbekannte bedingte Wahrscheinlichkeiten zu lösen – die Art Mathematik, mit der ich mir gerne die Hände in meinem Job schmutzig mache.) Ich fand kleine, aber potenziell bedeutsame Unterschiede zwischen meinen und ihren Zahlen. Meine Berechnungen sprachen dafür, dass ich die Präzision der 23andMe-Zahlen mit einer gewissen Skepsis betrachten sollte.

Meine Skepsis verstärkte sich, als ich auf eine Studie aus dem Jahr 2014 stieß, die die Risikoberechnungsmethoden von drei führenden Gentest-Unternehmen untersuchte, darunter auch 23andMe.[36] Die Autoren fanden, dass Unterschiede im Risiko der Gesamtbevölkerung, den Genotypfrequenzen und den verwendeten mathematischen Formeln zu signifikant unterschiedlichen Risikoprognosen der verschiedenen Unternehmen beitrugen. Wenn die prognostizierten Risiken benutzt wurden, um Individuen in Kategorien wie »erhöhtes«, »geringeres« oder »unverändertes Risiko« einzuordnen, wurden die Diskrepanzen noch größer. Der Studie zufolge wurden 65 Prozent aller auf das Risiko für Prostatakrebs getesteten Individuen von mindestens zwei der drei Unternehmen in entgegengesetzte Risikokategorien eingeordnet (»erhöht« oder »geringer«). In fast zwei Dritteln aller Fälle hatte ein Unternehmen seinen Kunden möglicherweise mitgeteilt, sie seien gesund, während ein anderes Unternehmen ihnen eröffnete, sie hätten ein signifikant erhöhtes Risiko, an Prostatakrebs zu erkranken.

Ganz abgesehen vom Fehlerpotenzial der Gentests hatte ich nun eine Antwort auf meine dritte Frage: Widersprüchlichkeiten im mathematischen Ansatz bedeuten, dass die numerische Risikokalkulation in solchen personalisierten Genanalysen mit einer gewissen Skepsis betrachtet werden sollte.

Ein Heureka-Moment

Personalisierte DNA-Tests sind keineswegs das einzige diagnostische Werkzeug, das wir in die eigenen Hände nehmen können. Inzwischen gibt es Smartphone-Apps, die den Herzschlag oder die Ausdauer überwachen, sowie Do-it-yourself-Tests, die behaupten, alles diagnostizieren zu können, von Allergien und Blutdruckproblemen über Schilddrüsenstörungen bis hin zu einer HIV-Infektion. Noch vor dem Aufkommen von Apps hielt jedoch das billigste, besonders leicht zu berechnende und technisch äußerst einfache personalisierte diagnostische Werkzeug bei uns Einzug: der Body-Mass-Index (BMI). Der BMI einer Person wird berechnet, indem man ihre Masse in Kilogramm durch das Quadrat ihrer Körperlänge in Meter teilt.

Medizinisch wird jedermann mit einem BMI unter 18,5 als »untergewichtig« klassifiziert. Das »Normalgewicht« reicht von 18,5 bis 24,5; zwischen 24,5 und 30 spricht man von »Übergewicht«. Fettleibigkeit (Obesität, Adipositas) ist als BMI über 30 definiert. Auch wenn exakte Schätzungen schwierig sind, wird angenommen, dass Fettleibigkeit bei rund 23 Prozent aller Todesfälle in den Vereinigten Staaten eine Rolle spielt. Dieser Trend spiegelt sich in etwas geringerem Maße auf der ganzen Welt wider. In Europa steht Fettleibigkeit bei vorzeitigen Todesfällen nach Rauchen an zweiter Stelle. Fettleibigkeit bei Erwachsenen und Kindern nimmt in fast allen Ländern zu, und ihre Prävalenz hat sich in den vergangenen 30 Jahren fast verdoppelt. Menschen mit einem BMI im adipösen Bereich werden vor den Gefahren von potenziell lebensbedrohlichen Gesundheitsproblemen wie Diabetes Typ 2, Schlaganfall, Herz-Kreislauf-Erkrankungen und einigen Krebsarten wie auch vor einem erhöhten Risiko für psychologische Probleme wie Depressionen gewarnt. Heutzutage sterben weltweit mehr Menschen an Übergewicht als an Untergewicht.

Angesichts der gesundheitlichen Konsequenzen, die mit der Diagnose Fettleibigkeit oder auch nur Übergewicht einhergehen, sollte man annehmen, dass die Maßzahl, die zur Diagnose dieser Zustände benutzt wird, auf einer soliden, theoretisch und experimentell gesicherten Grundlage beruht. Das ist jedoch keineswegs der Fall. Tatsächlich wurde der BMI 1835 von dem Belgier Adolphe Quetelet eingeführt; er war ein renommierter Astronom, Statistiker, Soziologe und Mathematiker, aber kein Arzt.[37] Aufgrund sehr wackliger mathematischer Berechnungen kam Quetelet zu dem Schluss, das Gewicht erwachsener Personen unterschiedlicher Körpergröße entspreche »in etwa dem Quadrat der Statur«. Dabei ist jedoch zu bedenken, dass Quetelet diese Statistik aus Datenerhebungen in der allgemeinen Bevölkerung ableitete und nicht behauptete, dieses Verhältnis treffe für jedes Individuum zu. Und Quetelet behauptete auch nicht, dass sein Verhältnis, das als »Quetelet-Index« bekannt wurde, Rückschlüsse erlaube, wie über- oder untergewichtig jemand sei, geschweige denn über seine Gesundheit. Diese Entwicklung setzte erst 1972 ein. Als Reaktion auf eine noch nie da gewesene Häufung von Fettleibigkeit in den Vereinigten Staaten führte der amerikanische Physiologe Ancel Keys (der später eine Verbindung zwischen gesättigten Fettsäuren und Herz-Kreislauf-Erkrankungen herstellte) eine Studie durch, um den besten Indikator für exzessives Gewicht zu finden.[38] Das brachte ihn zu demselben Verhältnis von Masse zum Quadrat der Körpergröße wie Quetelet, und er behauptete, dieses Maß sei ein guter Indikator für die Fettleibigkeit in der Bevölkerung.

Theoretisch haben übergewichtige Menschen eine höhere Masse, als es ihre Körpergröße vermuten lassen würde, und daher auch einen höheren BMI. Untergewichtige Menschen haben einen entsprechend niedrigeren BMI. Keys' BMI-Formel gewann rasch an Popularität, weil sie so simpel war. Während wir als Spezies immer stärker übergewichtig wurden und Gesundheitsprobleme definitiv mit Fettleibigkeit assoziiert wurden, begannen Epidemiologen, den BMI zu benutzen, um Risikofaktoren aufzuspüren, die mit Übergewicht verknüpft waren. In den 1980er-Jahren übernahmen die Weltgesundheitsorganisation (WHO), der National Health Service (NHS) in Großbritannien und das National Institute of Health (NIH) in den Vereinigten Staaten offiziell den BMI-Wert, um damit Fettleibigkeit für die gesamte Bevölkerung zu definieren. Versicherungsgesellschaften auf beiden Seiten des Atlantiks benutzen den BMI inzwischen routinemäßig, um Prämien festzulegen, und sogar, um zu entscheiden, ob sie jemanden überhaupt versichern.

Auch wenn es stimmt, dass dickere Menschen in der Regel einen höheren BMI haben, kann es kaum überraschen, dass diese phänomenologische Allround-Maßzahl nicht bei jedem funktioniert. Das Hauptproblem beim BMI ist, dass er nicht zwischen Muskel- und Fettgewebe unterscheiden kann. Das ist wichtig, denn überschüssiges Körperfett ist ein guter Prädiktor für Herz-Kreislauf- und Stoffwechsel-Risiken. Für den BMI gilt das nicht. Wenn die Definition von Fettleibigkeit stattdessen auf einem hohen Anteil an Körperfett basierte, würden 15 bis 35 Prozent der Männer mit BMIs im nicht-adipösen Bereich als fettleibig reklassifiziert werden.[39] Beispielsweise fallen »dünnfette« Menschen mit wenig Muskulatur, aber einem hohen Anteil an Körperfett und daher einem »normalen« BMI in die unauffällige Kategorie der »normalgewichtig Fettleibigen«. In einer aktuellen Querschnittstudie mit 40 000 Teilnehmern stellte man fest, dass 30 Prozent der Individuen mit einem BMI im normalen Bereich kardiometabolisch nicht gesund waren. Möglicherweise ist die Fettleibigkeitskrise noch viel schlimmer, als unsere auf dem BMI basierenden Zahlen suggerieren. Aber wie sich herausgestellt hat, unterschätzt der BMI die Fettleibigkeit nicht nur, sondern überschätzt deren Gefahren auch. Dieselbe Studie fand, dass bis zur Hälfte der Individuen, die der BMI als übergewichtig klassifizierte, und mehr als ein Viertel derjenigen mit einem BMI im adipösen Bereich einen gesunden Stoffwechsel hatten.

Diese inkorrekten Einordnungen haben Konsequenzen für die Art und Weise, wie wir Fettleibigkeit auf Bevölkerungsebene messen und registrieren. Vielleicht noch besorgniserregender ist es, dass es zu psychischen Schäden führen kann, gesunde Menschen als übergewichtig oder fettleibig zu diagnostizieren.[40] Als Teenager kämpfte die Journalistin und Autorin Rebecca Reid mit Essstörungen. Sie zitiert eine Biologiestunde, in der sie erfuhr, wie man den BMI bestimmt, als einen der Hauptauslöser für ihre Probleme. Zuvor war Rebecca mit ihrem Körper durchaus zufrieden, doch als sie ihren BMI bestimmte, stellte sie fest, dass sie in die Kategorie »übergewichtig« fiel. Sie wurde geradezu besessen von der Maßzahl und begann, strikt Diät zu halten und exzessiv Sport zu betreiben, sodass sie in nur wenigen Wochen fünf Kilogramm verlor. Einmal, als sie versuchte, von 400 Kilokalorien pro Tag zu leben, wurde sie ohnmächtig. Wenn sie keine Diät hielt, bestrafte sie sich selbst, indem sie sich überfraß und sich anschließend übergab, um die überschüssigen Kalorien wieder loszuwerden. Als »übergewichtig« dazustehen war für Rebecca keine sanfte Mahnung, mehr Sport zu treiben, sondern ein »jedes Selbstvertrauen erschütterndes Alarmsignal«. Zynischerweise werden Menschen, die sich langsam von Essstörungen erholen, ganz unabhängig von ihrer Körperform und Größe routinemäßig als »genesen« klassifiziert, sobald ihr BMI 19 erreicht – die Grenze zum »gesunden« Gewicht also gerade überschritten hat. Nachdem sie den ungemein schwierigen Schritt getan haben, sich einzugestehen, dass sie ein Problem haben, und Hilfe suchen, ist manchen an Essstörungen leidenden Menschen Hilfe verweigert worden, weil ihre BMIs im »gesunden« Bereich lagen.

Der BMI ist am oberen wie am unteren Ende der Skala zweifellos kein guter Gesundheitsindikator. Stattdessen wäre es sinnvoll, ein direktes Maß für den Prozentsatz an Körperfett zu entwickeln, der so eng mit Kreislauf- und Stoffwechselproblemen zusammenhängt. Dazu können wir auf eine 2000 Jahre alte Idee aus dem antiken Stadtstaat Syrakus auf der Insel Sizilien zurückgreifen.

***

Um 250 v. Chr. wurde Archimedes, der berühmteste Mathematiker der Antike (und praktischerweise ein Einheimischer) von Heiron II., dem König von Syrakus, um Hilfe bei der Lösung eines Problems gebeten. Der König hatte einen Kunstschmied beauftragt, ihm eine Krone aus reinem Gold anzufertigen. Nach dem Erhalt der fertigen Krone kamen dem König Gerüchte zu Ohren, die ihn an der Ehrlichkeit des Handwerkers zweifeln ließen. Der König fürchtete, betrogen worden zu sein, und fragte sich, ob der Kunstschmied vielleicht eine Legierung aus Gold und anderen, leichteren Metallen verwendet haben könnte, um seinen Gewinn zu erhöhen. Archimedes sollte nun herausfinden, ob die Krone eine Fälschung war, ohne eine Probe zu entnehmen oder sie in anderer Weise zu beschädigen.

Der illustre Mathematiker erkannte, dass er, um das Problem zu lösen, die Dichte der Krone berechnen musste. Wenn die Krone weniger dicht war als pures Gold, wäre das der Beweis, dass der Kunstschmied betrogen hatte. Die Dichte von reinem Gold lässt sich leicht berechnen, indem man einen regelmäßig geformten Goldblock nimmt, sein Volumen berechnet und ihn wiegt, um seine Masse zu bestimmen. Teilt man die Masse durch das Volumen, so erhält man die Dichte. So weit, so gut. Wenn er dieses Verfahren mit der Krone wiederholen könnte, bräuchte er die beiden Dichten nur zu vergleichen. Das Wiegen der Krone war kein Problem, wohl aber die Bestimmung des Volumens, da die Krone so unregelmäßig geformt war. Über dieses Problem dachte Archimedes eine ganze Weile nach, bis er sich eines Tages entschloss, ein Bad zu nehmen. Als er in die randvolle Wanne stieg, stellte er fest, dass ein Teil des Wassers überfloss. Während er sein Bad genoss, erkannte er, dass das Volumen des Wassers, das aus einer randvollen Wanne überfließt, gleich dem Volumen seines untergetauchten unregelmäßig geformten Körpers ist. Damit besaß er plötzlich eine Möglichkeit, das Volumen der Krone und damit auch ihre Dichte zu bestimmen. Archimedes soll über seine Entdeckung so glücklich gewesen sein, schreibt Vitruv, dass er aus dem Bad sprang, nackt und tropfend die Straße entlanglief und »Heureka!« (»Ich habe es gefunden!«) rief – der ursprüngliche Heureka-Moment.

Selbst heute noch wird Archimedes' »Verdrängungsmethode« benutzt, um das Volumen von unregelmäßig geformten Körpern zu bestimmen. Wenn Sie überlegen, ein Geschäft mit einer Gesundheitsinitiative zu verbinden, können Sie die Methode benutzen, um herauszufinden, wie viele Smoothies unregelmäßig geformte Früchte und Gemüsesorten nach dem Mixen ergeben. Und wenn Sie so viel Luft, wie Sie nur können, in eine leere, luftdichte Plastiktüte blasen und diese anschließend im Wasser untertauchen, können Sie Ihre Lungenkapazität während eines neuen Trainingsprogramms abschätzen.

Doch trotz der Nützlichkeit der Verdrängungsmethode, die in dieser häufig kolportierten Geschichte beschrieben wird, ist es eher unwahrscheinlich, dass Archimedes das Problem tatsächlich auf diese Weise löste. Archimedes' Messung des von der Krone verdrängten Wasservolumens hätte dazu viel zu genau sein müssen. Wahrscheinlicher ist vielmehr, dass Archimedes auf eine verwandte Idee aus der Hydrostatik zurückgriff, die später als Archimedisches Prinzip bekannt werden sollte.

Das Prinzip besagt, das ein Objekt, das in einem Fluid (einer Flüssigkeit oder einem Gas) platziert wird, einen Auftrieb erfährt, der gleich dem Gewicht der verdrängten Flüssigkeitsmenge ist. Das heißt: Je größer das untergetauchte Objekt ist, desto mehr Flüssigkeit wird verdrängt und desto stärker ist infolgedessen auch der Auftrieb, der seinem Gewicht entgegenwirkt. Das erklärt, warum extrem große Frachter schwimmen, vorausgesetzt, das Gewicht des Schiffes und seiner Ladung ist geringer als das Gewicht des verdrängten Wassers.

Dieses Prinzip ist auch eng mit der Eigenschaft der Dichte verknüpft. Ein Objekt, dessen Dichte höher ist als die von Wasser, wiegt mehr als das verdrängte Wasser, daher reicht sein Auftrieb nicht aus, das Gewicht des Objekts auszugleichen. Also sinkt das Objekt.

Mit dieser Idee im Hinterkopf musste Archimedes lediglich eine Balkenwaage nehmen und in die eine Schale die Krone und in die andere eine gleiche Masse an reinem Gold legen. In Luft wären die beiden Schalen im Gleichgewicht. Werden die Schalen jedoch unter Wasser getaucht, würde eine falsche Krone (deren Volumen größer wäre als das einer reinen Goldkrone mit derselben Masse an dichterem Gold) einen größeren Auftrieb erfahren, da sie mehr Wasser verdrängt, und die Schale mit der Krone würde sich dementsprechend heben.

Dieses Archimedische Prinzip lässt sich auch verwenden, um den Fettanteil des Körpers präzise zu bestimmen. Eine Person wird zunächst ganz normal und anschließend erneut gewogen, während sie völlig untergetaucht auf einem Stuhl sitzt, der auf einer Waage ruht. Aufgrund des Unterschieds zwischen dem in Luft und dem unter Wasser bestimmten Gewicht lässt sich der Auftrieb der Person unter Wasser messen und daraus ihr Volumen berechnen, da die Dichte von Wasser bekannt ist. Wenn man die Dichte für Fett- und Muskelkomponenten im menschlichen Körper kennt, kann man anschließend anhand des Volumens den Prozentsatz an Körperfett schätzen und Gesundheitsrisiken präziser bewerten.

Die Gottesgleichung

Der BMI ist nur ein Werkzeug aus einem gewaltigen Spektrum von mathematischen Instrumenten, die in der modernen Medizin routinemäßig eingesetzt werden. Es reicht von einfachen Brüchen zur Berechnung von Medikamentendosen bis zu komplexen Algorithmen zur Rekonstruktion von Bildern aus computertomografischen Scans. Im britischen Gesundheitssystem gibt es wohl eine Formel, die in ihrer Umstrittenheit, Bedeutung und weitreichenden Konsequenz gegenüber allen anderen heraussticht. Die »Gottesgleichung« diktiert, welches neue Medikament vom NHS bezahlt wird: Sie entscheidet buchstäblich über Leben und Tod. Wenn Sie ein todkrankes Kind haben, würden Sie vielleicht argumentieren, kein Preis sei zu hoch, um Ihnen noch ein wenig Zeit mit Ihrem Kleinen zu erkaufen. Die »Gottesgleichung« sagt etwas anderes.

Im November 2016 wurde Daniella und John Elses 14 Monate alter Sohn Rudi eilig ins Sheffield Children's Hospital gebracht. Er hing an einem Beatmungsgerät, und die Ärzte erklärten den Eltern, möglicherweise werde er die Nacht nicht überstehen. Die Ursache des Alarms war eine häufige Atemwegsinfektion, die die meisten Kinder relativ problemlos überstehen. Die meisten Kinder haben jedoch keine spinale Muskelatrophie (SMA).

Als Rudi sechs Monate alt war und die Ärzte nicht feststellen konnten, was ihm fehlte, fanden Daniella und John heraus, dass Johns Vetter unter SMA gelitten hatte, und halfen so, die richtige Diagnose für ihren Sohn zu finden. Die Lebenserwartung beträgt bei Rudis Typ von progressivem Muskelschwund nur rund zwei Jahre. Zum Glück gibt es ein Medikament, Spinraza, entwickelt von dem Unternehmen Biogen, das einige der verheerenden Auswirkungen von SMA stoppen und zum Teil sogar revidieren kann. Dieses Medikament kann das Leben von Menschen, die wie Rudi unter SMA leiden, potenziell verbessern und verlängern, doch im Großbritannien des Jahres 2016, als Rudi im Krankenhaus um sein Leben kämpfte, war es nicht kostenlos verfügbar.

Sobald die FDA ein Medikament für den Markt freigegeben hat, steht es theoretisch Patienten in den Vereinigten Staaten zur Verfügung. Spinraza wurde im Dezember 2016 von der FDA zugelassen. In der Praxis haben die meisten Krankenversicherungen eine »Vorabgenehmigungsliste«, wenn es um sehr teure oder potenziell riskante Medikamente geht. Für jede Behandlung schreibt die Liste eine Reihe von Bedingungen vor, die erfüllt sein müssen, bevor ein Patient mit einem bestimmten Medikament behandelt werden kann. Spinraza steht auf der Vorabgenehmigungsliste einer jeden Krankenversicherungsgesellschaft. Natürlich hängt der Zugang zur Gesundheitsfürsorge in den Vereinigten Staaten auch davon ab, ob man sich eine Krankenversicherung leisten kann. Im Jahr 2017 waren 12,2 Prozent aller Amerikaner nicht krankenversichert, und die Vereinigten Staaten bleiben das einzige Industrieland ohne einen universellen Gesundheitsschutz.

Im Gegensatz dazu steht die Gesundheitsfürsorge in Großbritannien bei Bedarf jedermann kostenlos zur Verfügung und wird weitgehend aus Steuergeldern finanziert. Die European Medicines Agency (EMA) und die Medicines and Healthcare Products Regulatory Agency sind zuständig dafür, dass Medikamente, die in Großbritannien auf den Markt kommen, sicher und wirksam sind. Im Mai 2017 erteilte die EMA Spinraza die Zulassung. Da der NHS jedoch nur ein begrenztes Budget hat, kann er nicht jede neue Behandlung genehmigen, die auf den Markt kommt. Entscheidungen, die in der einen oder anderen Richtung gefällt werden, können beispielsweise dazu führen, dass die Mittel für die Sozialfürsorge gekürzt werden, diagnostische oder therapeutische Maßnahmen für Krebspatienten zurückgefahren werden oder Frühgeborenenstationen das nötige Personal fehlt. Das National Institute for Clinical Healthcare Excellence (NICE) ist die Körperschaft, die für diese schwierigen Entscheidungen verantwortlich ist. Was Medikamente angeht, so gibt es eine wohletablierte Formel, durch die das NICE sicherstellt, dass seine Entscheidungen objektiv sind.

Die Gottesgleichung versucht zwischen dem zusätzlichen »Gesundheitsnutzen« eines Medikaments für den Patienten und den Zusatzkosten für den NHS eine Balance zu finden. Ersteres zu bewerten, ist eine schwierige Aufgabe. Wie kann man die Vorteile eines Medikaments, das zum Beispiel die Inzidenz von Herzkrankheiten reduziert, gegen die Vorteile eines Medikaments abwägen, das das Leben eines Krebspatienten verlängert?

Das NICE verwendet eine übliche Kennzahl, die als qualitätskorrigiertes Lebensjahr oder QALY (englisch für *quality-adjusted life year*) bezeichnet wird. Wenn man eine neue Behandlung mit einer bereits existierenden Therapie vergleicht, so beziffert QALY nicht nur die potenzielle Lebensverlängerung durch das Medikament, sondern auch die Lebensqualität, die es gewährt. Ein QALY von 1 kann aus einem Krebsmedikament resultieren, das das Leben von Patienten um zwei Jahre verlängert, allerdings bei nur 50-prozentiger Gesundheit, oder es kann aus einer Kniegelenkoperation resultieren, die die verbleibende zehnjährige Lebenserwartung eines Patienten nicht verlängert, wohl aber seine Lebensqualität um 10 Prozent verbessert. Eine erfolgreiche Behandlung von Hodenkrebs erhält möglicherweise eine hohe Zahl an QALY-Punkten, da die in der Regel jungen Männer eine dramatisch gesteigerte Lebenserwartung ohne Verringerung ihrer Lebensqualität gewinnen.

Sobald eine zuverlässige QALY-Kennziffer etabliert worden ist, kann man den Unterschied in QALYs und den Kosten bei der alten und der neuen Behandlung vergleichen. Wenn die QALYs sinken, wird die neue Behandlung kurzerhand abgelehnt. Wenn die QALYs steigen und die Kosten sinken, dann ist es natürlich selbstverständlich, eine wirksamere, kostengünstigere Behandlung zu finanzieren. Wenn es jedoch wie in den meisten Fällen so ist, dass sowohl QALYs als auch Kosten steigen, muss das NICE eine Entscheidung treffen. In diesen Fällen wird das inkrementelle Kosten-Nutzen-Verhältnis (incremental cost-effectiveness ratio, ICER) berechnet, indem man die Zunahme der Kosten durch die Zunahme des QALY-Wertes teilt. ICER gibt uns Auskunft über die Zunahme der Kosten pro gewonnenem QALY-Punkt. In der Regel setzt das NICE die Schwelle für den maximalen ICER-Wert, den das Institut zu finanzieren bereit ist, bei 20 000 bis 30 000 Pfund an.

Im August 2018 warteten SMA-Kranke und ihre Familien, darunter auch Daniella, John und Rudi, voller Angst darauf, ob das NICE Spinraza für die Nutzung im NHS zulassen würde. Das NICE erkannte an, dass Spinraza Patienten mit SMA »bedeutende gesundheitliche Vorteile« brächte. Zu erwarten war, dass ihnen das Medikament zusätzliche 5,29 QALY-Punkte brachte. Die Zusatzkosten beliefen sich jedoch auf exorbitante 2 160 048 Pfund, was zu einem ICER von mehr als 400 000 Pfund pro gewonnenem QALY-Punkt führte und damit weit, weit über der NICE-Schwelle lag. Trotz überzeugender Aussagen von SMA-Kranken und ihren Betreuern bedeutete die Gottesgleichung, dass das NICE dem NHS den Einsatz von Spinraza verbieten musste.

Zum Glück für Familie Else wurde Rudi in ein Programm mit erweitertem Zugang aufgenommen, das vom Hersteller Biogen geleitet wird und Kleinkinder mit Typ-1-SMA mit dem Medikament versorgt. Im Februar 2019 erhielt er seine zehnte Injektion und ist nun ein gut gedeihender Dreijähriger, womit er die Lebenserwartung von Typ-1-SMA-Kranken ohne Spinraza bereits schon jetzt deutlich überschritten hat. Im November 2018 wurde das Programm jedoch für neue Teilnehmer geschlossen. Spinraza, ein lebensrettendes und lebensverlängerndes Medikament, ist für neue SMA-Kranke in Großbritannien via NHS nicht verfügbar.

Fehlalarme

Man kann die Anwendung der »Gottesgleichung« als Versuch ansehen, schwierige Entscheidungen über Leben und Tod dem subjektiven Zugriff zu entziehen und sie einer objektiven mathematischen Formel zu überantworten. Diese Sichtweise stützt sich auf die scheinbare Unparteilichkeit und Objektivität der Mathematik, verschließt aber die Augen davor, dass subjektive Entscheidungen, wie Urteile über Lebensqualität und Kosten-Nutzen-Schwellen, einfach in früheren Stadien des Prozesses stattfinden. (Wir werden uns näher mit der scheinbaren Unparteilichkeit der Mathematik in Kapitel 6 beschäftigen, wo es um die algorithmische Optimierung unseres Alltags geht.)

Jenseits aller bürokratischen Prozesse hinter den Kulissen, die für die oft undurchsichtigen Entscheidungen im Gesundheitssystem verantwortlich sind, wird Mathematik an vorderster Front in Krankenhäusern eingesetzt, um Leben zu retten. Wie wir gleich sehen werden, ist ein besonders wichtiger Einsatzort die Intensivstation, wo Mathematik zunehmend häufiger zur Verringerung von Fehlalarmen genutzt wird.

Als Fehlalarm wird gewöhnlich ein Alarm bezeichnet, der durch ein anderes als das erwartete Signal ausgelöst wird. Erstaunliche 98 Prozent aller ausgelösten Einbruchalarme in den Vereinigten Staaten sind vermutlich Fehlalarme. Das führt zu der Frage: »Warum dann überhaupt eine Alarmanlage haben?« Je häufiger Fehlalarme vorkommen, desto weniger geneigt sind wir, der Ursache des Alarms nachzugehen.

Einbruchssicherungen sind keineswegs die einzigen Alarmsysteme, mit denen wir nur allzu vertraut sind. Wenn der Rauchwarnmelder ausgelöst wird, öffnen wir bereits ein Fenster und kratzen den Ruß vom Toast. Wenn wir draußen die Diebstahlsicherung eines Autos aufjaulen hören, stehen nur wenige von uns noch auf und schauen nach, um zu sehen, was los ist. Wenn Alarme zur Unbequemlichkeit statt zu einer Hilfe werden und wir ihren Meldungen nicht länger trauen, leiden wir unter einer sogenannten Alarmermüdung. Das ist ein Problem, denn wenn Alarme derart zur Routine werden, dass wir sie ignorieren oder völlig abstellen, kann es vernünftiger sein, von vornherein gar kein Alarmsystem zu installieren. Das musste Familie Williams unter großen Schmerzen herausfinden.

Michaela Williams träumte in ihrem ersten Jahr an der Highschool davon, Modeschöpferin zu werden. Seit einiger Zeit litt sie an anhaltenden, häufigen und schmerzhaften Halsentzündungen. Obwohl eine Entfernung der Rachenmandeln (Tonsillektomie) im Teenageralter häufig mit mehr Komplikationen einhergeht als im Kindesalter, entschlossen sich Michaela und ihre Familie zu dem Eingriff, um Michaelas Lebensqualität zu verbessern. Drei Tage nach ihrem 17. Geburtstag ließ sich Michaela als ambulante Patientin im lokalen chirurgischen Zentrum aufnehmen. Nach einer Routineoperation von weniger als einer Stunde Dauer wurde Michaela in den Aufwachraum gebracht, und ihre Mutter erhielt die Auskunft, der Eingriff sei erfolgreich verlaufen und sie könne ihre Tochter später am Tag wieder mit nach Hause nehmen. Um ihre Schmerzen während des Aufwachens zu lindern, erhielt Michaela Fentanyl, ein starkes Schmerzmittel auf Opioidbasis. Zu den bekannten, aber relativ seltenen Nebenwirkungen von Fentanyl gehört eine Atemdepression. Zur Sicherheit schloss die Krankenschwester Michaela an ein Überwachungsgerät an, das ihre Vitalfunktionen registrierte, bevor sie sich anderen Patienten zuwandte. Auch bei rundum geschlossenen Vorhängen würde das Gerät die Krankenschwester rasch alarmieren, sobald sich Michaelas Zustand in irgendeiner Weise verschlechtern sollte.

Das hätte es jedenfalls getan, wenn es nicht auf stumm geschaltet worden wäre.

Bei der gleichzeitigen Überwachung von mehreren Patienten im Aufwachraum waren häufige Fehlalarme ein Ärgernis, das die Schwestern daran hinderte, zügig ihre Arbeit zu tun. Es kostete die Krankenschwestern nicht nur wertvolle Zeit, einen Vorgang bei einem Patienten zu unterbrechen, um einen Alarm bei einem anderen neu einzustellen, sondern störte auch ihre Konzentration. Deshalb hatten die Krankenschwestern eine einfache Lösung entwickelt, um ihre Arbeit ungestört erledigen zu können. Die Überwachungsgeräte im Aufwachraum wurden routinemäßig auf leise oder sogar auf stumm gestellt, um die dauernden Fehlalarme zu unterbinden.

Kurz nachdem die Vorhänge zugezogen worden waren, führte das Fentanyl dazu, dass Michaelas Atemfrequenz drastisch sank. Der Alarm, der die Hypoventilation anzeigte, wurde ausgelöst, doch niemand konnte das ständige Blinken durch die Vorhänge sehen und niemand ihn hören. Während Michaelas Sauerstoffwerte fielen und fielen, begannen ihre Nervenzellen unkontrolliert zu feuern und lösten einen chaotischen elektrischen Sturm aus, der ihr Gehirn unwiederbringlich schädigte. Als ihr Zustand 25 Minuten nach der Fentanyl-Gabe das nächste Mal geprüft wurde, war sie bereits so schwer hirngeschädigt, dass sie keine Überlebenschancen mehr hatte. Sie starb 15 Tage später.

***

Für Patienten wie Michaela, die sich von einer Operation erholen oder Zeit auf der Intensivstation verbringen müssen, ist es zweifellos von Vorteil, wenn ihre Vitalwerte überwacht werden und automatisch ein Alarm ausgelöst wird, sobald Herzschlag, Blutdruck, Sauerstoffsättigung des Blutes, Schädelinnendruck etc. von der Norm abweichen. In der Regel sind diese Überwachungsgeräte so eingestellt, dass Alarm ausgelöst wird, sobald sich das registrierte Signal über oder unter eine vorgegebene Schwelle bewegt. Annähernd 85 Prozent der automatischen Warnungen auf Intensivstationen sind jedoch Fehlalarme.[41]

Für diese hohe Rate von Fehlalarmen sind zwei Faktoren ausschlaggebend. Erstens werden die Überwachungsgeräte auf Intensivstationen aus naheliegenden Gründen besonders empfindlich eingestellt. Die Alarmschwellen liegen absichtlich nahe an den normalen physiologischen Werten, um sicherzustellen, dass selbst die kleinste Anomalie gemeldet wird. Zweitens bedarf es zur Auslösung eines Alarms nicht etwa eines anhaltend anomalen Signals, sondern der Alarm ertönt schon in dem Moment, in dem ein Signal eine bestimmte Schwelle erstmals über- oder unterschreitet. Daher reicht zum Beispiel schon eine leichte, ganz kurze Erhöhung des Blutdrucks zur Auslösung eines Alarms. Natürlich könnte die Spitze einen gefährlichen Bluthochdruck anzeigen, doch weitaus wahrscheinlicher ist, dass es sich um eine natürliche Schwankung oder ein Rauschen der Messgeräte handelt. Wenn der Blutdruck jedoch längere Zeit hoch bleiben sollte, wäre ein Messfehler weniger wahrscheinlich. Glücklicherweise kennt die Mathematik eine einfache Methode zur Lösung dieses Problems.

Die Lösung ist als »Filtern« bekannt. Bei diesem Prozess wird ein Signal an einem gegebenen Punkt durch den Mittelwert der Nachbarpunkte ersetzt. Das klingt kompliziert, doch wir haben ständig mit gefilterten Daten zu tun. Wenn Klimaforscher erklären, »Wir haben gerade das wärmste Jahr seit Beginn der Aufzeichnungen erlebt«, dann vergleichen sie keine Temperaturdaten auf einer Tag-für-Tag-Basis. Vielmehr bilden sie aus den Temperaturdaten des ganzen Jahres einen Mittelwert und glätten dadurch die fluktuierenden Tagestemperaturen, sodass sich das Ergebnis leichter mit Resultaten vorangegangener Jahre vergleichen lässt.

Durch Filtern werden Signale tendenziell geglättet, sodass Spitzen weniger stark ausgeprägt sind. Wenn Sie ein Foto mit einer Digitalkamera bei schwachem Licht machen, führen die langen Belichtungszeiten oft zu körnigen Bildern. Gelegentlich tauchen helle Pixel in dunklen Arealen auf und umgekehrt. Da die Intensität der Pixel in einem Digitalfoto numerisch dargestellt wird, kann man Filter einsetzen, um den Wert eines jeden Pixels durch den Durchschnittswert der benachbarten Pixel zu ersetzen; damit lässt sich das Rauschen herausfiltern, und es entstehen gleichmäßigere Bilder.

Wir können beim Filtern zudem unterschiedliche Arten von Durchschnitten benutzen. Der Durchschnittswert, der uns am vertrautesten ist, ist der Mittelwert. Um den Mittelwert zu bestimmen, addieren wir sämtliche Daten in einem Datensatz und teilen die Summe durch die Anzahl der Werte. Wenn wir beispielsweise die mittlere Körpergröße von Schneewittchen und den sieben Zwergen bestimmen wollten, würden wir ihre Größen addieren und durch acht teilen. Dieser Mittelwert würde durch Schneewittchen verzerrt, denn ihre relative Größe macht sie zu einem Ausreißer in unserem Datensatz. Ein repräsentativerer Durchschnitt wäre in diesem Fall der Median. Um den Median der Gruppe zu finden, reihen wir Schneewittchen und die sieben Zwerge der Größe nach auf (Schneewittchen vorn und Dopey hinten) und nehmen die Größe der mittleren Person. Da wir acht Personen aufgereiht haben (eine gerade Zahl), gibt es keine einzelne mittlere Person. Um den Median zu bestimmen, nehmen wir daher die Größen der beiden mittleren Zwerge (Grumpy und Sleepy) und teilen sie durch zwei. Durch Verwendung des Medians haben wir den Größen-Ausreißer Schneewittchen, der den Mittelwert so verzerrt hat, erfolgreich entfernt. Aus demselben Grund wird der Median oft gewählt, wenn es um die Darstellung des mittleren Einkommens geht. Wie Abbildung 4 zeigt, verzerren die hohen Einkommen sehr begüterter Personen in unserer Gesellschaft tendenziell den Mittelwert – eine Idee, der wir im nächsten Kapitel im Kontext irreführender Mathematik vor Gericht erneut begegnen werden. Der Median gibt uns eine bessere Vorstellung als der Mittelwert, was unter dem »verfügbaren Einkommen« eines typischen Haushalts zu verstehen ist. Natürlich könnte man argumentieren, dass Schneewittchens Größe oder die Gehälter der Spitzenverdiener bei solchen Statistiken nicht zu vernachlässigen sind, da sie ebenso valide sind wie alle anderen Werte des Datensatzes. Auch wenn das tatsächlich der Fall sein mag – worauf es ankommt, ist, dass weder Mittelwert noch Median im objektiven Sinn korrekt sind. Die unterschiedlichen

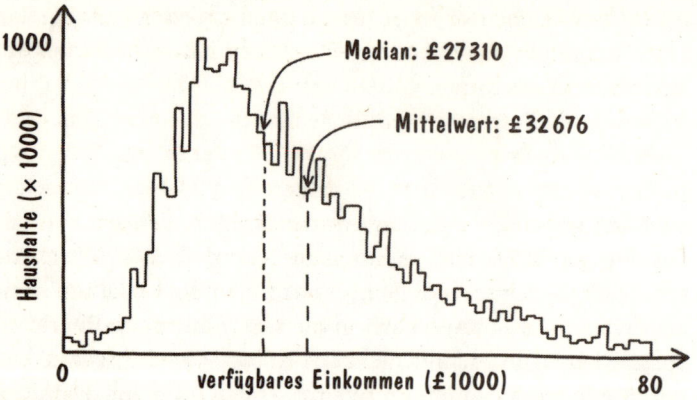

Abbildung 4: *Häufigkeit von britischen Haushalten mit einem bestimmten verfügbaren Einkommen (nach Steuern, in 1000-Pfund-Schritten) im Jahr 2017. Man kann den Median (27310 Pfund) als bessere Repräsentation des »typischen« verfügbaren Haushaltseinkommens betrachten als den Mittelwert (32676 Pfund).*

Durchschnittswerte eignen sich einfach für jeweils andere Anwendungen.

Wenn man ein körniges digitales Bild filtert, möchte man die Effekte störender Pixelwerte beseitigen. Über benachbarte Pixelwerte gemittelt, würde eine Mittelwertfilterung diese Extremwerte abschwächen, aber nicht völlig entfernen. Eine Medianfilterung ignoriert hingegen ganz nonchalant die Werte extrem verrauschter Pixel. Aus demselben Grund wird Medianfilterung zunehmend in den Überwachungsgeräten auf Intensivstationen eingesetzt, um Fehlalarmen vorzubeugen.[42] Indem man den Median über eine Reihe aufeinanderfolgender Ablesungen ermittelt, wird nur dann Alarm ausgelöst, wenn die Schwelle für eine gewisse (aber immer noch kurze) Zeitspanne über- oder unterschritten wird, statt schon bei einer einzigen registrierten Spitze oder Delle. Medianfilterung kann das Auftreten von Fehlalarmen bei Überwachungsgeräten auf der Intensivstation um bis zu 60 Prozent senken, ohne die Patientensicherheit zu gefährden.[43]

***

Fehlalarme bilden eine Unterkategorie von Fehlern, die als falsch-positive Ergebnisse bezeichnet werden. Wie der Name schon sagt, ist ein Testergebnis falsch-positiv, das besagt, dass ein bestimmter Zustand vorliegt oder ein bestimmtes Merkmal vorhanden ist, wenn dies nicht der Fall ist. Typischerweise treten falsch-positive Ergebnisse in binären Tests auf. Das sind Tests mit zwei möglichen Ergebnissen – positiv oder negativ. Im Kontext medizinischer Tests führen falsch-positive Ergebnisse dazu, dass gesunde Personen informiert werden, sie seien krank. Vor Gericht sind die Opfer falsch-positiver Ergebnisse diejenigen, die für Verbrechen verurteilt werden, die sie nicht begangen haben. (Wir werden vielen dieser Justizopfer im nächsten Kapitel begegnen.)

Ein binärer Test kann in zweierlei Hinsicht falsch sein. Die vier möglichen Ergebnisse eines binären Tests (zwei richtige

vorhergesagter Zustand	wahrer Zustand	
	positiv	negativ
positiv	richtig-positiv	falsch-positiv
negativ	falsch-negativ	richtig-negativ

Tabelle 2: Die vier möglichen Ergebnisse eines binären Tests.

und zwei falsche) sind in Tabelle 2 (unten) zu sehen. Genauso, wie es falsch-positive Resultate gibt, gibt es auch falsch-negative.

Im Kontext der Krankheitsdiagnostik könnte man annehmen, falsch-negative Ergebnisse seien potenziell gefährlicher als falsch-positive, weil sie Patienten glauben machen, sie seien nicht von der Krankheit betroffen, auf die sie getestet wurden, während sie tatsächlich erkrankt sind. Wir werden einigen ahnungslosen Opfern von falsch-negativen Ergebnissen später in diesem Kapitel begegnen. Falsch-positive Resultate können jedoch ebenfalls überraschende und ernste Folgen haben, wenn auch aus ganz anderen Gründen.

Das große Durchleuchten

Das Auftreten von falsch-positiven Ergebnissen bei medizinischen Reihenuntersuchungen ist gegenwärtig Gegenstand intensiver Debatten. Nehmen wir zum Beispiel Früherkennungsuntersuchungen, auch Massenscreenings genannt. Unter einem Massenscreening versteht man das Testen einer großen Zahl symptomloser Menschen. So werden in Großbritannien beispielsweise alle Frauen über 50 routinemäßig zu einer Früherkennung auf Brustkrebs eingeladen, da sie ein erhöhtes Risiko haben, Brustkrebs zu entwickeln.

Die Prävalenz von Brustkrebs bei Frauen in Großbritannien beträgt rund 0,2 Prozent. Das heißt, zu jedem gegebenen Zeitpunkt ist zu erwarten, dass 20 von 10 000 in Großbritannien lebenden Frauen an Brustkrebs leiden. Das klingt nicht sehr hoch, doch der Grund dafür ist, dass Brustkrebs in den meisten Fällen früh entdeckt wird. In den wenigen Fällen, wo das nicht so ist, ist die Lebenserwartung gering. Tatsächlich wird bei einer von acht Frauen im Lauf ihres Lebens Brustkrebs diagnostiziert. In Großbritannien wird die Diagnose bei einer von zehn Frauen spät gestellt (Stadium 3 oder 4). Eine späte Diagnose senkt die

Chancen für ein langfristiges Überleben signifikant und stützt das Argument, dass regelmäßige Mammografien entscheidend sind, vor allem für Frauen in besonders anfälligen Alterskategorien. Es gibt jedoch ein mathematisches Problem mit Reihenuntersuchungen zur Brustkrebsfrüherkennung, dessen sich die meisten Menschen nicht bewusst sind.

Kaz Daniles ist eine dreifache Mutter aus Northampton. Im Jahre 2010 nahm sie, damals 50 Jahre alt, an ihrem ersten Mammografie-Screening teil. Eine Woche nach ihrer Untersuchung erhielt sie einen Brief, der sie aufforderte, sich zwei Tage später zu weiteren Tests vorzustellen. Angesichts der Dringlichkeit des Rückrufs war nur allzu verständlich, dass sie höchst beunruhigt war. Die nächsten zwei Tage war sie zu aufgewühlt, um zu essen oder zu schlafen, und grübelte nur über die möglichen Konsequenzen einer positiven Diagnose nach.

Die meisten Frauen, die sich einer Mammografie unterziehen, glauben, das Verfahren sei eine recht präzise Methode, um Brustkrebs zu entdecken. Tatsächlich findet der Test Frauen mit Brustkrebs auch in rund neun von zehn Fällen heraus. Was Frauen betrifft, die keinen Brustkrebs haben, so zeigt der Test dies ebenfalls in neun von zehn Fällen korrekt an.[44] Angesichts dieser ihr bekannten Statistik und ihres positiven Mammografieresultats hielt Kaz es für wahrscheinlich, dass sie erkrankt sei. Eine simple mathematische Beweisführung zeigt jedoch, dass tatsächlich genau das Umgekehrte der Fall ist.

Die Prävalenz von Brustkrebs bei Frauen über 50 – diejenigen, die zur Reihenuntersuchung eingeladen werden – ist mit 0,4 Prozent ein wenig höher als in der allgemeinen weiblichen Bevölkerung. Die Schicksale von 10 000 solcher Frauen sind in Abbildung 5 aufgeschlüsselt. Wie wir sehen, haben durchschnittlich nur 40 von ihnen Brustkrebs, 9960 hingegen nicht. Eine von zehn, also 996 dieser Frauen ohne Brustkrebs werden jedoch eine falsch-positive Diagnose erhalten. Verglichen mit den 36 Frauen, deren Brustkrebs korrekt diagnostiziert wurde, heißt das, dass ein positives Testresultat nur in 36 von 1032 Fäl-

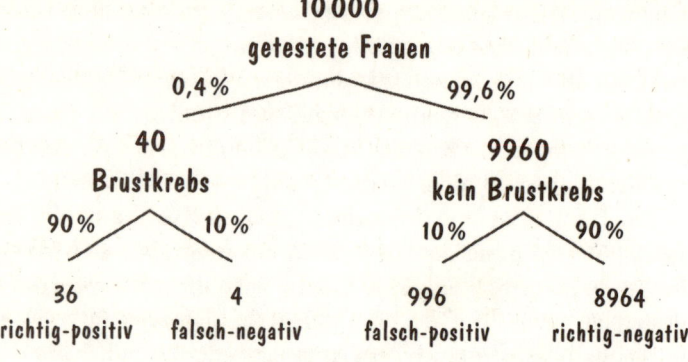

10 000
getieste Frauen

0,4%   99,6%

40   **9960**
Brustkrebs   **kein Brustkrebs**

90%   10%   10%   90%

36   4   996   8964
richtig-positiv   falsch-negativ   falsch-positiv   richtig-negativ

Anteil der richtig-positiven Ergebnisse: 36/(36+996)

Abbildung 5: Von 10 000 getesteten Frauen über 50 Jahren werden im Rahmen der Brustkrebsfrüherkennung 36 korrekt als positiv erkannt werden, während 996 die Auskunft erhalten, sie seien erkrankt, obwohl dies nicht der Fall ist.

len oder 3,48 Prozent tatsächlich richtig ist. Der Anteil der richtig-positiven Testergebnisse wird als Präzision (Genauigkeit) des Tests bezeichnet. Von den 1032 Frauen, die ein positives Testergebnis erhalten, haben nur 36 tatsächlich Brustkrebs. Anders gesagt: Wenn Sie ein positives Mammografieergebnis erhalten, ist es noch immer höchst wahrscheinlich, dass Sie keinen Brustkrebs haben. Obwohl es den Anschein hat, als sei der Test recht genau, macht ihn die niedrige Prävalenz in der Bevölkerung außerordentlich unpräzise.

Die arme Kaz wusste das nicht, und ebenso geht es vielen Frauen, die an solchen Massenscreenings teilnehmen. Tatsächlich können selbst viele Ärzte positive Mammografiebefunde nicht richtig interpretieren. Im Jahr 2007 erhielt eine Gruppe von 160 Gynäkologen und Gynäkologinnen folgende Informationen über die Treffgenauigkeit von Mammografieergebnissen und die Prävalenz von Brustkrebs in der Bevölkerung:[45]

- Die Wahrscheinlichkeit, dass eine Frau Brustkrebs hat, beträgt 1 Prozent (Prävalenz).
- Wenn eine Frau Brustkrebs hat, ist die Wahrscheinlichkeit, dass sie positiv getestet wird, 90 Prozent.
- Wenn eine Frau keinen Brustkrebs hat, ist die Wahrscheinlichkeit, dass sie dennoch positiv getestet wird, 9 Prozent.

Anschließend sollten sich die Ärzte per Multiple-Choice-Verfahren entscheiden, welche der folgenden Aussagen das Risiko, dass eine Patientin mit einem positiven Mammografiebefund tatsächlich Brustkrebs hat, am besten beschreibt:

A. Die Wahrscheinlichkeit, dass sie Brustkrebs hat, beträgt rund 81 Prozent.

B. Von 10 Frauen mit einem positiven Mammografiebefund haben rund 9 Brustkrebs.

C. Von 10 Frauen mit einem positiven Mammografiebefund hat rund 1 Brustkrebs.

D. Die Wahrscheinlichkeit, dass sie Brustkrebs hat, beträgt rund 1 Prozent.

Am häufigsten kreuzten die Ärzte A an – dass ein positiver Mammografiebefund in 81 Prozent der Fälle (also in rund acht von zehn Fällen) korrekt ist. Stimmt das? Nun, wir können die richtige Antwort herausfinden, indem wir den an das Beispiel angepassten Entscheidungsbaum in Abbildung 6 anschauen. Mit 1 Prozent als Hintergrund-Prävalenz werden von 10 000 zufällig ausgewählten Frauen durchschnittlich 100 Brustkrebs haben. 90 von ihnen werden aufgrund der Mammografie die richtige Auskunft erhalten, dass sie erkrankt sind. Von den 9900 Frauen, die keinen Brustkrebs haben, werden 891 fälschlicherweise die Auskunft erhalten, sie seien erkrankt. Von insgesamt 981 Frauen mit einem positiven Ergebnis sind tatsächlich nur 90 – oder rund 9 Prozent – tatsächlich erkrankt. Besorgniserregend ist, dass die Gynäkologen den wahren Wert haushoch überschätzten. Die richtige Antwort C wählte nur rund

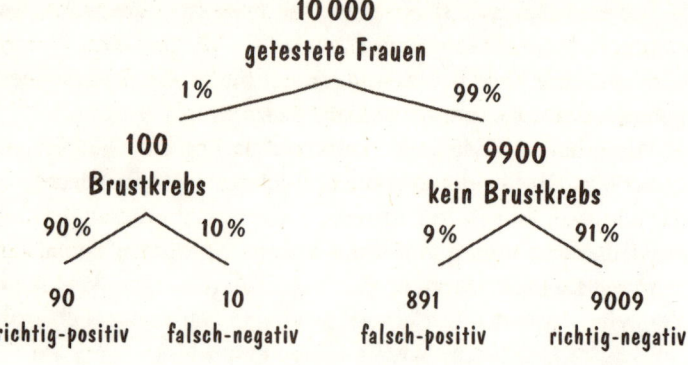

10 000
getestete Frauen

1%   99%

100
Brustkrebs

90%   10%

9900
kein Brustkrebs

9%   91%

90   10   891   9009
richtig-positiv   falsch-negativ   falsch-positiv   richtig-negativ

Anteil der richtig-positiven Ergebnisse: 90/(90+891)

Abbildung 6: Von den 10 000 hypothetischen Frauen in der Multiple-Choice-Frage werden 90 korrekt als positiv identifiziert werden, während 891 die Auskunft erhalten, sie seien positiv, obwohl dies nicht der Fall ist.

ein Fünftel der Befragten, ein schlechteres Ergebnis, als wenn alle Ärzte die Antworten nach dem Zufallsprinzip angekreuzt hätten.

Bei Kaz' Folgeuntersuchungen stellte sich heraus, dass sie, wie zu erwarten, keinen Brustkrebs hatte. Ihre Ängste sind jedoch typisch für die Mehrzahl aller Frauen, die einen positiven Mammografiebefund erhalten. Bei wiederholten Mammografien, wie sie die meisten Früherkennungsprogramme vorsehen, steigt das Risiko für ein falsch-positives Ergebnis. Angenommen, falsch-positive Ergebnisse treten mit gleicher Wahrscheinlichkeit von 10 Prozent (oder 0,1) bei jedem Test auf, tritt die korrekte Diagnose eines richtig-negativen Ergebnisses mit einer Wahrscheinlichkeit von 90 Prozent (oder 0,9) auf. Nach sieben unabhängigen Tests sinkt die Wahrscheinlichkeit, niemals ein falsch-positives Ergebnis erhalten zu haben (90 Prozent siebenmal mit sich selbst multipliziert, oder $0{,}9^7$), auf weniger als 50 Prozent (ungefähr $0{,}48$). Mit anderen Worten bedarf es nur sieben Mammografien, bevor die Wahrscheinlichkeit, dass eine Frau ohne Brustkrebs ein falsch-positives Ergebnis erhält, größer ist als kein solches Ergebnis. Da Frauen über 50 in Großbritannien alle drei Jahre – in Deutschland sogar alle zwei Jahre – zur Brustkrebsfrüherkennung aufgerufen werden, haben sie im Lauf ihres Lebens *mindestens ein* falsch-positives Resultat zu erwarten.

Die Illusion der Gewissheit

Natürlich stellt diese hohe Frequenz von falsch-positiven Ergebnissen die Ausgewogenheit von Kosten-Nutzen-Rechnungen bei Screeningprogrammen infrage. Hohe Falsch-positiv-Raten können dramatische psychologische Folgen haben und dazu führen, dass Frauen weitere Mammografien hinauszögern oder absagen. Die Probleme bei der Massenfrüherkennung gehen jedoch über das Problem mit falsch-positiven Ergebnissen hinaus. Muir Gray, früherer Direktor des britischen National Screening Programme, gab in einem Artikel im *British Medical Journal* zu: »Alle Screeningprogramme schaden; manche nützen auch, und von diesen wiederum tun manche mehr Gutes als Schlechtes, und dies zu einem vernünftigen Preis.«[46]

Insbesondere kann Früherkennung zum Problem der Überdiagnose führen. Zwar werden durch Brustkrebsscreenings mehr Krebsfälle entdeckt, doch sind viele dieser Tumoren so klein oder wachsen so langsam, dass sie die Gesundheit einer Frau niemals gefährden und keinerlei Probleme verursachen würden, wenn sie nicht entdeckt würden. Dennoch ruft das K-Wort bei den meisten Menschen eine derartige Panik hervor, dass sich viele – oft auf ärztlichen Rat hin – unnötigen schmerzhaften Behandlungen oder invasiven chirurgischen Eingriffen unterziehen.

Ähnliche Debatten gibt es im Rahmen anderer Massenfrüherkennungsprogramme, einschließlich des Pap-Tests auf Gebärmutterhalskarzinom (Zervixkarzinom), dem PSA-Test auf Prostatakrebs und Screenings auf Lungenkrebs. Daher ist es wichtig, den Unterschied zwischen Screenings und diagnostischen Tests zu verstehen. Massenfrüherkennungsuntersuchungen kann man sich wie eine Jobsuche vorstellen. Die ursprüngliche Stellenbewerbung erlaubt dem Arbeitgeber auf effiziente Weise, einige Bewerber mit bestimmten wünschenswerten Merkmalen in die engere Wahl für ein Vorstellungsgespräch zu ziehen. In derselben Weise sind Früherkennungsprogramme so ausgelegt, ein weitmaschiges, weniger diskriminierendes Netz über eine breite Bevölkerungsschicht zu werfen, um Menschen zu identifizieren, die noch keine klaren Symptome entwickelt haben. Dabei handelt es sich in der Regel um weniger genaue Tests, die sich jedoch bei großen Teilnehmerzahlen kosteneffizient anwenden lassen. Arbeitgeber benutzen ressourcenintensivere und informativere Methoden, wie Assessment-Center und Interviews, um zu entscheiden, welchen Kandidaten sie einstellen wollen. Analog dazu gilt: Sobald eine Population potenziell kranker Menschen im Rahmen des Screenings identifiziert wurde, können teurere, aber aussagekräftigere diagnostische Tests eingesetzt werden, um die vorläufigen Screening-Ergebnisse zu bestätigen oder zu entkräften. Sie würden nicht annehmen, Sie hätten den Job schon in der Tasche, nur weil Sie zu einem Vorstellungsgespräch eingeladen worden sind. Ebenso wenig sollten Sie annehmen, Sie seien erkrankt, wenn Sie ein positives Screening-Ergebnis erhalten. Wenn die Prävalenz der Krankheit niedrig ist, führt das Screening zu viel mehr falsch-positiven als richtig-positiven Resultaten.

Die Probleme, die in der Medizin durch falsch-positive Ergebnisse entstehen, liegen zum Teil an unserem bedingungslosen Glauben an die Genauigkeit medizinischer Tests. Das Phänomen wird oft als *Illusion der Gewissheit* bezeichnet. Wir suchen vor allem im medizinischen Bereich so verzweifelt nach einer definitiven Antwort, wie immer sie auch ausfallen mag, dass wir vergessen, unsere Ergebnisse mit dem erforderlichen Grad an Skepsis zu betrachten.

Im Jahr 2006 wurden 1000 Erwachsene in Deutschland gefragt, ob eine Reihe von Tests 100 Prozent sichere Resultate erbrächte.[47] Auch wenn 56 Prozent wissen, dass die Ergebnisse einer Mammografie mit gewissen Unsicherheiten behaftet sind, glaubt eine große Mehrheit, DNA-Tests, Fingerabdruckanalysen und HIV-Tests seien 100 Prozent eindeutig, was sie nachweislich nicht sind.

Im Jahr 2013 lag der Journalist Mark Stern eine Woche mit Fieber zu Bett. Er machte einen Termin bei seinem neuen Arzt aus. Sein Arzt entschied, das Beste sei, eine Blutprobe zu nehmen und sie einer Reihe von Tests zu unterziehen. Ein paar Wochen später war Mark, der sich nach einer Antibiotikatherapie wieder besser fühlte, allein in seiner Wohnung in Washington, D. C., als das Telefon klingelte. Der Anruf kam von seinem Arzt, der ihm die Testergebnisse durchgeben wollte. Mark war auf die nun folgende Konversation völlig unvorbereitet.

»Ihr ELISA-Test war positiv«, kam der Arzt direkt zur Sache. »Sie sollten davon ausgehen, dass Sie HIV haben.« Obwohl Mark gar nicht gewusst hatte, dass sein Arzt überhaupt einen ELISA-Test auf HIV (oder den Western-Blot-Bestätigungstest) durchgeführt hatte, blieb ihm angesichts dieses Testergebnisses und des Ratschlags seines Arztes wenig anderes übrig, als sich dem Schock zu stellen, HIV-positiv zu sein. Bevor der Arzt den Anruf beendete, schlug er Mark noch vor, am nächsten Tag für Bestätigungstests vorbeizukommen.

An diesem Abend ließen Mark und sein Freund ihre früheren negativen HIV-Tests aus den vergangenen Monaten Revue passieren und grübelten, welche Ereignisse in der Zwischenzeit zu einer HIV-Infektion geführt haben könnten. Die beiden, die in einer monogamen Beziehung lebten und Safer Sex praktizierten, konnten sich keinen Reim darauf machen. Noch schwieriger war es für sie, in dieser Nacht Schlaf zu finden. Am nächsten Morgen meldete sich Mark – voller Panik, verwirrt und erschöpft aufgrund von Schlafmangel – in der Chirurgie. Als der Arzt Blut aus seinem Arm entnahm, um die Probe für einen RNA-Bestätigungstest ins Labor zu schicken, wiederholte er seine Überzeugung, dass Mark HIV-positiv sei, und schlug einen raschen Immuntest vor, der gleich hier in der Chirurgie vorgenommen werden könne, um seinen Verdacht zu bestätigen. Während Mark die längsten 20 Minuten seines Lebens auf das Testergebnis wartete, überlegte er, wie ein Leben mit HIV sein würde. Auch wenn die Diagnose nicht mehr das stigmatisierende Todesurteil von einst bedeutete, so wusste er doch, dass sie ihn zwingen würde, viele Aspekte seines Lebens neu zu bewerten und infrage zu stellen, nicht zuletzt, wie es dazu hatte kommen können, dass er HIV-positiv war.

Am Ende der quälenden Wartezeit erschien keine rote Linie im Ergebnisfenster. Vielmehr bedeutete das Fenster einen Hoffnungsschimmer für Mark: Der Test war negativ. Zwei Wochen später erhielt Mark die Ergebnisse des präziseren RNA-Tests – ebenfalls negativ. Nachdem ein weiterer Immuntest negativ ausfiel, verzogen sich die dunklen Wolken in seinem Gemüt, denn sein Arzt war endlich überzeugt, dass Mark HIV-negativ war.

In Wahrheit waren Marks ursprüngliche ELISA- und Western-Blot-Tests nicht eindeutig. Sein ELISA-Test kam mit einer erhöhten Zahl von Antikörpern zurück, was für ein positives Testergebnis spricht. Zu dem Zeitpunkt, als Mark den Test machte, hatte ELISA jedoch Falsch-positiv-Raten von rund 0,3 Prozent.[48] Sein Western-Blot-Test – ein genauerer Test, der darauf ausgelegt ist, solche falsch-positiven Ergebnisse zu korrigieren – kam mit Ergebnissen zurück, die für einen Laborfehler sprachen. Marks Arzt, der diesen Fehler nie zuvor gesehen hatte, deutete die Ergebnisse jedoch falsch. Seine Diagnose könnte dadurch verzerrt worden sein, dass er von Marks Homosexualität wusste, was diesen in eine Hochrisikokategorie für eine HIV-Infektion platziert. Mark wiederum, geblendet von der Illusion der Gewissheit, vertraute dem Urteil seines Arztes und der Genauigkeit der Tests.

Zwei Tests sind besser als einer

Das Konzept für die Treffgenauigkeit von Binär-Tests mit zwei möglichen Ergebnissen wird von vielen Menschen nicht richtig verstanden. Aus der Sicht derjenigen, die nicht erkrankt sind (in der Regel die große Mehrheit), können wir die Treffgenauigkeit des Tests als den Anteil dieser Menschen definieren, die korrekt als nicht betroffen erkannt werden – die richtig-negativen Ergebnisse. Je höher der Anteil der richtig-negativen (und je niedriger damit die Rate der falsch-negativen) Ergebnisse, desto treffgenauer ist der Test. Tatsächlich wird der Anteil der richtig-negativen Ergebnisse als »Spezifität« eines Tests bezeichnet. Wenn ein Test 100-prozentig spezifisch ist, dann werden nur Menschen, die tatsächlich diese Krankheit haben, positiv getestet – es gibt keine falsch-positiven Ergebnisse.

Selbst höchst spezifische Tests bieten keine Garantie dafür, *jeden* Erkrankten zu identifizieren. Vielleicht sollten wir die Treffgenauigkeit oder Trefferquote aus der Sicht der Menschen klassifizieren, die tatsächlich erkrankt sind. Wenn Sie betroffen wären, würden Sie es dann nicht für vorrangig halten, dass Ihre Erkrankung schon beim ersten Test entdeckt wird? Daher sollte die Treffgenauigkeit eines Tests vielleicht am Anteil der richtig-positiven Ergebnisse festgemacht werden – den Menschen, die erkrankt sind und korrekt als Kranke erkannt werden. Tatsächlich wird dieser Anteil als »Sensitivität« oder »Empfindlichkeit« eines Tests bezeichnet. Ein Test mit einer 100-prozentigen Sensitivität würde alle Betroffenen korrekt als erkrankt erkennen.

Die Präzision oder Genauigkeit eines Tests ergibt sich, wenn man die Anzahl der richtig-positiven Ergebnisse durch die Gesamtzahl der positiven Ergebnisse teilt, sowohl der richtig- wie auch der falsch-positiven. Die geringe Präzision von Brustkrebsfrüherkennungen mit nur 3,48 Prozent hat uns bereits früher in diesem Kapitel überrascht. Der Begriff »Treffgenauigkeit« ist jedoch in der Regel reserviert für die Anzahl der richtig-positiven Ergebnisse, geteilt durch die Gesamtzahl der Testteilnehmer. Das ist sinnvoll, denn dieser Quotient gibt den Anteil der richtig identifizierten Fälle an, so oder so.

Definitive Fehlerraten für den ELISA-Test auf HIV, der in Marks Fall versagte, sind schwer zu bestimmen. Die meisten Studien stimmen jedoch überein, dass seine Spezifität rund 99,7 Prozent beträgt und die Sensitivität nahe bei 100 Prozent liegt. Ein negatives Testergebnis besagt implizit, dass die getestete Person höchstwahrscheinlich HIV-frei ist; durchschnittlich 3 von 1000 Getesteten erhalten jedoch ein falsch-positives Ergebnis ihres HIV-Tests. In Großbritannien beträgt die HIV-Prävalenz nur 0,16 Prozent. Von den 1 000 000 zufällig ausgewählten britischen Bürgern, die in Abbildung 7 dargestellt sind, werden also im Mittel 1600 HIV-positiv sein, 998 400 hingegen nicht. Von den 998 400 HIV-negativen Teilnehmern, die sich einem ELISA-Test unterziehen, werden – selbst bei einer so hohen Spezifität wie 99,7 Prozent – 2995 eine falsch-positive Diagnose erhalten. Diese falsch-positiven Zahlen übertreffen die richtig-positiven 1600 fast um einen Faktor 2. Wie bei der Brustkrebsfrüherkennung gilt: Da die Prävalenz von HIV gering ist und dem ELISA-Test ein winziges Fitzelchen Spezifität fehlt, ist der Anteil von Menschen mit einer positiven Diagnose, die tatsächlich HIV-positiv sind (Präzision des Tests), mit nur etwas über einem Drittel ziemlich niedrig. Die Treffgenauigkeit des Tests ist jedoch außerordentlich hoch. Der Test hat 997 005 korrekte (positive oder negative) Ergebnisse pro 1 000 000 getesteter Menschen – eine Trefferquote von mehr als 99,7 Prozent. Selbst extrem treffgenaue Tests können also beunruhigend unpräzise sein.

Eine einfache Möglichkeit, die Präzision eines Tests zu ver-

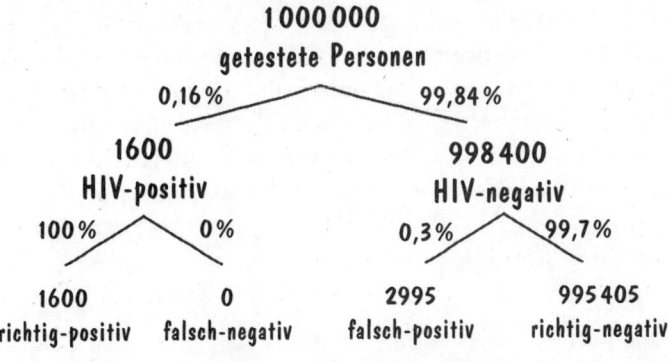

Präzision: 1600/(1600+2995)

Abbildung 7: Von 1 000 000 Bürgern Großbritanniens, die sich einem ELISA-Test unterziehen, werden durchschnittlich 1600 korrekt als HIV-positiv identifiziert, während 2995 die Auskunft erhalten werden, sie seien HIV-positiv, obgleich sie nicht betroffen sind.

bessern, besteht darin, einfach einen zweiten Test zu machen, denn der erste Test für viele Krankheiten ist nicht sehr spezifisch (wie wir beim Brustkrebsscreening gesehen haben). Der Test zielt darauf ab, so viele potenzielle Fälle wie möglich kostengünstig zu entdecken und gleichzeitig so wenige wie möglich zu übersehen. Der zweite Test ist gewöhnlich diagnostisch und hat eine viel höhere Spezifität, sodass die Mehrheit der falsch-positiven Ergebnisse wegfällt. Selbst wenn ein spezifischerer Test nicht verfügbar ist, kann eine Wiederholung desselben Tests mit allen positiv getesteten Teilnehmern die Präzision enorm steigern. Was den ELISA-Test angeht, so erhöht ein erstes positives Testergebnis die Prävalenz in der erneut getesteten Population von 0,16 Prozent auf etwa 34,8 Prozent: Das entspricht der Präzision des ersten Tests. Wenn wir den Test erneut durchführen, wie in dem Entscheidungsbaum in Abbildung 8, wird die Mehrheit der ursprünglich falsch-positiven Ergebnisse

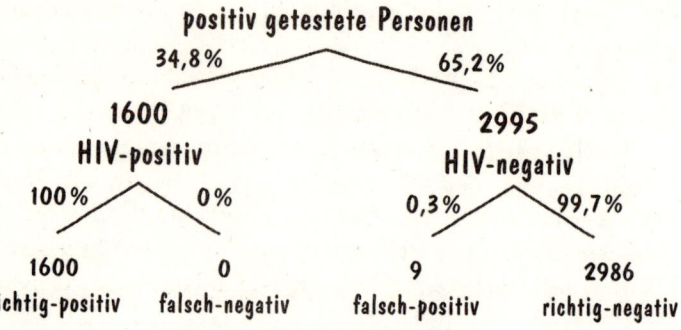

4595
positiv getestete Personen

34,8%   65,2%

1600   **2995**
HIV-positiv   **HIV-negativ**

100%   0%   0,3%   99,7%

1600   0   9   2986
richtig-positiv falsch-negativ   falsch-positiv   richtig-negativ

Präzision: 1600/(1600+9)

Abbildung 8: Von 4595 Menschen, die ursprünglich positiv auf HIV getestet wurden, werden die 1600 tatsächlich positiven noch immer als solche identifiziert, doch die Zahl der falsch-positiven reduziert sich auf 9.

durch die hohe Präzision des Tests ausgesondert, während die tatsächlich HIV-positiven Personen noch immer korrekt identifiziert werden. Die Präzision verbessert sich auf 1600/1609, also auf ungefähr 99,4 Prozent.

***

Theoretisch ist es möglich, dass ein Test vollständig sensitiv und gleichzeitig vollständig spezifisch ist: ein Test, der all diejenigen und nur diejenigen Personen identifiziert, die an der Krankheit leiden. Einen solchen Test kann man mit Fug und Recht als 100 Prozent treffgenau bezeichnen.

Vollständig treffsichere Tests gibt es tatsächlich. Im Dezember 2016 entwickelte ein internationales Forscherteam einen Bluttest für die Creutzfeldt-Jakob-Krankheit (CJD).[49] In einer kontrollierten klinischen Studie identifizierte der Test auf diese tödliche degenerative Hirnerkrankung, die vermutlich durch den Verzehr von Fleisch an Rinderwahn erkrankter Tiere ausgelöst wird, korrekt alle 32 Patienten mit CJD (vollständige Sensitivität) ohne falsch-positive Ergebnisse (vollständige Spezifität) unter 391 Kontrollpersonen.

Obwohl es nicht zwangsläufig einen Kompromiss zwischen Sensitivität und Spezifität geben muss, ist dies in der Praxis doch gewöhnlich der Fall. Falsch-positive und falsch-negative Resultate sind in der Regel negativ korreliert. Je weniger falsch-positive, desto mehr falsch-negative und umgekehrt. In der Praxis finden effektive Tests eine Schwelle zwischen vollständiger Spezifität und vollständiger Sensitivität, so nahe wie möglich an beiden Extremen.

Der Grund für diesen Ausgleich ist, dass wir in der Regel auf Stellvertreter statt auf die Phänomene selbst testen. Der Test, der Mark fälschlicherweise als HIV-positiv diagnostizierte, testet nicht auf das HI-Virus. Vielmehr testet er auf Antikörper, deren Produktion vom körpereigenen Immunsystem angekurbelt wird, um das Virus zu bekämpfen. Eine hohe HIV-assoziierte Antikörperlast kann jedoch schon durch etwas so Harmloses wie eine Grippeimpfung hervorgerufen werden. Ebenso halten die meisten Do-it-yourself-Schwangerschaftstests nicht nach der Präsenz eines lebensfähigen Embryos in der Gebärmutter einer Frau Ausschau, sondern suchen gewöhnlich nach einem erhöhten hCG-Spiegel, einem Hormon, das nach Einnistung des Embryos ausgeschüttet wird. Solche Stellvertreter- oder Proxy-Indikatoren werden oft als Ersatz- oder Surrogatmarker bezeichnet. Tests können fehlschlagen, weil Marker, die den Surrogatmarkern ähnlich sind, ein positives Ergebnis auslösen können.

So basierten diagnostische Tests auf CJD gewöhnlich auf Hirnscans und Biopsien, die die potenziellen Auswirkungen der fehlerhaften Proteine auf das Gehirn der Getesteten registrierten. Leider ähneln die Merkmale, die in diesen Tests zur Diagnose herangezogen werden, den Merkmalen von Menschen mit Demenz, was eine klare Diagnose erschwerte. Statt nach subtilen symptomatischen Unterschieden zu suchen, die zu einer Verwechslung mit anderen Krankheiten führen könnten, weist der neue CJD-Bluttest das infektiöse Protein, das die Krankheit stets auslöst, direkt nach. Darum kann der Test so eindeutig sein: Wenn das fehlerhafte Protein entdeckt wird, dann hat sein Träger die Krankheit, wenn nicht, dann nicht. Wenn auf die eigentliche Ursache einer Krankheit statt auf einen Stellvertreter getestet wird, ist die ganze Sache tatsächlich so einfach.

***

Häufig kommt es auch dann zum Versagen von Proxy-Tests, wenn der Surrogatmarker nicht von dem Phänomen selbst produziert wird, auf das wir zu testen hoffen. Anna Howard war gerade 20 Jahre alt, als sie eines Morgens im Juni 2016 mit Übelkeit erwachte. Trotz der Tatsache, dass sie und Colin, seit neun Monaten ihr Freund, sich nicht bemüht hatten, ein Kind zu zeugen, entschied sie sich sicherheitshalber für einen Schwangerschaftstest. Sie war überrascht, als langsam wie durch Zauberhand die dünne blaue Linie auftauchte, während sie das Teströhrchen beobachtete. Das hatten sie beide nicht geplant, doch nachdem sie zu der Überzeugung gelangt waren, dass sie gute Eltern sein würden, entschlossen sich Anna und Colin, das Baby zu behalten, und begannen sogar schon einmal mit der Namenssuche.

Acht Wochen nach Beginn ihrer Schwangerschaft kam es bei Anna zu Blutungen. Ihr Arzt schickte sie ins Krankenhaus, um zu prüfen, ob mit dem Baby alles in Ordnung war. Nach dem Scan informierten die Ärzte die junge Frau, sie habe einen Abort gehabt und solle am nächsten Tag wiederkommen, um weitere Tests zu Bestätigung durchzuführen. Am nächsten Tag erbrachte ein Hormontest nicht unähnlich dem Schwangerschaftstest, dass Annas Spiegel des »Schwangerschaftshormons«

hCG noch immer so hoch war, dass eine funktionierende Schwangerschaft anzunehmen sei. Daher sei die Abort-Diagnose falscher Alarm gewesen, so die Ärzte.

Eine Woche später blutete Anna erneut, und da sie starke Schmerzen litt, kehrte sie ins Krankenhaus zurück. Diesmal untersuchten die Ärzte, die eine Eileiterschwangerschaft fürchteten, Annas Fortpflanzungsorgane mit einer Faseroptikkamera. Zum Glück fanden sie keinen Fötus, der am falschen Platz heranwuchs, aber das, was in Annas Gebärmutter heranwuchs, war ebenfalls kein Fötus. Statt eines gesunden Babys entdeckten sie in Annas Uterus einen bösartigen Tumor, eine sogenannte gestationsbedingte trophoblastäre Neoplasie (GTN). Der Tumor wuchs etwa mit derselben Rate wie ein Fötus und produzierte hCG, den Proxy-Indikator für die Präsenz einer Schwangerschaft, der den Schwangerschaftstests, Anna und den Ärzten gleichermaßen vortäuschte, ihr lebensbedrohlicher Tumor sei ein gesundes Baby.

Zwar sind Tumoren wie Annas GTN selten, aber auch andere Tumortypen können Schwangerschaftstests zu falsch-positiven Resultaten verleiten, indem sie den Proxy-Indikator hCG produzieren. Der britische Teenage Cancer Trust teilt mit, dass Schwangerschaftstests seit mindestens einem Jahrzehnt bei der Diagnose von Hodentumoren eingesetzt werden. Tatsächlich liefert nur eine kleine Minderheit von Hodentumoren ein positives Ergebnis. Doch in diesen Fällen folgt aus der Tatsache, dass alle positiven Resultate falsch-positiv sind, da keine Schwangerschaft vorliegen kann, sodass ein erhöhter hCG-Spiegel höchstwahrscheinlich das Ergebnis eines Tumors ist.

Schwangerschaftstests sind offenkundig in der Lage, (manchmal sehr nützliche) falsch-positive Ergebnisse anzuzeigen. Der hCG-Spiegel im Urin kann jedoch so niedrig sein, dass es auch bei diesen Tests zu falsch-negativen Ergebnissen kommt. Falsch-negative Schwangerschaftstests, wenn auch seltener als falsch-positive, können sich für die zukünftigen Mütter höchst nachteilig auswirken. In einem Fall erlitt eine Mutter einen

Abort, nachdem sie das Okay für einen chirurgischen Eingriff erhalten hatte, der nie durchgeführt worden wäre, wenn sie gewusst hätte, dass sie schwanger war.[50] Und die Eileiterschwangerschaft einer anderen Frau wurde von Urintests nicht angezeigt, was zu einer Eileiterruptur mit anschließendem lebensbedrohlichem Blutverlust führte.[51]

***

Wenn sich eine Schwangerschaft gut etabliert hat, was laut Daten aus Großbritannien in der Regel nach zwölf Wochen der Fall ist, geht man anstelle von hormonellen Surrogatmarkern zu Ultraschallscans über, die die Präsenz eines sich entwickelnden Fötus in der Gebärmutter direkt anzeigen. Der Zweck von Ultraschallaufnahmen besteht jedoch nur selten darin, eine Schwangerschaft zu bestätigen; vielmehr soll überprüft werden, ob sich der Fötus normal entwickelt. Einer der Tests, der in diesem Stadium durchgeführt wird, ist die Nackenfaltenmessung (fachsprachlich Nackentransparenzmessung). Dieser Scan dient zur Entdeckung kardiovaskulärer Anomalien im sich entwickelnden Fötus, die in der Regel mit chromosomalen Anomalien, wie Patau-, Edwards- oder Downsyndrom einhergehen. Bei den meisten Menschen ist die DNA in 23 Chromosomenpaaren gebündelt. Bei den drei genannten Syndromen, auf die bei der Nackentransparenzmessung getestet wird, weist eines der Paare ein zusätzliches Chromosom auf; es handelt sich also um ein Chromosomentriplett oder eine »Trisomie«.

Die Nackentransparenzmessung ist nicht so einfach wie ein binärer Test. Sie kann nicht mit absoluter Sicherheit voraussagen, ob ein ungeborenes Kind ein Downsyndrom hat. Vielmehr bietet sie den angehenden Eltern eine Risikobewertung für die Chromosomenanomalie. Dennoch lassen sich Schwangerschaften anhand dieser Messung in solche mit »hohem Risiko« und solche mit »geringem Risiko« einteilen. Wenn das ungeborene

Kind in die Kategorie »geringes Risiko« für das Downsyndrom eingeordnet wird (Wahrscheinlichkeit geringer als 1 zu 150), werden keine weiteren Tests angeboten; fällt das Kind hingegen in die Hochrisiko-Kategorie, wird oft die präzisere Amniozentese angeboten: Aus der Fruchtblase wird per Hohlnadel Flüssigkeit mit den darin herumschwimmenden fötalen Zellen entnommen. Das Anstechen des Uterus und der Fruchtblase ist nicht ohne Risiko: Bei 5 bis 10 von 1000 Schwangeren, bei denen eine Amniozentese durchgeführt wird, kommt es anschließend zu einem Abort. Die erhöhte Spezifität des Tests macht das Risiko einer Amniozentese für viele angehende Eltern dennoch akzeptabel. Der Test ist genauer als die Nackentransparenzmessung per Ultraschall, denn statt eines Surrogatmarkers kann er das zusätzliche Chromosom in der DNA des Fötus (extrahiert aus den fötalen Hautzellen) direkt nachweisen. Er sondert die falsch-positiven Ergebnisse aus dem ersten Test aus und gibt den Eltern von richtig-positiven Föten Zeit für eine informierte Entscheidung, ob die Schwangerschaft fortgesetzt werden soll oder nicht. Die Fälle, die durchs Raster schlüpfen, sind die falsch-negativen Resultate – betroffen sind die Eltern, die fälschlicherweise informiert werden, ihr Kind habe ein geringes Down-Risiko, und denen keine weiteren Tests angeboten werden.

Flora Watson und Andy Burrell waren ein solche Elternpaar. Damals, 2002, in der vierten Woche ihrer zweiten Schwangerschaft, entschloss sich Flora, privat für den damals noch recht neuen Nackentransparenztest zu zahlen, der in der zehnten Woche durchgeführt wurde. Nach der Ultraschallaufnahme wurde Flora erklärt, ihr Risiko, ein Baby mit Downsyndrom zu bekommen, sei extrem gering. Tatsächlich wurde die Wahrscheinlichkeit für ein Baby mit Downsyndrom mit dem Hauptgewinn im Lotto verglichen – 1 zu 14 Millionen. Das ist eine größere Beruhigung, als die meisten Eltern von Tests dieser Art erwarten können. Flora war zufrieden, dass sie sich nicht der potenziell riskanten Amniozentese-Prozedur unterziehen musste, um zu bestätigen, was die Nackentransparenzmessung ihr bereits gesagt hatte. Stattdessen konnte sie sich voller Vorfreude auf die Geburt ihres zweiten Kindes vorbereiten.

Fünf Wochen vor dem errechneten Geburtstermin bemerkte Flora jedoch, dass etwas nicht stimmte. Ihr ungeborenes Baby begann sich immer weniger zu bewegen. Drei Wochen später war sie im Krankenhaus und gebar Christopher. Er kam rasch, schon eine halbe Stunde nach ihrer Ankunft im Krankenhaus war er auf der Welt. Nach seiner Geburt war er so bläulich angelaufen und derart verdreht, dass Flora dachte, er sei tot. Die Krankenschwestern versicherten ihr jedoch, er sei durchaus lebendig, aber das, was die Eltern dann erfuhren, sollte die Zukunft der Familie verändern.

Christopher litt am Downsyndrom. Auf die Nachricht hin rannte Andy aus dem Raum, und Flora begann zu weinen. In den nächsten 24 Stunden, erinnert sich Flora, »brachte ich es nicht einmal über mich, Christopher zu berühren oder in meiner Nähe haben«. Daher lag er in der ersten Nacht seines Lebens allein in seinem Bett, und nur die Krankenschwestern auf der Station kümmerten sich um ihn. Als die Familie eintraf, um den neuen Erdenbürger zu begrüßen, wurde es noch schlimmer. Andys Vater, der einen anderen Sohn mit Lernschwierigkeiten erzogen hatte, drängte sie, Christopher im Krankenhaus zurückzulassen. Floras Mutter wollte noch nicht einmal einen Blick auf das Kind werfen.

Das Leben, das sie erwartete, als sie Christopher nach Hause brachten, war ganz anders als das, was sie sich all die Monate nach dem Nackenfaltentest vorgestellt hatten. Die ganze Familie söhnte sich schließlich mit Christophers Zustand aus, doch die Belastung, sich um ein behindertes Kind zu kümmern, forderte ihren Preis. Zeitdruck und Erschöpfung waren zu viel für ihre Beziehung, und Flora und Andy trennten sich. Flora betont, sie hätte ihre Schwangerschaft nicht abgebrochen, wenn Christophers Downsyndrom früher entdeckt worden wäre. Sie ist jedoch noch immer wütend, dass ihr die Zeit genommen wurde, sich vorzubereiten und sich auf die Krankheit ihres Sohnes einzustellen (eine Beschwerde, die wir in Kapitel 6 erneut hören werden, wenn wir die Risiken automatisierter algorithmischer Diagnosen diskutieren). Vielleicht hätte sich der ganze familiäre Kummer nach Christophers Geburt vermeiden lassen, wäre da nicht das falsch-negative Testergebnis gewesen.

***

Ob wir wollen oder nicht, sind falsch-positive und falsch-negative Ergebnisse unvermeidlich. Mathematik und moderne Technologien können beim Umgang mit einigen dieser Probleme helfen, wobei Instrumente wie Filtern Vorrang genießen, doch beim Umgang mit anderen Problemen sind wir auf uns selbst gestellt. Wir sollten uns daran erinnern, dass Scans keine diagnostischen Tests sind und man ihren Ergebnissen eine gewisse Skepsis entgegenbringen sollte. Das heißt nicht, dass wir ein positives Screening-Ergebnis komplett ignorieren sollten, doch wir sollten die Resultate eines treffsichereren Folgetests abwarten, bevor wir uns schlaflose Nächte bereiten. Dasselbe gilt für Do-it-yourself-Gentests. Die Risikokategorien, in die wir eingeordnet werden, können von Unternehmen zu Unternehmen differieren, und nicht alle Unternehmen können recht haben. Wie Matt Fender herausfand, als er mit einer potenziell lebensbeeinträchtigenden Alzheimer-Diagnose konfrontiert wurde, kann ein zweiter Test helfen, eine aussagekräftigere Antwort zu erhalten.

Für einige Tests gibt es keine treffgenauere Version. In diesen Fällen sollten wir uns daran erinnern, dass selbst ein zweiter Durchlauf desselben Tests die Präzision der Ergebnisse dramatisch verbessern kann. Wir sollten uns niemals scheuen, um eine zweite Meinung zu bitten. Es ist klar, dass selbst Ärzte – die vermeintlichen Experten, denen wir Vertrauen schenken – nicht immer sicher mit Zahlen umgehen können. Bevor Sie anfangen, sich aufgrund der Ergebnisse eines einzelnen Tests unnötig Sorgen zu machen, finden Sie heraus, wie sensitiv und spezifisch er ist, und berechnen Sie die Wahrscheinlichkeit für ein falsches Ergebnis. Stellen Sie die Illusion der Gewissheit infrage, und nehmen Sie die Deutungshoheit über Ihre Gesundheit wieder in die eigenen Hände. Wie wir im nächsten Kapitel sehen werden, gilt: Die Aussagen von Autoritätspersonen, vor allem von solchen, die sich die Gesetze der Mathematik zunutze machen, nicht zu hinterfragen hat in mehr als nur einem Fall dazu geführt, dass jemand zwar auf der richtigen Seite des Gesetzes, aber auf der falschen Seite der Zellentür landete.

3

Die Gesetze der Mathematik

Die Rolle der Mathematik vor Gericht

Sally Clark betrat das Schlafzimmer ihres Hauses, wo ihr Ehemann Steve einige Minuten zuvor ihren achtmonatigen Sohn Harry schlafend zurückgelassen hatte. Sie schrie. Harry lag zusammengesunken in seiner Babywippe, blau im Gesicht und ohne zu atmen. Trotz der Wiederbelebungsversuche ihres Mannes und der Rettungssanitäter wurde Harry etwa eine Stunde später für tot erklärt. Eine schreckliche Tragödie für jede junge Mutter. Aber das war das zweite Mal, dass es Sally passierte.

Etwas mehr als ein Jahr zuvor hatte Steve ihr Haus in Wilmslow, einer grünen Vorstadt von Manchester, verlassen, um am Weihnachtsdinner in seiner Firma teilzunehmen. Sally war daher allein, als sie ihren elfwöchigen Sohn Christopher an diesem Abend in seinem Moses-Körbchen schlafen legte. Rund zwei Stunden später fand sie ihn bewusstlos und bleich und rief den Notarzt. Trotz aller Bemühungen wachte Christopher nicht wieder auf. Eine drei Tage später vorgenommene Autopsie sollte seinen Tod einer Infektion der unteren Atemwege zuschreiben.

Nach Harrys Tod wurden die Ergebnisse von Christophers Autopsie jedoch erneut unter die Lupe genommen. Ein Schnitt an der Lippe und eine Prellung an den Beinen, die ursprünglich den Wiederbelebungsversuchen zugeschrieben worden waren, erhielten nun eine unheilvollere Deutung. Als Christophers konservierte Gewebeproben erneut untersucht wurden, ließen Hinweise, die für eine Blutung in der Lunge vor Todeseintritt sprachen und die beim ersten Mal übersehen worden waren, die Pathologen an einen Tod durch Ersticken denken.

Bei Harrys Autopsie fanden sich Anhaltspunkte für Netzhautblutungen, eine Rückenmarksschädigung und Risse im Hirngewebe: Schlüsselindizien, die für einen Tod durch Schütteln sprachen. Aufgrund der beiden Autopsien kam die Polizei zu dem Schluss, die Befundlage reiche für eine Verhaftung von Sally und Steve Clark aus. Die Staatsanwaltschaft entschied sich, gegen Steve (der ja außer Haus war, als Christopher starb) keine Anklage zu erheben, doch Sally wurde des Mordes an ihren beiden Söhnen angeklagt.

In dem sich anschließenden Gerichtsverfahren kam es nicht nur zu einem, sondern gleich zu vier gravierenden mathematischen Fehlern, die zu dem beitragen sollten, was oft als Großbritanniens schlimmster Justizirrtum bezeichnet wird. Sallys Geschichte, die wir in diesem Kapitel diskutieren wollen, illustriert die manchmal tragischen, aber nur allzu häufigen Missverständnisse vor Gericht, die aus mathematischen Fehlern entstehen können. Unterwegs treffen wir auf die Mitwirkenden ähnlicher Katastrophen: den Kriminellen, dessen Verurteilung wegen einer mathematischen Formalität zunächst aufgehoben wurde, und den Richter, dessen mangelndes mathematisches Verständnis eine Rolle beim Freispruch von Amanda Knox gespielt haben könnte, der des Mordes angeklagten, berühmt-berüchtigten amerikanischen Studentin. Doch zunächst wollen wir uns mit dem Fall des französischen Offiziers beschäftigen, der wegen eines Verbrechens, das er nicht begangen hatte, fernab der Heimat in ein brutales Gefangenenlager gesteckt wurde.

Die Affäre Dreyfus

Mathematik vor Gericht hat eine lange und nicht besonders ruhmreiche Geschichte. Der erste bemerkenswerte fehlerhafte Missbrauch geschah im Rahmen eines politischen Skandals, der die Französische Republik spalten sollte und weltweit als »Affäre Dreyfus« bekannt wurde. Im Jahr 1894 entdeckte eine französische Putzfrau, die in der deutschen Botschaft in Paris arbeitete und für den französischen Nachrichtendienst spionierte, einen weggeworfenen Brief. Die Entdeckung der handschriftlichen Botschaft, in der dem deutschen Kaiserreich französische Militärgeheimnisse angeboten wurden, führte zu einer Hexenjagd nach einem möglichen deutschen Spion in der französischen Armee. Die Suche gipfelte in der Verhaftung des französischen Artilleriehauptmanns Alfred Dreyfus, eines Juden.

Während des Kriegsgerichtsprozesses machte der erfahrene Schriftsachverständige deutlich, dass er Dreyfus für unschuldig hielt. Das missfiel der französischen Regierung, die daraufhin den Leiter des polizeilichen Erkennungsdienstes in Paris, Alphonse Bertillon, heranzog, der als Handschriftenexperte jedoch völlig unqualifiziert war. Bertillon kam irritierenderweise zu dem Schluss, Dreyfus habe seine eigene Handschrift gefälscht, was er als »autoforgerie« bezeichnete, als »Selbstfälschung«. Anschließend legte er eine abstruse mathematische Analyse vor, die auf einer Reihe von Ähnlichkeiten in der Strichführung sich wiederholender mehrsilbiger Wörter in der Notiz basierte. So behauptete er, die Wahrscheinlichkeit für eine Ähnlichkeit der Federstriche zu Anfang und zu Ende eines jeden wiederholten Wortpaares betrage 1/5. Die Wahrscheinlichkeit für die vier Übereinstimmungen, die er unter den 26 Wortanfängen und -enden der 13 wiederholten mehrsilbigen Wörter gefunden habe, legte er der Jury weiterhin dar, sei 1/5, viermal mit sich selbst multipliziert, was 16 zu 10 000 ergibt und ein zufälliges Auftreten höchst unwahrscheinlich erscheinen lässt. Bertillon vermutete, die Ähnlichkeiten seien kein Zufall: »Deshalb müssen diese vielen Anfangs- oder Schlussbuchstaben bewusst und sorgfältig an die entsprechenden Positionen gesetzt worden sein, und dahinter muss ein bestimmter Sinn stecken, wahrscheinlich ein geheimer Code.«[52] Mit dieser Argumentation gelang es ihm, die sieben Jurymitglieder zu überzeugen oder zumindest so zu verwirren, dass Dreyfus schuldig gesprochen und zu einer lebenslangen Isolationshaft in einer Strafkolonie auf der Teufelsinsel einige Kilometer vor der Küste von Französisch-Guayana verurteilt wurde.

Bertillons mathematische Argumentation war derart undurchsichtig, dass niemand, weder Dreyfus' Verteidigerteam noch der an der Verhandlung teilnehmende Regierungsbeauftragte, ihr folgen konnte. Wahrscheinlich waren die Richter genauso verwirrt, aber von den dargelegten pseudomathematischen Argumenten so eingeschüchtert, dass sie nichts unternahmen. Erst Henri Poincaré, einem der renommiertesten Mathematiker des 19. Jahrhunderts (dem wir in Kapitel 6 im Zusammenhang mit seinem Millionen-Dollar-Problem wiederbegegnen werden), gelang es, Bertillons verwirrende Berechnung zu entschlüsseln. Poincaré, der ein Jahrzehnt nach der ursprünglichen Verurteilung hinzugezogen wurde, entdeckte rasch den Fehler in Bertillons Berechnung. Statt die Wahrscheinlichkeit von vier Übereinstimmungen in der Liste von 26 Anfängen und Enden der 13 Wortwiederholungen zu berechnen, hatte Bertillon die Wahrscheinlichkeit von vier Übereinstimmungen in vier Wörtern berechnet, die natürlich viel geringer war.

Stellen Sie sich als Analogie vor, am Ende einer Schießübung auf dem Schießstand die Silhouetten der Zielfiguren zu inspizieren. Wenn Sie zehn Treffer im Kopf oder in der Brust finden, könnten Sie annehmen, der Schütze sei ein Scharfschütze. Sollten Sie dann herausfinden, dass während des Trainings 100 oder sogar 1000 Schüsse fielen, sind Sie vielleicht weniger beeindruckt. Dasselbe galt für Bertillons Analyse. Vier Übereinstimmungen bei vier Möglichkeiten wären in der Tat sehr unwahrscheinlich, doch es gibt 14 950 unterschiedliche Möglichkeiten, aus 26 Wortanfängen und -enden der Wörter zu wählen, die Bertillon analysierte. Die wahre Wahrscheinlichkeit für die vier Übereinstimmungen, die Bertillon entdeckt hatte, betrug rund 18 in 100 und lag damit mehr als 100 Mal höher als die Zahl, die er benutzte, um die Jury zu überzeugen. Da sich Bertillon wahrscheinlich über fünf, sechs, sieben oder mehr Übereinstimmungen noch mehr gefreut hätte, wollen wir auch diese berechnen und kommen auf eine Quote von rund 8 zu 10. Das zu finden, was Bertillon als »ungewöhnliche« Anzahl von Übereinstimmungen ansah, ist weitaus wahrscheinlicher, als es nicht zu finden. Dadurch, das Poincaré Bertillons Fehlberechnungen offenlegte und betonte, selbst der Versuch, die Wahrscheinlichkeitstheorie auf eine solche Frage anzuwenden, sei unstatthaft, konnte er die unfundierte Analyse der Handschriften entlarven und damit Dreyfus entlasten.[53] Nachdem Dreyfus vier Jahre lang unter unerträglichen Bedingungen auf der Teufelsinsel gelitten und sieben weitere Jahre in Schimpf und Schande daheim in Frankreich gelebt hatte, wurde er 1906 schließlich vollständig rehabilitiert und zum Major der französischen Armee befördert. Seine Ehre wiederhergestellt diente er seinem Vaterland im Ersten Weltkrieg mit großem Einsatz und zeichnete sich an der Front von Verdun aus.

Die Affäre Dreyfus illustriert die Macht mathematisch gestützter Argumente wie auch die Leichtigkeit, mit der sie missbraucht werden kann. In den kommenden Kapiteln werden wir noch häufiger auf diese Tendenz stoßen, mathematische Ausführungen in Ehrfurcht vor der Autorität des vermeintlichen Sachverständigen ohne Nachfragen einfach abzunicken. Zum Teil liegt es an der Aura des Geheimnisvollen, die viele mathematische Argumentationen umgibt und sie so undurchdringlich und oft ganz ohne Grund so eindrucksvoll erscheinen lassen. Es wird kaum nachgefragt oder gar hinterfragt. Eine mathematische Form der Illusion der Gewissheit (des Phänomens aus dem vorangegangenen Kapitel, das Leute die Ergebnisse medizinischer Tests ungefragt akzeptieren lässt) lässt potenzielle Zweifler verstummen. Tragisch ist, dass wir keine Lehren aus dem Dreyfus-Prozess und zahlreichen anderen mathematisch bedingten Justizirrtümern in der Geschichte gezogen haben. Infolgedessen sind immer wieder Menschen unschuldig verurteilt worden.

Schuldig bis zum Beweis des Gegenteils?

Genauso, wie wir es bei medizinischen Tests im vorigen Kapitel gesehen haben, ist das Gesetz voller Situationen, in denen binäre Entscheidungen gefällt werden müssen: richtig oder falsch, wahr oder unwahr, unschuldig oder schuldig. Die Gerichte vieler westlicher Demokratien folgen der Maxime der Unschuldsvermutung, die besagt, dass die Anklage die Beweislast trägt und beweisen muss, dass der Angeklagte schuldig ist. Fast alle Länder haben die umgekehrte Annahme »schuldig bis zum Beweis des Gegenteils« verworfen, eine Praxis, die zwangsläufig zu mehr falsch-positiven und weniger falsch-negativen Urteilen führt. Es gibt jedoch einige Industrieländer, in denen das Gleichgewicht zugunsten der Schuld und zuungunsten der Unschuld verschoben ist. So weist das japanische Strafjustizsystem zum Beispiel eine Verurteilungsrate von 99,9 Prozent auf, wobei die meisten dieser Verurteilungen auf einem Geständnis basieren.[54] Zum Vergleich: 2017/2018 lag die Verurteilungsrate des britischen Crown Court (Strafgerichts) bei 80 Prozent. Japans hohe Verurteilungsrate klingt eindrucksvoll, aber ist es tatsächlich wahrscheinlich, dass die japanische Polizei in mehr als 999 von 1000 Fällen die richtige Person ermittelt?

Die hohe Überführungsrate ist zum Teil den rabiaten Verhörmethoden japanischer Polizeibeamter geschuldet. Sie dürfen Verdächtige routinemäßig drei Tage ohne Anklage inhaftieren, sie können sie ohne Anwalt verhören und müssen das Verhör nicht protokollieren. Diese kompromisslose Vorgehensweise ist wiederum eine Folge des japanischen Rechtssystems, in dem die Feststellung eines Motivs durch ein Geständnis sehr wichtig für einen Schuldspruch ist. All das wird durch den Druck verstärkt, der von den Vorgesetzten auf die Vernehmungsbeamten ausgeübt wird, ein Geständnis zu erlangen, bevor die Indizien des Falls überhaupt physisch geprüft werden. Die Aufgabe der Polizei wird durch die scheinbare Bereitwilligkeit vieler japanischer Beschuldigter erleichtert, ihre Tat zu gestehen, um ihren Familien die Schande eines öffentlichen Prozesses mit seinem Medienspektakel zu ersparen. Die Häufigkeit von falschen Geständnissen im japanischen Rechtssystem wurde erst kürzlich durch die Verhaftung von vier Unschuldigen wegen bösartiger Drohungen im Internet unterstrichen. Bevor sich der eigentlich Schuldige schließlich zu seiner Tat bekannte, waren zwei der Verhafteten bereits zu falschen Geständnissen genötigt worden.

Die japanische Neigung, von einer Schuldvermutung auszugehen, ist eine bemerkenswerte Ausnahme. Für den größten Teil der übrigen Welt ist das Prinzip der Unschuldsvermutung jedoch so wesentlich, dass diese in die Allgemeine Erklärung der Menschenrechte der Vereinten Nationen aufgenommen wurde. William Blackstone, Richter und Politiker im England des 18. Jahrhunderts, ging sogar so weit zu behaupten: »Es ist besser, dass zehn Schuldige entkommen, als dass ein Unschuldiger verfolgt wird.« Diese Sichtweise verankert uns fest im Lager der falsch-negativen Urteile, das heißt, wir lassen Leute laufen, die das Verbrechen durchaus begangen haben könnten, deren Schuld aber nicht hinreichend bewiesen werden kann. Selbst wenn Indizien gegen den Angeklagten sprechen, kann er das Gericht oft als freier Mann verlassen, wenn sie seine Schuld gegenüber Jury oder Richter nicht über jeden vernünftigen Zweifel hinaus belegen.

Vor schottischen Gerichten gibt es eine dritte Urteilskategorie, die die Falsch-negativ-Rate verringert, wenn auch nur dem Namen nach. Das Verdikt »Nicht bewiesen« kommt dann zum

Tragen, wenn Richter oder Jury nicht genügend von der Unschuld des Angeklagten überzeugt sind, um ihn »Nicht schuldig« zu sprechen. In diesen Fällen wird der Angeklagte zwar auf freien Fuß gesetzt, aber das Urteil selbst ist nicht inkorrekt.

73 Millionen zu 1

Bei dem Prozess gegen Sally Clark vor einem englischen Gericht fiel es der Jury angesichts der widersprüchlichen Beweislage schwer, sich zu einem klaren »schuldig« oder »nicht schuldig« durchzuringen. Sally wiederholte hartnäckig, sie habe ihre Kinder nicht getötet. Der Pathologe des Innenministeriums und Sachverständige der Anklage, Dr. Alan Williams, behauptete das Gegenteil. Das medizinisch-forensische Gutachten, das er vorlegte, war komplex und für die Jury verwirrend. Im Vorfeld des Prozesses waren die Hirngewebsrisse, Rückenmarksverletzungen und Netzhautblutungen, die Williams ursprünglich bei Harrys Autopsie »gefunden« hatte, von unabhängigen Experten schnell entkräftet worden. Infolgedessen änderte die Staatsanwaltschaft ihre Taktik und versuchte die Jury zu überzeugen, Harry sei erstickt worden, nicht zu Tode geschüttelt, wie anfangs behauptet worden war. Selbst Williams änderte seine Meinung. Die medizinische Beweislage war also alles andere als eindeutig.

Darüber hinaus steigerten die heftigen Auseinandersetzungen zwischen Verteidigung und Anklage über die Indizienbeweise rund um die beiden Todesfälle die Verwirrung weiter. Die Anklage stellte Sally als eitle und egoistische Karrierefrau hin, der die Veränderungen verhasst waren, die die Geburt ihrer Kinder für ihren Lebensstil und ihren Körper mit sich gebracht hatten – eine Frau, die sich so verzweifelt nach ihrem Leben vor der Mutterschaft zurücksehnte, dass sie ihre beiden Söhne umgebracht hatte. Warum, hielt die Verteidigung dem entgegen, hatte sie dann so kurz nach dem ersten ein zweites Kind geboren, und warum war sie anschließend mit einem dritten Kind schwanger geworden und hatte es während der Prozessvorbereitungen zur Welt gebracht? Die Verteidigung argumentierte, Sally sei wirklich verzweifelt über den Tod ihres ersten Kindes gewesen. Die Anklage verdrehte dieses Argument, indem sie suggerierte, an Sallys offen bekundetem Kummer sei etwas Verdächtiges. Der Arzt, der Christopher bei seiner Ankunft im Krankenhaus als Erster sah, konterte, an Sallys Trauer über den Verlust ihres ersten Kindes sei nichts Ungewöhnliches gewesen. Die Argumentation wogte hin und her und verstärkte den Nebel, der den Juroren den Blick auf die Wahrheit verstellte.

Inmitten dieser Konfusion trat Professor Sir Roy Meadow als Sachverständiger in den Zeugenstand. Während sich die Pathologen über »pulmonale Hämorrhagie« und »subdurale Hämatome« stritten, schien Meadow der Jury den Weg zu einem sicheren Urteil zu weisen. Sein entscheidender Hinweis war eine einzige Statistik. Meadow erklärte, die Wahrscheinlichkeit, dass zwei Kinder einer wohlhabenden Familie am plötzlichen Kindstod (*sudden infant death syndrome*, SIDS, umgangssprachlich auch »Krippentod« genannt) sterben, betrage 1 zu 73 Millionen. Für viele der Jurymitglieder war das die wichtigste Information, die sie aus dem Prozess mitnahmen: 73 Millionen war eine zu große Zahl, als dass man sie hätte ignorieren können.

Im Jahr 1989 hatte Meadow, damals ein renommierter britischer Kinderarzt, ein Buch mit dem Titel *ABC of Child Abuse* (etwa: *ABC der Kindesmisshandlung*) veröffentlicht, das den Aphorismus enthielt, der später als Meadows Gesetz bekannt wurde: »Ein plötzlicher Kindstod ist eine Tragödie, zwei sind verdächtig, und drei sind Mord bis zum Beweis des Gegenteils.«[55] Diese griffige Maxime basiert jedoch auf einem fundamentalen Missverständnis der Wahrscheinlichkeitstheorie. Es war dasselbe Missverständnis, mit dem Meadow die Jury im Fall von Sally Clark in die Irre führen sollte: der simple Unterschied zwischen abhängigen und unabhängigen Ereignissen.

Der Unabhängigkeitsirrtum

Zwei Ereignisse sind voneinander abhängig, wenn das eine die Wahrscheinlichkeit des anderen beeinflusst. Was die Wahrscheinlichkeit individueller Ereignisse angeht, so ist es üblich, diese Wahrscheinlichkeiten miteinander zu multiplizieren, um die Wahrscheinlichkeit zu berechnen, dass beide gemeinsam auftreten. So beträgt die Wahrscheinlichkeit, dass eine zufällig ausgewählte Person aus der Bevölkerung weiblich ist, 1/2. Wie in Tabelle 3 zu sehen, sind von 1000 Leuten durchschnittlich 500 weiblich. Die Wahrscheinlichkeit, dass eine zufällig ausgewählte Person in der Bevölkerung bei einem bestimmten Intelligenztest eine Punktzahl von über 110 erreicht, beträgt 1/4. Das entspricht einer Zahl von insgesamt 250 der 1000 Leute aus Tabelle 3. Um die Wahrscheinlichkeit zu berechnen, dass jemand weiblich ist und einen Intelligenzquotienten (IQ) über 110 besitzt, multiplizieren wir die Wahrscheinlichkeiten 1/2 und 1/4, was eine Wahrscheinlichkeit von 1/8 ergibt. Das stimmt mit den 125 (1000/8) Personen in dem Eintrag weiblich/hoher IQ in Tabelle 3 überein. Die beiden Wahrscheinlichkeiten zu multiplizieren, um die gemeinsame Wahrscheinlichkeit zu finden, ist völlig korrekt, da IQ und Geschlecht unabhängig voneinander sind: Ein bestimmter IQ sagt nichts über das Geschlecht aus und ein bestimmtes Geschlecht nichts über den IQ.

Die Prävalenz (Häufigkeit) von Autismus in Großbritannien beträgt etwa 1 pro 100 beziehungsweise 10 zu 1000.[56] Man könnte annehmen, dass sich die Wahrscheinlichkeit, weiblich und autistisch zu sein, einfach durch Multiplikation der beiden Wahrscheinlichkeiten (1/2 und 1/100) bestimmen lässt, also 1/200 oder eine Prävalenz von 5 in 1000. Autismus und Geschlecht sind jedoch nicht unabhängig voneinander. Wenn man 1000 zufällig gewählte Personen aus der Bevölkerung analysiert, wie in Tabelle 4, stellt man fest, dass Autismus bei Männern (8 von 500) viermal wahrscheinlicher ist als bei Frauen (2 von 500). Nur einer von fünf Autisten ist eine Frau.[57] Wir be-

| IQ | Geschlecht | | gesamt |
	männlich	weiblich	
>110	125	125	250
<110	375	375	750
Gesamt	500	500	1000

Tabelle 3: 1000 Personen, aufgeschlüsselt nach IQ und Geschlecht.

nötigen diese Zusatzinformation, um die Wahrscheinlichkeit zu berechnen, dass eine zufällig gewählte Person aus der Bevölkerung sowohl weiblich als auch autistisch ist: Sie beträgt 2 von 1000 und nicht etwa 5 von 1000, wie wir irrtümlich berechnet hätten, wenn wir von einer Unabhängigkeit beider Faktoren ausgegangen wären. Das zeigt, wie leicht sich signifikante Fehler einschleichen, wenn man falsche Annahmen über die Unabhängigkeit von Ereignissen macht.

Die Ereignisse, um die es Meadow in seiner Zeugenaussage ging, waren die beiden Todesfälle von Sallys Kindern durch SIDS. Für seine Zahlen benutzte Meadow einen – damals noch unveröffentlichten – Bericht über SIDS, zu dem er ein Vorwort geschrieben hatte.[58] Der auf Daten aus Großbritannien basierende Bericht untersuchte 363 SIDS-Fälle aus einer Gesamtheit von 473 000 Lebendgeburten im Zeitraum von drei Jahren. Dieser Bericht lieferte nicht nur eine Häufigkeit für das Auftreten von SIDS-Fällen in der Gesamtbevölkerung, sondern schlüsselte die Daten auch nach dem Alter der Mutter, dem Haushaltseinkommen und der Anwesenheit von Rauchern im Haushalt auf. Für eine wohlhabende Nichtraucherfamilie wie die

Autistisch	Geschlecht		gesamt
	männlich	weiblich	
Ja	8	2	10
Nein	492	498	990
Gesamt	500	500	1000

Tabelle 4: 1000 Personen, aufgeschlüsselt nach Geschlecht und Autismus.

Clarks, bei der die Mutter über 26 Jahre alt war, kam 1 SIDS-Fall auf 8543 Lebendgeburten.

Meadows erster Fehler war, anzunehmen, SIDS-Fälle träten völlig unabhängig voneinander auf. Daher fühlte er sich berechtigt, die Wahrscheinlichkeit von zwei SIDS-Fällen bei den Clarks zu berechnen, indem er die Zahl 8543 mit sich selbst multiplizierte, woraus sich eine Wahrscheinlichkeit von rund einem Todesfall pro 73 Millionen Lebendgeburten ergab. Um seine Annahme zu rechtfertigen, ging er so weit zu behaupten: »Es gibt keine Indizien dafür, dass Krippentode familiär gehäuft auftreten, doch es gibt viele Indizien dafür, dass es bei Kindesmisshandlung so ist.« Ausgehend von seiner errechneten Zahl vermutete er, dass ein solcher doppelter Krippentod bei einer Geburtenrate in Großbritannien von 700 000 Kindern pro Jahr etwa einmal alle 100 Jahre zu erwarten sei.

Seine Annahme lag weit vom richtigen Wert entfernt. Es gibt viele bekannte Risikofaktoren im Zusammenhang mit SIDS, darunter Rauchen, Frühgeburt und ein mit dem Kind geteiltes Bett. Im Jahr 2001 identifizierten Wissenschaftler der University of Manchester zudem Marker in Genen, die mit der Regulierung des Immunsystems verknüpft sind und das SIDS-Risiko für Kinder erhöhen.[59] Seitdem sind zahlreiche weitere genetische Risikofaktoren identifiziert worden.[60] Kinder derselben Eltern teilen mit hoher Wahrscheinlichkeit viele Gene und damit potenziell auch das erhöhte Risiko für SIDS. Wenn ein Kind einer Familie an SIDS stirbt, ist es wahrscheinlich, dass die Familie einige der damit einhergehenden Risikofaktoren aufweist. Daher ist die Wahrscheinlichkeit von weiteren derartigen Todesfällen höher als im Durchschnitt der Allgemeinbevölkerung. Schätzungen zufolge kommt es in Großbritannien rund einmal pro Jahr in einer Familie zu einem zweiten SIDS-Todesfall.

Als Analogie für die Wahrscheinlichkeit von SIDS-Todesfällen kann man sich zehn Säckchen mit Murmeln vorstellen. Neun dieser Säckchen enthalten jeweils zehn weiße Murmeln. Das zehnte Säckchen enthält neun weiße und eine schwarze Murmel. Dieser Anfangszustand ist links in Abbildung 9 dargestellt. Beim ersten Durchgang wählt man zufällig ein Säckchen aus und zieht dann blind eine Murmel aus diesem Säckchen. Da es 100 Murmeln gibt und sie alle gleich wahrscheinlich gezogen werden können, ist die Wahrscheinlichkeit, die schwarze Murmel beim ersten Durchgang zu ziehen, 1 zu 100. Beim zweiten Durchgang legt man die erste gezogene Murmel zurück in ihr Säckchen und zieht nochmals eine Murmel aus demselben Säckchen, wobei man die anderen neun Säckchen vollkommen ignoriert. Wenn man beim ersten Durchgang die schwarze Murmel gezogen hat, weiß man, dass man beim zweiten Durchgang aus dem Säckchen mit der schwarzen Murmel zieht. Das erhöht die Wahrscheinlichkeit für das Ziehen der schwarzen Murmel deutlich auf 1 zu 10 statt 1 zu 100. In diesem Szenario ist es deutlich wahrscheinlicher, zwei schwarze Murmeln zu ziehen (1 zu 1000), als einfach die ursprüngliche Wahrscheinlichkeit, eine schwarze Murmel zu ziehen, mit sich selbst zu multiplizieren (was eine Wahrscheinlichkeit von 1 zu 10 000 ergäbe).

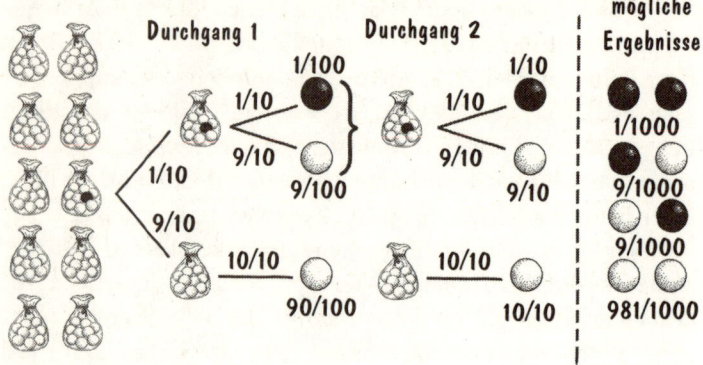

Abbildung 9: *Entscheidungsbaum, um die Wahrscheinlichkeit für das Ziehen von schwarzen oder weißen Murmeln herauszufinden. Um die Wahrscheinlichkeit zu berechnen, bei jedem Durchgang eine schwarze oder weiße Murmel zu ziehen, folge man den entsprechenden Ästen des Baumes und multipliziere die Wahrscheinlichkeiten auf jedem Ast. So beträgt beispielsweise die Wahrscheinlichkeit, beim ersten Durchgang eine schwarze Murmel zu ziehen, 1/100. Sobald wir beim ersten Durchgang ein Säckchen gewählt haben, ziehen wir beim zweiten Durchgang aus demselben Säckchen. Die Wahrscheinlichkeiten aller Zwei-Durchgänge-Kombinationen sind rechts der gestrichelten Linie dargestellt.*

Genauso gilt: Wenn bereits ein Kind an SIDS gestorben ist, steigt die Wahrscheinlichkeit dafür, dass auch das zweite Kind an SIDS stirbt.

Bei SIDS werden die Risikofaktoren der jeweiligen Familie bei der Geburt des ersten Kindes nicht etwa nach dem Zufallsprinzip gewählt, sondern sie existieren bereits – man könnte sagen, dass man von Beginn an entweder aus dem Säckchen mit der schwarzen Murmel zieht oder nicht. Diese alternative Interpretation ist in Abbildung 10 als Entscheidungsbaum illustriert. Wenn man beide Male aus dem Säckchen mit der schwarzen

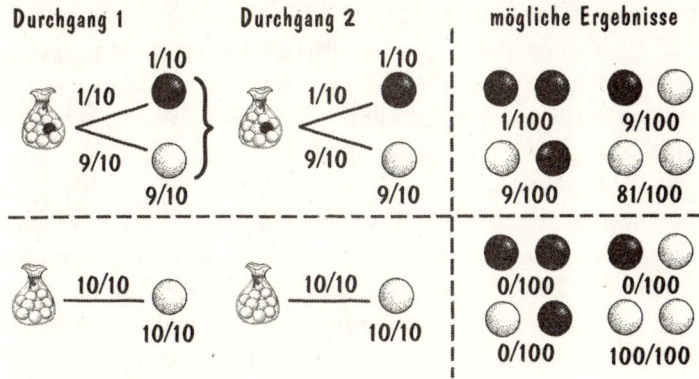

| Durchgang 1 | Durchgang 2 | mögliche Ergebnisse |

Abbildung 10: *Zwei alternative Entscheidungsbäume, bei denen das Säckchen, aus dem man zieht, vorgegeben ist, aber für beide Durchgänge noch immer dasselbe bleibt. Für jeden Baum sind die Wahrscheinlichkeiten der Zwei-Durchgänge-Kombinationen rechts der gestrichelten Linie dargestellt. Eindeutig ist: Wenn wir aus einem Säckchen ohne schwarze Murmel ziehen, können wir nur zwei weiße Murmeln ziehen.*

Kugel zieht, erhöht sich die Wahrscheinlichkeit, zwei schwarze Murmeln zu ziehen, auf 1 zu 100. Ganz offensichtlich ist es falsch, einfach das Risiko der Allgemeinbevölkerung für SIDS mit sich selbst zu multiplizieren, um die Wahrscheinlichkeit für zwei SIDS-Todesfälle zu berechnen.

***

Es gab weitere Probleme mit Meadows Verwendung der aufgeschlüsselten Rate von einem SIDS-Fall pro 8543 Lebendgeburten. Der Bericht, aus dem er diese Zahl herauspickte, gab auch ein bedeutend höheres Risiko für die Allgemeinbevölkerung an – 1 zu 1303; sie war ohne Aufschlüsselung der Daten nach sozioökonomischen Indikatoren ermittelt worden. Meadow entschloss sich, diese alternative Zahl nicht zu verwenden. Vielmehr nannte er unter spezieller Berücksichtigung des Hintergrunds der Clark-Familie eine Zahl, die einen einzelnen SIDS-Fall viel weniger wahrscheinlich – und da er fälschlicherweise die Abhängigkeit der beiden Todesfälle ignorierte, einen doppelten SIDS-Fall noch unwahrscheinlicher – erscheinen ließ; gleichzeitig vernachlässigte er die Faktoren, die ein solches Doppelereignis wahrscheinlicher machten. So ignorierte er beispielsweise die Tatsache, dass Sallys beide Kinder Jungen waren und SIDS bei Jungen fast doppelt so häufig wie bei Mädchen auftritt. Dies zu berücksichtigen hätte die Argumentation der Anklage unterminiert, denn es hätte einen doppelten SIDS-Tod wahrscheinlicher gemacht. Die Vermutung, Sally habe ihre beiden Kinder getötet, hätte dann auf deutlich schwächeren Füßen gestanden.

Auch wenn man es seitens der Staatsanwaltschaft *per se* unethisch oder irreführend finden kann, statistische Aussagen zu verzerren, indem sie gezielt nur nachteilige Informationen auswählte, ist diese Praxis mit einem noch grundsätzlicheren Problem verknüpft. Die Aufschlüsselung der Daten in dem ursprünglichen Bericht, aus dem Meadow seine statistischen Daten entnahm, wurde vorgenommen, um Bevölkerungsgruppen mit hohem Risiko zu identifizieren und so die begrenzten Ressourcen der Gesundheitsfürsorge effizienter einzusetzen. Sie waren keineswegs dafür gedacht, damit das SIDS-Risiko für ein bestimmtes Individuum dieser Gruppe zu berechnen. Der Bericht war eine pauschale Untersuchung, in die fast eine halbe Million Geburten in Großbritannien einflossen, was bedeutete, dass die individuellen Umstände einer jeden Geburt nicht im Einzelnen berücksichtigt werden konnten. Im Gegensatz dazu war der Clark-Prozess eine außerordentlich detaillierte Untersuchung im Rahmen einer ganz bestimmten Anschuldigung. Die Anklage wählte nur solche Aspekte aus Sallys und Steves Hintergrund aus, die zum Bericht passten, und nahm an, sie könne diese Daten benutzen, um das SIDS-Risiko für die Clark-

Kinder zu berechnen. Damit ging die Anklage jedoch von der irrigen Annahme aus, dass die Merkmale des Individuums dieselben sind wie die der Population. Das ist ein klassisches Beispiel für einen sogenannten Ökologischen Fehlschluss (»ökologisch« bedeutet in diesem Zusammenhang so viel wie »kollektiv«, also aus kollektiven Merkmalen auf individuelle Merkmale rückzuschließen).

Der Ökologische Fehlschluss

Eine Form des Ökologischen Fehlschlusses tritt auf, wenn wir von der naiven Annahme ausgehen, dass eine einzelne Statistik eine vielfältige Population abbilden kann. Nehmen wir ein Beispiel: Im Großbritannien des Jahres 2010 hatten Frauen eine durchschnittliche Lebenserwartung von 83 Jahren, Männer hingegen von nur 79 Jahren. Die Lebenserwartung der Gesamtbevölkerung lag bei 81 Jahren. Ein einfaches Beispiel für den Ökologischen Fehlschluss wäre die Annahme, dass jede zufällig ausgewählte Frau länger leben wird als jeder zufällig ausgewählte Mann, da ja die Lebenserwartung von Frauen höher ist als die von Männern. Dieser Trugschluss wird auch passenderweise als »ausufernde Verallgemeinerung« (*sweeping generalization*) bezeichnet. Ein anderer häufiger und schlichter Ökologischer Fehlschluss, der auf einer zunehmenden Lebenserwartung basiert, ist die Aussage »Wir alle leben länger«, die man so häufig von schlampigen Journalisten hört. Es stimmt einfach nicht, dass jeder länger leben wird als zuvor angenommen. Dies sind bestenfalls naive Vorstellungen.

Ökologische Fehlschlüsse können jedoch subtiler sein. Vielleicht überrascht es Sie zu hören, dass die Mehrheit der britischen Männer, trotz einer mittleren Lebenserwartung von nur 78,8 Jahren, älter werden wird als 81 Jahre, der durchschnittlichen Lebenserwartung der *Gesamt*bevölkerung. Auf den ersten Blick erscheint diese Aussage wie ein Widerspruch in sich, doch tatsächlich geht sie auf eine Diskrepanz in der Statistik zurück, die wir benutzen, um die Daten zusammenzufassen. Die kleine, aber signifikante Zahl der Menschen, die jung sterben, führt zu dem angegebenen mittleren Sterbealter (der typischerweise zitierten Lebenserwartung, bei der jedermanns Sterbealter addiert und dann durch die Gesamtzahl der Gestorbenen geteilt wird). Überraschenderweise ziehen diese frühen Todesfälle den Mittelwert deutlich unter den Median (das Alter, das genau in die Mitte fällt – genauso viele Menschen sterben davor wie danach). Das mediane Sterbealter für britische Männer beträgt 82 Jahre; das bedeutet, dass die Hälfte von ihnen bei ihrem Tod mindestens so alt sein wird. In diesem Fall liefert die präsentierte summarische Statistik – das mittlere Sterbealter beträgt 78,8 Jahre – eine besonders irreführende Beschreibung der Bevölkerung.

Die Glockenkurve oder Normalverteilung, die man zur Darstellung vieler alltäglicher Datensätze einsetzen kann – von der Körpergröße bis zum IQ –, ist eine wunderbar symmetrische Kurve, bei der die Hälfte der Daten auf der einen Seite des Mittelwerts liegt und die andere Hälfte auf der anderen Seite. Das impliziert, dass der Mittelwert und der Median für Merkmale, die dieser Verteilung folgen, zusammenfallen. Da wir mit der Vorstellung vertraut sind, dass diese bekannte Kurve Informationen des täglichen Lebens beschreiben kann, nehmen viele von uns an, der Mittelwert sei ein gutes Maß für die »Mitte« eines Datensatzes. Wir sind überrascht, wenn wir auf Verteilungen stoßen, in denen der Mittelwert vom Median abweicht. Die Verteilung der Sterbealter britischer Männer in Abbildung 11 ist deutlich asymmetrisch; typischerweise spricht man in solchen Fällen von einer schiefen Verteilung.

Wie wir im vorigen Kapitel (als wir den Median einführten, um Fehlalarme zu verhindern) gesehen haben, ist die Verteilung von Haushaltseinkommen eine weitere Statistik, in der der Median ein ganz anderes Ergebnis erbringt als der Mittelwert. Das verfügbare Haushaltseinkommen in Großbritannien, das

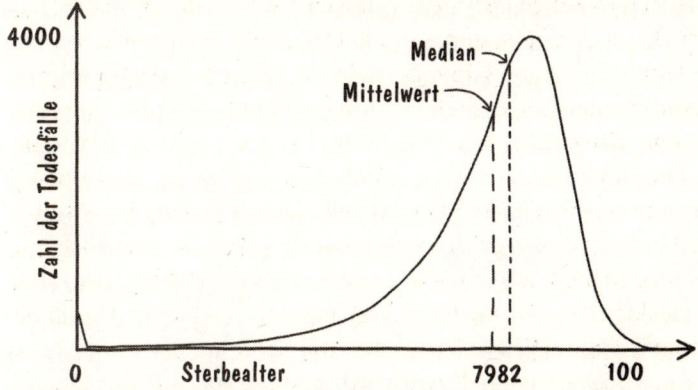

Abbildung 11: Die Altersabhängigkeit der Anzahl der jährlichen Todesfälle britischer Männer folgt einer rechtsschiefen Verteilung. Das
mittlere Sterbealter liegt knapp unter 79 Jahren, das mediane Sterbealter beträgt 82 Jahre.

in Abbildung 4 dargestellt ist, hat zum Beispiel ebenfalls eine
sehr schiefe Verteilung, ähnlich einer etwas unordentlicheren,
linksschiefen Version von Abbildung 11. Die Mehrheit der britischen Haushalte verfügt über ein geringes Einkommen, doch
es gibt eine kleine, aber signifikante Anzahl von sehr gut Ver-
dienenden, die die Verteilung verzerren. In Großbritannien
hatten 2014 zwei Drittel der Bevölkerung ein wöchentliches
Einkommen unter dem »Durchschnitt«.

Ein zunächst noch verblüffenderes Beispiel ist das alte Rätsel:
»Wie groß ist die Wahrscheinlichkeit, dass die nächste Person,
die man trifft, wenn man die Straße hinuntergeht, mehr als die
durchschnittliche Anzahl an Beinen hat?« Die Antwort lautet:
»Das ist so gut wie sicher.« Die wenigen Menschen, die keine
Beine oder nur ein Bein haben, sind für eine kleine Verringerung des Mittelwerts verantwortlich, sodass jedermann mit
zwei Beinen mehr Beine als der Durchschnitt hat. In diesem

Fall wäre es lächerlich anzunehmen, der Mittelwert beschreibe irgendein Individuum in der Bevölkerung richtig.

Wenn man den falschen Durchschnittswert benutzt, um eine Population zu beschreiben, kann dies eindeutig zu einem Ökologischen Fehlschluss führen. Ein anderer Typ des Ökologischen Fehlschlusses, bekannt als Simpson-Paradoxon, tritt auf, wenn man versucht, einen Mittelwert aus Mittelwerten zu bilden. Das Simpson-Paradoxon spielt auf ganz verschiedenen Gebieten eine Rolle, von der Bestimmung der Gesundheit einer Volkswirtschaft[61] bis zum Verständnis von Wählerprofilen[62] und – was vielleicht am wichtigsten ist – bei der Entwicklung von Medikamenten[63]. Stellen Sie sich zum Beispiel vor, Sie leiteten eine kontrollierte Studie, um herauszufinden, ob das neue Mittel Fantasticol den Blutdruck tatsächlich wie erhofft senkt. An der Studie nehmen 2000 Probanden teil, ebenso viele Frauen wie Männer. Zu Kontrollzwecken werden sie in zwei Gruppen zu je 1000 aufgeteilt. Die Patientengruppe A erhält Fantasticol, diejenigen in Gruppe B ein Placebo. Am Ende der Studie haben 56 Prozent (560 von 1000) derjenigen, die das Medikament erhalten haben, einen niedrigeren Blutdruck; in der Placebogruppe sind es hingegen nur 35 Prozent (350 von 1000) (siehe Tabelle 5). Wie es aussieht, wirkt sich Fantasticol tatsächlich positiv auf den Blutdruck aus.

Um das Medikament genau zu charakterisieren, ist es wichtig zu wissen, ob es geschlechtsspezifische Effekte gibt. Daher

Treatment	A: Fantasticol	B: Placebo
Verbesserung	560	350
keine Verbesserung	440	650
Verbesserungsrate	56 %	35 %

Tabelle 5: *Die Verbesserungsrate von Fantasticol scheint über derjenigen des Placebos zu liegen.*

schlüsseln wir die Zahlen auf und betrachten die Medikamentenwirkung für Männer und Frauen getrennt (siehe Tabelle 6). Wenn wir die aufgeschlüsselten Resultate analysieren, bekommen wir einen leichten Schock. Unter den männlichen Versuchsteilnehmern hatten 25 Prozent der Placebogruppe (200 von 800 in Gruppe B) einen niedrigeren Blutdruck, aber nur 20 Prozent derjenigen in der Medikamentengruppe (40 von 200 in Gruppe A). Bei den Frauen zeigte sich derselbe Trend: 75 Prozent (150 von 200) der Frauen in der Placebogruppe hatten einen niedrigeren Blutdruck, aber nur 65 Prozent (520 von 800) der Frauen, die Fantasticol genommen hatten. In beiden Geschlechtern war der Anteil der Patienten, deren Blutdruck gesunken war, in der Placebogruppe höher als in der Medikamentengruppe. Wenn man sich die Daten auf diese Weise anschaut, sieht es so aus, als sei Fantasticol weniger wirksam als ein Placebo. Wie ist es möglich, dass uns die Daten eine Geschichte erzählen, wenn sie aufgeschlüsselt werden – aber eine andere, wenn sie zusammengeworfen werden, und welche Geschichte ist die richtige?

Die Antwort findet sich in einem sogenannten Störfaktor (auch Störvariable genannt). In diesem Fall ist der Störfaktor das Geschlecht. Wie sich herausstellt, spielt das Geschlecht eine

Geschlecht	männlich		weiblich	
Behandlung	Fantasticol	Placebo	Fantasticol	Placebo
Verbesserung	40	200	520	150
Keine Verbesserung	160	600	280	50
Gesamt	200	800	800	200
Verbesserungsrate	20%	25%	65%	75%

Tabelle 6: Wenn die Teilnehmer der Studie nach Geschlecht aufgeschlüsselt werden, schneiden beide Geschlechter in der Placebogruppe besser ab als in der Medikamentengruppe.

große Rolle für das Ergebnis. Im Lauf der Studie verringerte sich der Blutdruck der Frauen auf natürliche Weise häufiger als der der Männer. Da die Aufteilung der Geschlechter auf die beiden Gruppen unterschiedlich war (800 Frauen und 200 Männer in der Medikamentengruppe A, 800 Männer und 200 Frauen in der Placebogruppe B), profitierte Gruppe A signifikant von den vielen Frauen, deren Blutdruck sich von ganz allein verbesserte, sodass es den Anschein hatte, Fantasticol wirke effektiver als das Placebo.

Zwar nahmen ebenso viele Männer wie Frauen an der Studie teil, aber weil beide Geschlechter nicht gleichmäßig auf beide Gruppen aufgeteilt wurden, lässt sich die Gesamterfolgsrate von Fantasticol, die in Tabelle 5 beobachtet wurde, nicht durch Mitteln der Mittelwerte der separaten Erfolgsraten des Medikaments für die beiden Geschlechter (20 Prozent für Männer, 65 Prozent für Frauen) bestimmen. Man kann Mittelwerte nicht einfach mitteln.

Man darf Mittelwerte nur mitteln, wenn man sicher ist, dass es keine unentdeckten Störfaktoren gibt. Wenn wir vorher gewusst hätten, dass das Geschlecht ein solcher Störfaktor ist, hätten wir von vornherein darauf geachtet, die Ergebnisse nach Geschlecht aufzuschlüsseln, um uns ein zutreffendes Bild von Fantasticols Wirksamkeit zu machen. Oder wir hätten den Geschlechtseffekt ausschließen können, indem wir sicherstellten, dass in jeder Gruppe gleich viele Männer und Frauen sind, wie in Tabelle 7. Die Verbesserungsraten für Männer und Frauen in der Medikamentengruppe oder der Placebogruppe bleiben dieselben wie in Tabelle 6. Wenn die Ergebnisse in Tabelle 8 zusammengeführt werden und wir uns die Verbesserungsrate für Fantasticol ansehen (42,5 Prozent), wird jedoch deutlich, dass das Medikament schlechter, nicht besser als das Placebo (50 Prozent) abschneidet. Es kann natürlich noch andere Störfaktoren geben, wie Alter oder sozialer Status, die wir nicht in Betracht gezogen haben.

Geschlecht	männlich		weiblich	
Behandlung	Fantasticol	Placebo	Fantasticol	Placebo
Verbesserung	100	125	325	375
Keine Verbesserung	400	375	175	125
Gesamt	500	500	500	500
Verbesserungsrate	20%	25%	65%	75%

Tabelle 7: Wenn Männer und Frauen gleichmäßig auf beide Gruppen verteilt werden, bleibt der Anteil an Männern und Frauen, deren Blutdruckwerte sich bei Einnahme des Medikaments bzw. des Placebos verbessert haben, derselbe wie in Tabelle 6.

Das Vermeiden Ökologischer Fehlschlüsse und gut durchdachte Kontrollen sind für diejenigen, die klinische Studien entwerfen, höchst wichtig (wie wir in Kapitel 2 gesehen haben und in Kapitel 4 erneut sehen werden, wenn auch aus anderen Gründen), doch sie haben auch schon auf anderen Gebieten der Medizin Verwirrung gestiftet. In den 1960er- und 1970er-Jahren wurde ein seltsames Phänomen bei Kindern beobachtet, deren Mütter während ihrer Schwangerschaft geraucht hatten. Das Risiko von Raucherinnen-Kindern, die ein geringes Geburtsge-

Behandlung	A: Fantasticol	B: Placebo
Verbesserung	425	500
keine Verbesserung	575	500
Verbesserungsrate	42,5%	50%

Tabelle 8: Nun, da wir auf die Störvariable »Geschlecht« kontrolliert haben, wird deutlich, dass Fantasticol schlechter als das Placebo abschneidet.

wicht hatten, im ersten Lebensjahr zu sterben, war signifikant geringer als dasjenige untergewichtiger Kinder von Nichtraucherinnen. Ein geringes Geburtsgewicht wird seit Langem mit einer höheren Kindersterblichkeit verknüpft, doch scheinbar profitierten untergewichtige Babys auf irgendeine Weise vom Rauchen ihrer Mütter.[64] Tatsächlich war das nicht der Fall.[65] Die Lösung für das Paradox fand sich in einer Störvariablen.

Auch wenn ein geringeres Geburtsgewicht mit einer höheren Säuglingssterblichkeit *korreliert* ist, ist es nicht die *Ursache* dafür. Beides kann normalerweise von einem anderen negativen Einfluss hervorgerufen werden: einem Störfaktor. Sowohl Rauchen als auch andere negative gesundheitliche Einflüsse können das Geburtsgewicht verringern und die Säuglingssterblichkeit erhöhen, doch sie tun dies in unterschiedlichem Ausmaß. Rauchen führt dazu, dass viele ansonsten gesunde Kinder untergewichtig geboren werden. Andere Ursachen für ein geringes Geburtsgewicht sind in der Regel schädlicher für die Gesundheit eines Kindes und führen in diesen Fällen zu einer höheren Säuglingssterblichkeit. Der viel größere Anteil an Kindern rauchender Mütter mit geringem Geburtsgewicht hat in Kombination mit ihrem nur geringfügig erhöhten Sterberisiko zur Folge, dass ein kleinerer Teil dieser Kinder im ersten Lebensjahr stirbt als Kinder, deren geringes Geburtsgewicht auf andere, lebensbedrohlichere Gesundheitsprobleme zurückgeht.

Der Ökologische Fehlschluss, dem Meadow unterlag, als er die Clarks in die Kategorie mit geringem SIDS-Risiko einordnete, ließ den Tod ihrer beiden Kinder viel verdächtiger erscheinen, als es der Fall gewesen wäre, wenn er die höhere SIDS-Rate in der Allgemeinbevölkerung benutzt hätte. Selbst die Verwendung der Rate in der Allgemeinbevölkerung wäre ein Ökologischer Trugschluss gewesen, eine Berechnung auf dem Niveau der Gesamtbevölkerung wäre aber wohl weniger parteiisch und daher einer Situation angemessener gewesen, in der die Freiheit einer Frau auf dem Spiel stand. Die irrige Annahme unabhängiger SIDS-Todesfälle verschlimmerte die Lage.

Der Trugschluss des Anklägers

Meadow war noch nicht fertig mit seinen statistischen Missgriffen. Man gab ihm Gelegenheit zu einem noch größeren Fehler. Dieser Fehler ist vor Gericht so häufig, dass er einen eigenen Namen erhalten hat: der Trugschluss des Anklägers *(prosecutor's fallacy)*. Es beginnt mit dem Versuch zu zeigen, dass das Vorliegen eines bestimmten Beweismittels extrem unwahrscheinlich ist, wenn der oder die Angeklagte unschuldig ist. Falls Sally Clark am Tod ihrer beiden Kinder unschuldig sei, so die Behauptung der Anklage, betrage die Wahrscheinlichkeit für das Eintreten der beiden Todesfälle lediglich 1 zu 73 Millionen. Daraus zieht der Ankläger den irrigen Schluss, dass eine alternative Erklärung – die Schuld der Angeklagten – tatsächlich höchstwahrscheinlich ist. Diese Argumentation berücksichtigt keinerlei alternative Erklärungen, bei denen die Angeklagte unschuldig ist, beispielsweise den Tod von Sallys Kindern aufgrund natürlicher Ursachen. Sie vernachlässigt auch die Möglichkeit, dass die von der Anklage vorgelegte Erklärung, derzufolge die Angeklagte schuldig ist (in Sallys Fall doppelter Kindsmord) genauso unwahrscheinlich sein könnte, wenn nicht gar noch unwahrscheinlicher als die Unschuldserklärung.

Um die Probleme mit dem Trugschluss des Anklägers zu erläutern, lassen Sie uns annehmen, wir untersuchten ein Verbrechen. Das eine Indiz, das wir haben, ist ein Teil eines Autokennzeichens, gelesen von einem Augenzeugen, der den Täter vom Tatort wegfahren sah. Lassen Sie uns für dieses Beispiel annehmen, dass alle Nummernschilder siebenstellige Zahlen tragen, zusammengestellt aus den Ziffern 0 bis 9. Für jede der sieben Ziffern gibt es zehn Möglichkeiten, das heißt, es gibt potenziell $10 \times 10 \times 10 \times 10 \times 10 \times 10 \times 10$ oder 10 000 000 (zehn Millionen) derartiger Nummernschilder. Der Augenzeuge konnte sich an die ersten fünf Ziffern erinnern, die beiden letzten aber nicht lesen. Wenn wir diese ersten fünf Ziffern kennen, können wir uns auf einen weitaus kleineren Autopool mit nur zwei unbekannten Ziffern beschränken. Es gibt 10 Wahlmöglichkeiten für jede dieser beiden unbekannten Ziffern, also nur 100 (10 × 10) mögliche Nummernschilder mit den beschriebenen fünf Anfangsziffern.

Ein Verdächtiger wird gefunden, dessen Autokennzeichen die fünf Anfangsziffern hat, an die der Zeuge sich erinnert. Unter den 10 Millionen Autos auf der Straße gibt es nur 99 andere, deren fünf Anfangsziffern mit denen des Verdächtigen übereinstimmen. Daher beträgt die Wahrscheinlichkeit, dass der Zeuge ein solches Nummernschild gesehen hat, falls der Verdächtige unschuldig ist, 99/10 000 000, weniger als 1 in einhunderttausend (1/100 000). Diese geringe Wahrscheinlichkeit für das Sehen des Nummernschilds, falls der Verdächtige unschuldig ist, spricht anscheinend in überwältigender Weise für die Schuld des Verdächtigen. Wenn man so denkt, fällt man jedoch dem Trugschluss des Anklägers zum Opfer.

Die Wahrscheinlichkeit, das Nummernschild zu sehen, falls der Verdächtige unschuldig ist, ist nicht dieselbe wie die Wahrscheinlichkeit, dass der Verdächtige unschuldig ist, wenn dieses Indiz gesehen wurde. Erinnern Sie sich daran, dass 99 der 100 Autos, auf die die Beschreibung des Zeugen zutrifft, dem Verdächtigen nicht gehören. Der Verdächtige ist nur einer von 100 Personen, die ein solches Auto fahren. Die Wahrscheinlichkeit, dass der Verdächtige angesichts des Kennzeichens schuldig ist, ist nur 1 zu 100 – also höchst unwahrscheinlich. Natürlich würden weitere Umstände, die den Verdächtigen mit dem Tatort verknüpfen, oder der Nachweis, dass die anderen Autos nicht im Bereich des Tatorts waren, die Wahrscheinlichkeit für die Schuld des Verdächtigen erhöhen. Auf der Basis eines einzigen Indizes sollte die Schlussfolgerung jedoch sein, dass der Verdächtige höchstwahrscheinlich unschuldig ist.

Der Trugschluss des Anklägers ist nur dann trotzdem gültig, wenn die Wahrscheinlichkeit für eine harmlose Erklärung außerordentlich gering ist; anderenfalls ist die fehlerhafte Argumentation allzu leicht zu durchschauen. Stellen Sie sich beispielsweise vor, Sie untersuchten einen Einbruch in London. Am Tatort werden Blutspuren gefunden, die zur selben Blutgruppe wie die eines Verdächtigen gehören; andere Indizien gegen ihn gibt es nicht. Nur 10 Prozent der Bevölkerung haben diese Blutgruppe. Daher beträgt die Wahrscheinlichkeit, Blut dieser Blutgruppe am Tatort zu finden, falls der Verdächtige unschuldig ist, 10 Prozent. Der Trugschluss des Anklägers käme zum Zug, wenn man daraus ableitete, die Wahrscheinlichkeit, dass der Angeklagte angesichts der Blutindizien unschuldig ist, betrage ebenfalls nur 10 Prozent – die Wahrscheinlichkeit für seine Schuld also bei 90 Prozent liegt. In einer Großstadt wie London mit einer Einwohnerzahl von 10 Millionen gibt es rund eine Million anderer Menschen (10 Prozent der Einwohnerzahl), deren Blutgruppe zu der am Tatort gefundenen passt. Das lässt die Wahrscheinlichkeit für die Schuld des Verdächtigen, die allein auf der Blutgruppe beruht, buchstäblich auf 1 zu 1 Million zusammenschrumpfen. Trotz der Tatsache, dass die Blutgruppe relativ selten war (1 zu 10), sagt dieses Indiz, für sich allein genommen, nur sehr wenig über die Schuld oder Unschuld eines Verdächtigen mit passender Blutgruppe aus, es gibt eine zu große Anzahl von Menschen mit derselben Blutgruppe.

***

In dem obigen Beispiel lag der Trugschluss ziemlich offen auf der Hand. Die allein auf der Blutgruppe eines Individuums innerhalb einer großen Population basierende Annahme, die Wahrscheinlichkeit der Unschuld betrage nur 1 zu 10, erscheint absurd. Im Fall Sally Clark waren die Zahlen jedoch so klein, dass die Jury, die nicht gewohnt war, statistisch zu denken, den Trugschluss nicht durchschaute. Es ist zweifelhaft, ob sich Meadow selbst bewusst war, dass er dem Trugschluss des Anklägers aufgesessen war, als er behauptete: »... die Wahrscheinlichkeit, dass die Kinder unter diesen Umständen eines natürlichen Todes gestorben sind, ist sehr, sehr gering: 1 zu 73 Millionen.«

Die Schlussfolgerung, die eine statistisch nicht vorgebildete Jury vermutlich aus dieser Behauptung ziehen würde, könnte etwa so lauten: »Der Tod zweier Kinder aus natürlichen Gründen ist extrem selten; daher ist im Umkehrschluss die Wahrscheinlichkeit extrem hoch, dass die beiden Todesfälle in einer Familie, in der zwei Kleinkinder gestorben sind, auf *unnatürliche* Ursachen zurückgehen.«

Meadow untermauerte seine Fehldarstellung, indem er die Zahl 73 Millionen in einen farbigeren, aber zweifelhaften Kontext stellte. Er behauptete, die Wahrscheinlichkeit für zwei SIDS-Tote in einer Familie entspreche der Wahrscheinlichkeit, beim Grand National vier Jahre hintereinander auf einen 80-zu-1-Außenseiter zu wetten und jedes Mal zu gewinnen. Das ließ eine harmlose Erklärung für den Tod der beiden Kinder sehr unwahrscheinlich erscheinen, und der Jury blieb wohl nur der Schluss, die Alternative – dass Sally ihre beiden Kinder umgebracht hatte – sei daher sehr wahrscheinlich.

Dass zwei Kinder an SIDS sterben, ist ein extrem unwahrscheinliches Ereignis. Diese Tatsache allein liefert uns jedoch keinerlei nützliche Information darüber, wie wahrscheinlich es ist, dass Sally ihre Kinder ermordet hat. Tatsächlich ist die alternative Erklärung, die von der Anklage vorgeschlagen wurde, noch unwahrscheinlicher. Berechnungen zufolge ist ein doppelter Kindsmord 10 bis 100 Mal seltener als ein doppelter SIDS-Tod.[66] Die letztgenannte Zahl spricht für eine Schuldwahrscheinlichkeit von nur 1 zu 100, bevor man auch nur irgendwelche anderen entlastenden Umstände in Betracht zieht. Die Wahrscheinlichkeit für einen doppelten Kindsmord wurde der Jury jedoch nie zum Vergleich vorgelegt. Sallys Verteidigung hinterfragte Meadows Statistik an keiner Stelle kritisch, sondern ließ sie einfach im Raum stehen.

***

Nach zweitägiger Beratung sprach die Jury Sally Clark am 9. November 1999 schuldig und verurteilte sie mit einer Mehrheit von zehn gegen zwei. Eines der Jurymitglieder soll einem Freund anvertraut haben, Meadows Statistik habe den Ausschlag für das Urteil gegeben. Sally wurde zu einer lebenslangen Freiheitsstrafe verurteilt. Als das Urteil verlesen wurde, sah Sally zu ihrem Ehemann Steve hinüber, der lautlos die Worte formte: »Ich liebe dich!« Er war ihr stärkster Unterstützer und sollte nicht aufhören, während ihrer Zeit im Gefängnis, die sie als »Leben in der Hölle« empfand, für sie zu kämpfen. Als sie abgeführt wurde, blickte sie zu ihm zurück und wiederholte lautlos seine Worte: »Ich liebe dich.«

Die Medien verloren keine Zeit, der Verurteilten in den Rücken zu fallen. Die Schlagzeile der *Daily Mail* lautete »Getrieben von Trunksucht und Verzweiflung, die Rechtsanwältin, die ihre Kinder tötete«, während der *Daily Telegraph* behauptete: »Kindermörderin war ›einsame Trinkerin‹.« Sallys Ruf in der Öffentlichkeit lag in Scherben, als verurteilte Kindermörderin und Tochter eines Polizisten sah es so aus, als würde auch ihr Leben hinter Gittern noch schlimmer für sie.

Sally verbrachte ein Jahr im Gefängnis. Ihr einziger Trost waren Briefe von fremden Menschen, die ihr versicherten, sie glaubten an ihre Unschuld. Draußen behielt Steve ebenfalls den Glauben an Sallys Unschuld. Nach fast zwölf Monaten harter Arbeit waren sie schließlich bereit, den Richtern des Berufungsgerichts gegenüberzutreten. Die Grundlage ihrer Berufung war die fehlerhafte Statistik. Statistikexperten erklärten den Richtern den Ökologischen Fehlschluss, den Unabhängigkeitsirrtum, den Meadow begangen hatte, und den Trugschluss des Anklägers, dem die Jury ausgesetzt gewesen war.

Die vorsitzenden Richter schienen all diese Argumente zu verstehen und berücksichtigten sie auch. In ihrer Zusammenfassung akzeptierten sie, dass Meadows Aussagen nicht korrekt waren, argumentierten aber, sie hätten nur als grobe Schätzungen dienen sollen. Die Richter hielten den Trugschluss des Anklägers für so offensichtlich, dass Sallys Verteidiger dagegen hätte protestieren sollen. Die Tatsache, dass dies nicht geschehen war, sahen die Richter als Hinweis darauf an, dass dieser Trugschluss für jedermann völlig klar war.

Es heißt, das Offensichtliche zu bekunden, wenn man sagt, dass die Behauptung »In Familien mit zwei Kleinkindern ist das Risiko, dass beide einen echten SIDS-Tod erleiden, 1 zu 73 Millionen« nicht dasselbe ist wie die Aussage »Falls es in einer Familie zwei Kindstode gab, dann beträgt die Wahrscheinlichkeit, dass beide ungeklärte Todesfälle ohne verdächtige Umstände waren, 1 zu 73 Millionen«. Man braucht nicht das Etikett »Trugschluss des Anklägers«, damit das klar ist.

Die Richter kamen zu dem Schluss, die statistische Beweisführung im Prozess sei so unwesentlich gewesen, dass keine Gefahr bestanden habe, die Jury zu verwirren. In ihren Augen war die Statistik keineswegs der Fels, an den sich die Jury im Sturm der einander widersprechenden medizinischen Indizien klammern konnte, sondern nicht mehr als ein Tropfen im Ozean, von den Richtern als »Nebenschauplatz« abgetan. Sallys ursprüngliche Verurteilung wurde bestätigt, und noch am selben Abend wurde sie wieder zurück ins Gefängnis gebracht.

***

Der Fall Sally Clark ist keineswegs der einzige Prozess, in dem der Begriff der Wahrscheinlichkeit missbraucht und missverstanden wurde. Im Jahr 1990 fiel auch Andrew Deen in seinem Prozess, in dem es um die Vergewaltigung von drei Frauen in seiner Heimatstadt Manchester ging, dem Trugschluss des Anklägers zum Opfer. Er wurde zu 16 Jahren Gefängnis verurteilt. Beim Prozess präsentierte der Staatsanwalt Howard Bentham eine DNA-Analyse des Samens, der bei einem der Opfer gefunden worden war. Bentham behauptete, die DNA aus einer Blutprobe von Deen passe zur DNA der Samenprobe. Als er den Sachverständigen fragte: »Die Wahrscheinlichkeit, dass es sich um irgendeinen anderen Mann als Andrew Deen handelt, beträgt also eins zu drei Millionen?«, antwortete der Experte mit »Ja«. Und der Experte fügte hinzu: »Ich ziehe den Schluss, dass der Samen von Andrew Deen stammt.« Selbst der Richter behauptete in seiner Zusammenfassung, das 1-zu-3-Millionen-Verhältnis komme »einer absoluten Gewissheit sehr nahe«.

Tatsächlich sollte man das Verhältnis 1 zu 3 Millionen als Wahrscheinlichkeit interpretieren, dass ein zufällig ausgewähltes Individuum aus der Gesamtbevölkerung ein DNA-Profil hat, das zu dem aus dem Samen am Tatort passt. Da in Großbritannien damals rund 30 Millionen Männer lebten, ist zu erwarten, dass zehn von ihnen diesem Profil entsprachen, was die Wahrscheinlichkeit für Deens Unschuld dramatisch vergrößert, und zwar von einem höchst unwahrscheinlichen 1 zu 3 Millionen auf ein sehr wahrscheinliches 9 zu 10. Natürlich sind nicht alle der 30 Millionen Männer in Großbritannien mögliche Verdächtige. Aber selbst wenn wir uns auf die sieben Millionen Männer beschränken, die im Umkreis von einer Stunde Fahrt rund um Manchester leben, ist zu erwarten, dass mindestens ein weiterer Mann ein passendes DNA-Profil aufweist, sodass die Wahrscheinlichkeit für Deens Unschuld 1 zu 1 beträgt. Der Trugschluss des Anklägers hatte die Jury dazu verführt zu glauben, Deens Schuld sei Millionen Mal wahrscheinlicher, als die Datenlage tatsächlich vermuten ließ.

In Wirklichkeit war selbst der DNA-Beweis, der Deen mit den Verbrechen in Verbindung brachte, nicht so überzeugend, wie der Sachverständige behauptete. Wie sich bei der Berufungsverhandlung zeigte, waren sich Deens DNA und die am Tatort gefundene DNA keineswegs so ähnlich wie zunächst angenommen. Statt 1 zu 3 Millionen betrug die Wahrscheinlichkeit für eine zufällige Übereinstimmung mit jemand anderem als Deen rund 1 zu 2500, was Deens Unschuld deutlich wahrscheinlicher machte. In Kombination mit den rund 3 Millionen

Männern im näheren Umkreis des Tatorts, woraus sich über 1000 weitere Individuen mit potenziell passendem Profil ergaben, sank die Wahrscheinlichkeit für Deens Schuld auf Basis der DNA-Analyse auf weniger als 1 zu 1000. Die revidierte Deutung der forensischen Indizien und die Erkenntnis, dass sowohl der ursprüngliche Richter als auch der Sachverständige dem Trugschluss des Anklägers erlegen waren, führten dazu, dass Deens Verurteilung aufgehoben wurde.

Auf des Messers Schneide: der Fall Knox

Ein weiterer Fall, in dem Verstehen von DNA-Belegen in Kombination mit Wahrscheinlichkeiten eine entscheidende Rolle spielte, war der Mord an der britischen Studentin Meredith Kercher. Im Jahr 2007 war Kercher in einem Apartment im italienischen Perugia, das sie mit einer Austauschstudentin, Amanda Knox, teilte, erstochen worden. Zwei Jahre später, 2009, wurden Knox und ihr früherer italienischer Freund, Raffaele Sollecito, einstimmig des Mordes an Kercher schuldig gesprochen. Ein entscheidendes Indiz der Anklage war ein Messer, dessen Größe und Form zu einigen der Wunden an Kerchers Körper passte. Das Messer wurde in Sollecitos Küche gefunden und wies am Griff Knox' DNA auf, was beide mit der Waffe verknüpfte. Auf der Messerschneide fand sich zudem eine zweite DNA-Spur, wenn sie auch klein war und nur ein paar Zellen umfasste. Das DNA-Profil dieser Zellen passte zur DNA des Opfers: Meredith Kercher.

Im Jahr 2011 legten Knox und Sollecito Berufung gegen ihre langen Haftstrafen ein. Die Verteidiger konzentrierten sich vor allem darauf, die einzigen Indizien anzugreifen, die Knox und Sollecito physisch mit dem Mord verbanden – die DNA-Spuren auf dem Messer.

Fast jeder (die einzige Ausnahme bilden eineiige Zwillinge) hat ein einzigartiges, individuelles Genom – die Gesamtheit all der Adenin(A)-, Guanin(G)-, Cytosin(C)- und Thymin(T)-Basen, die den langen DNA-Strang in jeder Zelle charakterisieren. Wenn jedes der rund drei Milliarden Basenpaare in dem Genom eines Individuums ausgelesen und gespeichert würde, würde die resultierende Sequenz eine echte, unverwechselbare Identifikation dieses Individuums erlauben. Ein DNA-Profil, wie es vor Gericht verwendet oder in einer Datenbank gespeichert wird, ist jedoch keine exakte Auslesung des gesamten Genoms eines Individuums. Als DNA-Profile erstmals angefertigt wurden, hätte ein vollständiges DNA-Profil zu viele Daten umfasst, zu lange gedauert und zu viel gekostet. Und auch der Vergleich zweier Profile hätte undurchführbar viel Zeit verschlungen.

Vielmehr wird ein DNA-Profil produziert, indem man 13 spezifische Regionen, sogenannte Loci, auf der DNA eines Individuums analysiert. Da wir von jedem Elternteil ein Chromosom erben, sind mit jedem Locus zwei DNA-Regionen assoziiert. Jede dieser Regionen besteht zum Teil aus einem Mikrosatelliten, einer kurzen DNA-Sequenz, die häufig wiederholt wird (short tandem repeat). Die Zahl der Wiederholungen (Repeats) an einem bestimmten Locus unterscheidet sich von Person zu Person deutlich. Tatsächlich wurden diese 13 Loci speziell ausgesucht, weil die Anzahl der sich wiederholenden Segmente so stark variiert; das hat zur Folge, dass es eine astronomisch große Anzahl unterschiedlicher Kombinationen von Repeat-Zahlen über die 13 Loci gibt. Das DNA-Profil ist daher nichts weiter als die Liste der Anzahl der Repeats an jedem Locus, die sich aus einer grafischen Darstellung, einem sogenannten Elektropherogramm, ablesen lässt. Das Elektropherogramm repräsentiert die unbearbeitete DNA-Sequenz und sieht ein wenig wie die Ablesung eines Seismografen (zur Messung von Erdbeben) aus, bei dem niedrigschwelliges Hintergrundrauschen an bestimmten Stellen, die den im Profil benutzten Loci entsprechen, von Spitzen (Peaks) unterbrochen wird. Das Elektropherogramm der DNA-Probe, die von der Messerschneide extrahiert wurde, ist in Abbildung 12 zu sehen.

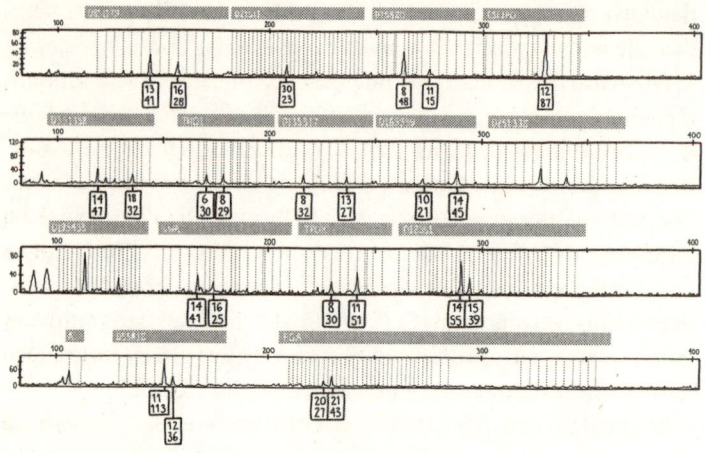

Abbildung 12: *Das Elektropherogramm der DNA-Probe auf der Schneide des Messers, das angeblich Kercher gehörte. 13 Peakpaare, die den 13 Loci entsprechen, sind beschriftet. Die obere Zahl in jedem Kästchen gibt die Anzahl der Repeats an, die untere Zahl die Stärke des Signals, die mit der Höhe der Peaks korrespondiert. Die Signalstärke der Peaks liegt in den meisten Fällen unter dem erwünschten Minimum von 50.*

Ein individuelles Elektropherogramm zu erstellen lässt sich damit vergleichen, 13 einzelne Würfel nacheinander jeweils zweimal rollen zu lassen, wobei jeder Würfel bis zu 18 Seiten hat, und das Ergebnis zu protokollieren. Die Wahrscheinlichkeit, dass die Profile von zwei zufällig ausgewählten Personen perfekt übereinstimmen, entspräche dann der Wahrscheinlichkeit, genau dieselbe Folge ein zweites Mal zu würfeln.

Unter idealen Bedingungen ist die Wahrscheinlichkeit, dass die Profile zweier zufällig ausgewählter, nicht verwandter Personen übereinstimmen, kleiner als 1 in 100 Billionen – was das DNA-Profil zu einem einzigartigen Identifikationssystem macht. Wenn die Peaks zweier Elektropherogramm-Profile genau zusammenpassen, darf man vernünftigerweise annehmen, dass sie von derselben Person stammen.

Manchmal können DNA-Übereinstimmungen nicht eindeutig sein, denn das Alter oder die Qualität der DNA-Probe können dazu führen, dass nur partielle oder Teilprofile erstellt werden können – das Signal lässt sich nicht an jedem Locus ablesen. Teilprofile können keine derartig definitive Übereinstimmung ergeben. Es ist auch möglich, vor allem bei kleinen Proben, dass das Signal, das im Elektropherogramm »durchkommt«, von dem Hintergrundrauschen überdeckt wird, das während der Analyse entsteht. Aus diesem Grund gibt es akzeptierte Standards, was die Stärke von Signalen bei einem DNA-Profil angeht. Das war die einzige Hoffnung, die Knox' Verteidigung blieb.

Zum Zeitpunkt des ursprünglichen Prozesses entschied die forensische Genetikerin Dr. Patrizia Stefanoni, Leiterin der Wissenschaftlichen Polizei in Rom, die DNA-Probe auf dem Messer aufgrund ihrer geringen Größe nicht wie üblich zu teilen, sondern alles Material zu verwenden, um ein genügend starkes Profil zu erhalten. Das war ein grober Verstoß gegen die gute Laborpraxis: Bei zwei Proben können die Effekte von schwachen oder mehrdeutigen Profilen mithilfe der zweiten Probe noch einmal überprüft werden. Ihr riskantes Spiel schlug fehl. Wie im ursprünglichen Prozess betont, wies das Elektropherogramm deutliche Peaks an allen entscheidenden Stellen auf und passte sehr genau zu Kerchers Profil. Doch wie man an den nummerierten Kästchen in Abbildung 12 ablesen kann, blieben die meisten Peakhöhen im Profil deutlich unter selbst den großzügigsten Standards. Da Stefanoni sich beim Erstellen des DNA-Profils über die korrekte Vorgehensweise hinweggesetzt hatte, gelang es der Verteidigung, die Analyse der Messer-DNA vor dem Berufungsgericht in Zweifel zu ziehen.

Daraufhin verlangte die Anklage, eine kleine Zahl von Zellen, die beim ursprünglichen Abstrich übersehen, aber später von unabhängigen Forensikexperten entdeckt worden waren, erneut zu testen, um die Ergebnisse des ersten Tests zu bestätigen. Der vorsitzende Richter Claudio Hellmann lehnte eine Neutestung der winzigen Probe jedoch ab.

Am 3. Oktober 2011 zog sich die Jury aus Richtern und Laien zurück, um ihr Urteil zu diskutieren. Sie kehrte später als erwartet wieder in einen Gerichtssaal zurück, in dem sich die Spannung immer weiter aufgebaut hatte und nun voller aufgestauter Emotionen steckte. Trotz aller Indizien, die erneut bewertet worden waren, wusste niemand, in welche Richtung das Pendel ausschlagen würde. Als das Urteil verlesen wurde, brach Knox auf ihrem Stuhl zusammen und begann zu weinen – Tränen der Freude und Erleichterung. Die Jury sprach sie vom Vorwurf des Mordes an Kercher frei. In seiner Zusammenfassung rechtfertigte Richter Hellmann seine Weigerung, die zweite DNA-Probe auf dem Messer testen zu lassen: »Die Summe zweier Resultate, die beide unzuverlässig sind, weil sie nicht auf die richtige wissenschaftliche Weise gesichert wurden, können kein zuverlässiges Resultat ergeben.« Doch Leila Schneps und Coralie Colmez, Autorinnen des 2013 herausgekommenen Buches *Wahrscheinlich Mord: Mathematik im Zeugenstand* sind der Ansicht, dass Richter Hellmann unrecht hatte; manchmal sind zwei unzuverlässige Tests besser als nur ein einziger.[67]

Um ihre Argumentation zu verstehen, stellen Sie sich vor, wir würden, statt zwei DNA-Proben auf Übereinstimmung zu überprüfen, einen Würfel werfen. Wir möchten gern wissen, ob der Würfel fair ist, in welchem Fall eine Sechs durchschnittlich alle sechs Würfe auftreten sollte, oder ob er gezinkt ist, in welchem Fall, so erfahren wir, eine Sechs in 50 Prozent der Fälle auftreten sollte. Da wir vor Beginn unserer Tests keine Annahmen machen wollen, gehen wir davon aus, dass beide Szenarien gleich wahrscheinlich sind.

Wir beginnen mit einem Test, bei dem wir den Würfel 60 Mal werfen. Wenn der Würfel fair ist, ist zu erwarten, dass wir im Durchschnitt 10 Sechsen würfeln. Wenn er gezinkt ist, sind durchschnittlich 30 Sechsen zu erwarten. Wenn wir 30 Sechsen oder mehr bei einem Durchgang finden, können wir uns sehr sicher sein, dass der Würfel gezinkt ist, denn es wäre außerordentlich unwahrscheinlich, dieses Ergebnis zufällig mit einem ungezinkten Würfel zu erzielen. Genauso gilt: Finden wir 10 oder weniger Sechsen, dürfen wir darauf vertrauen, dass der Würfel fair ist. Liegt die Zahl der Sechsen irgendwo zwischen 10 und 30, können wir die Wahrscheinlichkeit berechnen, dass der Würfel gezinkt ist, indem wir die Wahrscheinlichkeit für diese Anzahl an Sechsen bei einem gezinkten Würfel mit der Wahrscheinlichkeit für diese Anzahl von Sechsen bei einem ungezinkten Würfel vergleichen.

In dem Test erhalten wir die Ergebnisse, die in der oberen Hälfte von Abbildung 13 dargestellt sind – insgesamt tauchen dort 21 Sechsen auf. Die Wahrscheinlichkeit, so viele Sechsen bei einem ungezinkten Würfel zu würfeln, ist gering, sie beträgt nur 0,000297. Mit einem gezinkten Würfel ist die Wahrscheinlichkeit für 21 Sechsen noch immer recht gering, doch mit 0,00693 ist sie immerhin mehr als 20 Mal größer als bei einem ungezinkten Würfel. Die 21 Sechsen stammen mit viel höherer Wahrscheinlichkeit von einem gezinkten als von einem ungezinkten Würfel. Wir können die kombinierte Wahrscheinlichkeit von 21 Sechsen für diese beiden Szenarien berechnen, indem wir sie addieren, was 0,00722 ergibt. Der Anteil dieser Wahrscheinlichkeit, der auf den gezinkten Würfel zurückgeht, ist 0,00693/0,00722, was 0,96 ergibt. Die Wahrscheinlichkeit, dass der Würfel gezinkt ist, beträgt daher 96 Prozent. Das ist recht überzeugend, aber vielleicht nicht überzeugend genug, um jemanden wegen Mordes zu verurteilen.

Um sicherzugehen, machen wir einen zweiten Test mit 60 Würfen. Diesmal werfen wir insgesamt nur 20 Sechsen. Wie in Tabelle 9 zusammengestellt, beträgt die Wahrscheinlichkeit für diese Anzahl Sechsen bei einem ungezinkten Würfel 0,000780, bei einem gezinkten Würfel hingegen 0,00364 – nur rund fünf Mal wahrscheinlicher. Auch wenn das Ergebnis sich nicht sehr stark von den Resultaten des ersten Tests unterscheidet, ergibt

Test 1: 21 Sechsen. Wahrscheinlichkeit für einen gezinkten Würfel: 96

Test 2: 20 Sechsen. Wahrscheinlichkeit für einen gezinkten Würfel: 82 %

Abbildung 13: *Zwei separate Tests mit Würfeln. Beim ersten Test erhalten wir bei 60 Würfen 21 Sechsen, beim zweiten Test 20 Sechsen. Der zweite Test scheint den ersten Test abzuschwächen.*

dieselbe Berechnung eine etwas weniger überzeugende Wahrscheinlichkeit von 82 Prozent, dass der Würfel gezinkt ist. Es scheint, als habe dieser zweite Test Zweifel an den Ergebnissen des ersten Tests geweckt. Der zweite Test scheint unsere Überzeugung, dass der Würfel gezinkt ist, nicht über jeden vernünftigen Zweifel hinaus zu bestätigen.

Wenn wir die Ergebnisse jedoch kombinieren, wie in Abbildung 14, stellen wir fest, dass wir den Würfel 120 Mal geworfen haben. Bei einem ungezinkten Würfel ist zu erwarten, dass er durchschnittlich 20 Mal die Sechs zeigt; stattdessen kam die Sechs 41 Mal. Die Wahrscheinlichkeit für 41 Sechsen bei 120 Würfen beträgt nur 0,00000155, wenn der Würfel ungezinkt ist; wenn er gezinkt ist, sind 41 Sechsen mit 0,000168 hingegen mehr als 100 Mal wahrscheinlicher. Die Wahrscheinlichkeit,

	Wahrscheinlichkeit für einen ungezinkten Würfel	Wahrscheinlichkeit für einen gezinkten Würfel	Gesamtwahrscheinlichkeit für beide Szenarien	Wahrscheinlichkeit, dass der Würfel gezinkt ist
Test 1	0,000297	0,00693	0,00722	96%
Test 2	0,000780	0,00364	0,00442	82%
kombiniert	0,00000155	0,000168	0,000170	99%

Tabelle 9: Die Wahrscheinlichkeit für die unterschiedliche Häufigkeit von Sechsen in den beiden Tests, wenn der Würfel fair (Spalte 1) oder gezinkt (Spalte 2) ist, sowie die Gesamtwahrscheinlichkeit aus beiden Tests (Spalte 3) und die Wahrscheinlichkeit, dass der Würfel gezinkt ist (Spalte 4).

dass der Würfel gezinkt ist, liegt angesichts dieser 41 Sechsen bei über 99 Prozent.

Überraschenderweise ergibt die Kombination der beiden weniger überzeugenden Tests ein weitaus überzeugenderes Resultat als jeder der beiden Tests für sich allein genommen. Eine ähnliche Technik wird oft in der Wissenschaft bei systematischen Übersichtsarbeiten angewandt. Solche Metaanalysen berücksichtigen, beispielsweise in der Medizin, zahlreiche klinische Studien, die für sich allein betrachtet aufgrund der geringen Teilnehmerzahl vielleicht keine eindeutigen Aussagen über die Effizienz einer bestimmten Behandlung machen können. Werden die Ergebnisse zahlreicher unabhängiger Studien jedoch kombiniert, ist es oft möglich, statistisch signifikante Schlüsse über die Effizienz (oder Nicht-Effizienz) der Behandlung zu ziehen. Der vielleicht am besten bekannte Einsatz von systematischen Übersichtsarbeiten geschieht im Rahmen der alternativen Medizin (die scheinbar »positiven Effekte«, mit denen wir uns im nächsten Kapitel beschäftigen wollen, werden meistens von mathematischen Artefakten hervorgerufen), wo es wenig finanzielle Mittel für größere klinische Studien gibt. Durch

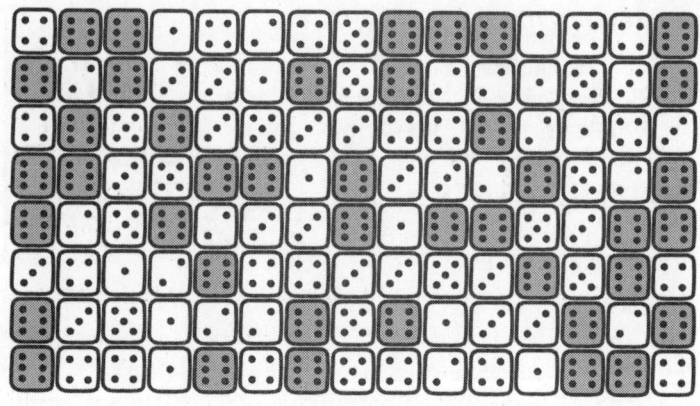

Kombinierte Tests. 41 Sechsen,
Wahrscheinlichkeit für einen gezinkten Würfel: 99 Prozent

Abbildung 14: Wenn die Testresultate kombiniert werden, ergeben sich 41 Sechsen bei 120 Würfen. Das spricht mit sehr großer Wahrscheinlichkeit dafür, dass der Würfel gezinkt ist.

Kombination zahlreicher, anscheinend uneindeutiger Studien haben systematische Übersichtsartikel alternative Therapien von Cranberrysaft zur Behandlung von Harnwegsinfektionen[68] bis Vitamin C zur Vorbeugung vor einem grippalen Infekt[69] widerlegt.

In ähnlicher Weise argumentieren Schneps und Colmez, dass die Kombination zweier potenziell uneindeutiger DNA-Tests einen stärkeren Beleg für die Verbindung zwischen Kerchers DNA und dem Messer in Sollecitos Küche hätte liefern können. Richter Hellmanns Entscheidung nahm dem Gericht die Möglichkeit, einen solchen Beleg zu bewerten, und der Welt die Gelegenheit zu erfahren, welche Auswirkungen dieser Beleg auf den Ausgang des Prozesses gehabt haben könnte.

Geblendet von der Mathematik

Die äußerst geringen Verwechslungswahrscheinlichkeiten, die die komplette Analyse einer DNA-Probe mit sich bringt, erschienen statistisch sehr überzeugend, doch wir sollten uns durch diese sehr großen oder sehr kleinen Zahlen vor Gericht nicht blenden lassen. Wir sollten stets sorgfältig die Umstände berücksichtigen, die zu diesen Zahlen geführt haben, und daran denken, dass das einfache Zitieren einer extrem kleinen Zahl außerhalb des Kontexts *per se* weder die Schuld noch die Unschuld eines Verdächtigen belegen kann.

Die »1 zu 73-Millionen«-Wahrscheinlichkeit, die Meadow im Fall Sally Clark in den Raum stellte, ist ein solches Beispiel, das zur Vorsicht mahnt. Aufgrund der Kombination aus einer fehlerhaften Annahme der Unabhängigkeit (dass der Tod eines Babys an SIDS die Wahrscheinlichkeit für einen zweiten Kindstod durch SIDS nicht verändert) und dem Ökologischen Fehlschluss (die falsche Einordnung der Clarks in eine niedrigere Risikokategorie aufgrund willkürlich herausgepickter demografischer Daten) war die Wahrscheinlichkeit weitaus kleiner, als sie hätte sein sollen. Verstärkt wurden diese Probleme dadurch, dass die Zahlen in einer Weise präsentiert wurden, die jedes vernünftige Jurymitglied zu dem Schluss verleiten mussten, mit 1 zu 73 Millionen ließe sich die Wahrscheinlichkeit für Sallys Unschuld beziffern, statt darin die Wahrscheinlichkeit für eine mögliche alternative Erklärung für den Tod der beiden Kinder zu erkennen – der Trugschluss des Anklägers. Tatsächlich sprach eine Jury Sally schuldig, und dieser Schuldspruch beruhte zu einem nicht geringen Teil auf Meadows Präsentation seiner falschen Zahlen.

Wir sollten vorsichtig sein, uns durch sehr kleine Wahrscheinlichkeiten allzu rasch von der Schuld eines Verdächtigen überzeugen zu lassen, und wir sollten die Widerlegung dieser Zahlen nicht als Beleg für dessen Unschuld ansehen. Andrew Deen fiel dem Trugschluss des Anklägers zum Opfer, der die

Wahrscheinlichkeit für seine Schuld aufgrund der DNA-Analyse allein viel höher erscheinen ließ, als sie wirklich war. Bei der Berufungsverhandlung drang Deens Verteidigung auf eine revidierte Zahl von 1 zu 2500 für die Wahrscheinlichkeit einer DNA-Übereinstimmung, was ihn zu einem von Tausenden potenziell passenden Verdächtigen in der Nähe des Tatorts machte. Man könnte argumentieren, dies mache den DNA-Beweis effektiv wertlos. Dieses Argument ist jedoch ebenfalls fehlerhaft und als »Trugschluss des Verteidigers« bekannt. Der DNA-Beweis sollte nicht außer Acht gelassen, sondern zusammen mit den anderen Indizien bewertet werden, die einen Verdächtigen belasten oder entlasten. Deens Verurteilung wurde als »unsafe« (entspricht etwa dem »non liquet« – »es ist nicht klar« – in der deutschen Rechtsprechung, Anm. d. Übers.) eingestuft, zum Teil wegen der Irreführung der Jury durch den Trugschluss des Anklägers. Bei seinem Wiederaufnahmeverfahren bekannte sich Deen jedoch schuldig und wurde wegen Vergewaltigung verurteilt.

In derselben Weise liefern Schneps und Colmez eine überzeugende mathematische Argumentation, dass Richter Hellmann, der die Berufungsverhandlung im Fall Knox leitete, durch die Ablehnung eines weiteren DNA-Tests zu ihrer Freilassung beigetragen haben könnte. Im Jahr 2013 wurde Knox' Freispruch im Berufungsverfahren verworfen, und ein Richter ordnete an, dass die zweite DNA-Probe getestet wurde. Wie sich herausstellte, stammte die DNA von Amanda selbst. Bei Amandas Berufung 2015 in letzter Instanz erfuhren die Richter, dass die Sicherstellung und Untersuchung des Messers schwere Mängel aufgewiesen hatte. So wurde das Messer zunächst in einem unversiegelten Umschlag gesichert und aufbewahrt, anschließend in einem unsterilen Pappkarton; Polizeibeamte trugen nicht die korrekte Schutzkleidung; ein Beamter war sogar in Kerchers Apartment gewesen, bevor er später am Tag das Messer anfasste. Auch eine Kontaminierung im Labor ließ sich nicht ausschließen, denn mindesten 20 von Kerchers Proben waren schon in diesem Labor getestet worden, bevor die vermutliche Mordwaffe untersucht wurde. Falls die ursprünglich auf dem Messer gefundene DNA durch Kontamination dorthin gelangt war, würden noch so viele Neutests nichts an der Tatsache ändern, dass diese DNA zu Kercher gehörte, oder die Frage beantworten, wie sie auf das Messer kam. Wenn tatsächlich mehr der kontaminierten DNA verfügbar gewesen wäre, hätte ein neuer Test den Eindruck von Knox' Schuld fälschlicherweise unterstützen können.

Dadurch, dass wir uns in die Details einer präzisen mathematischen Argumentation, einer komplexen Berechnung oder einer beeindruckenden Zahl verbeißen, vergessen wir oft, die sachlich wichtigste Frage zu stellen: Ist die fragliche Berechnung überhaupt relevant?

Im Fall Sally Clark war die Statistik, die den größten Einfluss auf die Jury ausübte, Meadows Schätzung für die Wahrscheinlichkeit zweier SIDS-Todesfälle in ein und derselben Familie. Bei näherer Betrachtung könnte man sich fragen, warum diese Zahl überhaupt in den Prozess eingebracht wurde. Niemand im Prozess argumentierte, beide Clark-Kinder seien an SIDS gestorben. Zum Zeitpunkt von Christophers Tod bestätigte der Pathologe, der die Autopsie durchgeführt hatte, dass das Baby an einer Infektion der unteren Atemwege gestorben sei. Das ist nicht dasselbe wie eine SIDS-Diagnose – eine SIDS-Diagnose wird erst gestellt, wenn sich alle anderen Ursachen ausschließen lassen. Die Verteidigung machte natürliche Ursachen geltend, die Anklage sprach von Mord, aber niemand schlug vor, SIDS als Ursache für beide Todesfälle anzusehen. Meadows Zahl, die angeblich die Wahrscheinlichkeit von zwei SIDS-Fällen in derselben Familie beschrieb, hatte im Gerichtssaal überhaupt nichts zu suchen. Diese Zahl spielte jedoch anscheinend für die Jury eine entscheidende Rolle, als sie zu dem Urteil kam, Sally habe ihre beiden kleinen Söhne ermordet.

Bei ihrem zweiten Berufungsverfahren 2003 präsentierten Sallys Anwälte neue Beweise, die seit ihrer ursprünglichen Verurteilung ans Licht gekommen waren. Die Autopsie von Sallys zweitem Sohn Harry ergab klare Hinweise auf die Präsenz des Bakteriums *Staphylococcus aureus* in seiner Cerebrospinal-flüssigkeit (Gehirn-Rückenmarksflüssigkeit). Experten zufolge hatte diese Infektion höchstwahrscheinlich zu einer bakteriel-len Hirnhautentzündung (Meningitis) geführt, an der Harry starb. Obwohl die neue mikrobiologische Situation ausreichte, um Sallys Verurteilung als zweifelhaft *(unsafe)* zu betrachten, machten die Richter im Berufungsverfahren deutlich, dass schon der Missbrauch der Statistik im ursprünglichen Prozess ausgereicht hätte, um die Berufung zu stützen.

Am 29. Januar 2003 wurde Sally freigesprochen. Sie kehrte zu Steve und ihrem dritten Sohn zurück, der inzwischen vier Jahre alt war. In einer Stellungnahme, die sie bei ihrer Freilassung ab-gab, erklärte sie, dass sie nun endlich Gelegenheit habe, um ihre beiden toten Söhne zu trauern, wie wichtig es ihr sei, zu ihrem Mann zurückzukehren, ihrem kleinen Sohn eine gute Mutter zu sein und »wieder eine richtige Familie« zu werden. Trotz ihrer übergroßen Freude, wieder mit ihrer Familie vereint zu sein, konnte selbst dieser Freispruch sie nicht über die Jahre hin-wegtrösten, die sie unschuldig im Gefängnis verbracht hatte, beschuldigt, zwei der Menschen getötet zu haben, die sie am meisten liebte. Im März 2007 wurde sie tot in ihrem Haus aufge-funden, gestorben an einer Alkoholvergiftung. Sie hatte sich of-fenbar niemals vollständig von ihrer ungerechtfertigten Verur-teilung erholt.

***

Wir können das, was wir im Gerichtssaal gelernt haben, auf an-dere Gebiete unseres Lebens übertragen. Wie wir im nächsten Kapitel sehen werden, ist es klug, die Zahlen zu hinterfragen, die unsere Aufmerksamkeit auf sich ziehen, sei es in den Schlag-zeilen der Presse, in der Werbung oder bei Gerüchten, die wir von Freunden und Kollegen hören. Auf allen Gebieten, wo jemand Nutzen daraus zieht, Zahlen zu manipulieren – also so gut wie überall, wo Zahlen auftauchen –, sollten wir Behauptungen mit einer gewissen Skepsis betrachten und nachfragen. Jedermann, der sich seiner Zahlen sicher ist, wird dieser Aufforderung gern nachkommen. Mathematik und Statistik sind selbst für geschulte Mathematiker manchmal schwierig zu verstehen; darum haben wir Experten auf diesen Gebieten. Im Notfall bitten Sie einen Fachmann um Rat, einen Poincaré, der seinen Sachverstand beisteuern kann. Jeder Mathematiker, der etwas taugt, wird einer solchen Bitte gerne nachkommen. Was aber noch wichtiger ist: Bevor eine mathematische Nebelwand vor uns aufgezogen wird, müssen wir gründlich nachfragen, ob die Mathematik an dieser Stelle überhaupt das richtige Instrument ist.

Angesichts der wachsenden Häufigkeit quantifizierbarer Indizien spielen mathematische Argumente in manchen Zweigen unseres Rechtssystems zweifellos eine unersetzliche Rolle, doch in den falschen Händen kann Mathematik als Werkzeug eingesetzt werden, das die Justiz behindert und Unschuldigen ihre Lebensgrundlage und in Extremfällen sogar ihr Leben kosten kann.

4

Glauben Sie die Wahrheit nicht

Statistiken in den Medien entschleiern

Don't Believe the Truth war der Titel des sechsten Albums der aus Manchester stammenden Rockband Oasis. Als ich in den 1990er-Jahren in Manchester aufwuchs, war ich ganz verrückt nach dieser Band. Ich hatte sie auf einer Reihe von Veranstaltungen in der Stadt gesehen, und 2005, direkt nachdem das Album herauskam, besuchte ich wieder eins ihrer Konzerte im City of Manchester Stadium, Heimspielstätte meines geliebten Fußballvereins Manchester City. Als Teenager ging ich ziemlich regelmäßig zu Gigs an verschiedenen Livemusik-Spielstätten in Manchester: in das Apollo Manchester, das Night and Day Café, das Manchester Roadhouse und bei größeren Bands in die Manchester-Arena.

2017 hatte sich Oasis längst aufgelöst, ich lebte seit über zehn Jahren nicht mehr in Manchester und hatte seitdem dort auch keinen Gig mehr besucht, doch viele der Musikstätten, die ich von früher kannte, waren noch immer stark frequentiert. Am 22. Mai 2017 gegen halb elf abends war in der Manchester-Arena gerade ein Konzert der Popsängerin Ariana Grande zu Ende gegangen. Im Publikum befanden sich viele Jugendliche und Kinder, die nun ins Foyer strömten, um ihre wartenden Eltern zu treffen. Inmitten der Menge stand der 23-jährige Salman Abedi. Er trug einen Rucksack, gefüllt mit den Muttern und Bolzen seiner selbst gebastelten Bombe. Um 22:31 Uhr zündete er den Sprengsatz. Er tötete 22 unschuldige Opfer und verletzte Hunderte mehr. Es war der schwerste Terroranschlag auf britischem Boden seit den Bombenanschlägen von 2005, deren Ziel das Londoner Verkehrssystem gewesen war. 52 Menschen kamen dabei um.

Zur Zeit des Terrorangriffs war ich nicht in Manchester. Ich war nicht einmal im Land. Ich war zu einem Arbeitsbesuch in Mexico City. Wegen der sechs Stunden Zeitverschiebung erlebte ich, wie im Lauf des Nachmittags ein Bericht über den Anschlag nach dem anderen eintrudelte, während die meisten meiner Landsleute noch schliefen. Obwohl ich mehr als 8000 Kilometer vom Ort des Geschehens entfernt war, fühlte ich mich besonders mit dem Vorfall verbunden, weil ich genau dieses Foyer nach einem Konzert selbst durchquert hatte: Ich war stärker schockiert und entsetzt als bei vielen anderen Terroranschlägen der letzten Zeit. Im Lauf der nächsten Tage las ich so viel wie möglich über den Anschlag und über die Reaktion der Menschen in meiner Heimatstadt. Ein Artikel im *Daily Star* fesselte meine Aufmerksamkeit besonders, er trug den Titel »Daten spielen für Dschihadisten eine Rolle – Manchester Arena-Anschlag am Lee-Rigby-Jahrestag«. In dem Artikel zitiert der Autor einen Tweet von Sebastian Gorka, damals Deputy Assistant von US-Präsident Donald Trump, in dem es hieß: »Manchester-Explosion geschah am vierten Jahrestag der öffentlichen Ermordung des Soldaten Lee Rigby. Daten spielen für islamische Terroristen eine Rolle.«

Gorka war eine Übereinstimmung zwischen den Daten zweier islamistischer Terroranschläge aufgefallen. Der erste Anschlag fand am 22. Mai 2013 statt, eine brutale Messerattacke zweier vom Christentum zum Islam konvertierter Männer nigerianischer Abstammung auf einen Soldaten der britischen

Armee. Beim zweiten Anschlag am 22. Mai 2017 handelte es sich um ein Selbstmordattentat auf ein unpolitisches Ziel, begangen von einem Moslem libyscher Abstammung, der von Kindheit an diesem Glauben angehörte. In seinem Tweet vermutete Gorka, der Manchester-Attentäter habe sorgfältig geplant, seinen Anschlag am Jahrestag von Lee Rigbys Ermordung zu begehen. Wenn das tatsächlich der Fall wäre, würde es die These stützen, dass islamistische Terroristen eine wohlorganisierte und kohärente Gruppe bilden, die nach Belieben zu einem bestimmten Datum zuschlagen kann. Das passt allerdings nicht so recht zu dem Bild des »einsamen Wolfs«, das von Abedi gezeichnet wurde.

Organisation und Ordnung in einer Terroristengruppe scheinen Attacken Furcht einflößender zu machen, als wenn diese offenbar zufällig ausgeführt werden, ohne zentrale Kontrolle oder Zusammenhang. Ziel von Gorkas Tweet war es offenbar, die Angst vor dem islamischen Terrorismus zu schüren, vielleicht, um Trumps umstrittene Präsidentenverfügung »Protecting the Nation from Foreign Terrorist Entry into the United States« (etwa: Schutz der Nation vor dem Eindringen ausländischer Terroristen in die Vereinigten Staaten) zu stützen, die vielen Moslems die Einreise untersagte und damals mehrere Gerichte beschäftigte. Aber ist das tatsächlich der Fall?, fragte ich mich. Sollten wir Gorkas Behauptung wirklich Glauben schenken, wie es der *Daily Star* offenbar tat? Ist dies nicht die Art unbegründeter, überdrehter Rhetorik, die in perfekter Weise dem Ziel der Terroristen dient? Wie wahrscheinlich ist es, fragte ich mich, dass zwei terroristische Anschläge rein zufällig am selben Tag des Jahres stattfinden?

***

Wir werden ständig mit Zahlen und Zahlenwerten bombardiert: bei dem, was wir lesen, bei dem, was wir sehen, und bei dem, was wir hören. Große Kohortenstudien, in denen es darum geht, wie der Lebensstil des 21. Jahrhunderts beispielsweise unsere Gesundheit beeinflusst, werden rascher produziert als je zuvor. Gleichzeitig steigen die Anforderungen an die numerischen Fertigkeiten, die nötig sind, die Ergebnisse dieser Studien zu interpretieren. In vielen Fällen gibt es keine verborgene Agenda, die Statistiken sind lediglich schwierig zu deuten. Es gibt jedoch viele Gründe, warum es für die eine oder andere Partei vorteilhaft sein könnte, einem bestimmten Befund einen gewissen Dreh zu verleihen.

Im Zeitalter der Fake News ist es schwierig zu wissen, wem man trauen kann. Ob Sie es glauben oder nicht, die Geschichten der meisten Mainstream-Medien basieren auf Fakten. Wahrhaftigkeit und Genauigkeit stehen ganz weit oben auf der Liste der journalistischen Ethik und Integrität (wenn nicht gar an der Spitze).[70] Zusätzlich zu der moralischen Verpflichtung, die Wahrheit zu sagen, können Verleumdungsklagen außerordentlich schädlich für den Ruf und zudem sehr teuer sein; daher gibt es auch einen finanziellen Anreiz, die Fakten richtig wiederzugeben.

Worin sich viele Medienorganisationen bei ihrer Schilderung der Fakten jedoch unterscheiden, ist die Perspektive, aus der sie berichten. Als Präsident Trumps Steuerreform – ihr Titel »Tax Cuts and Job Act« (etwa: Gesetz für Steuersenkungen und Arbeitsplätze) war selbst nicht untendenziös – im Dezember 2017 endgültig verabschiedet wurde, sprach der Journalist Ed Henry vom Sender Fox von einem »großen Sieg« und einem »dringend benötigten Erfolg für den Präsidenten«. Lawrence O'Donnell vom Sender MSNBC hingegen bezog sich auf die republikanischen Senatoren, die für das Gesetz gestimmt hatten, als er von der »hässlichsten Zurschaustellung von Schweinen am Trog, die ich jemals im Kongress erlebt habe« sprach. Jake Tapper von CNN leitete die Sendung mit der Frage ein: »Gab es jemals ein wichtiges Gesetz, das den Kongress passiert hat, das weniger Unterstützung seitens der Bevölkerung besaß?«

Es wird Ihnen nicht schwerfallen, die verschiedenen verbalen

Ausrichtungen im Hinblick auf die obige Story zu erkennen und daraus Ihre Schlüsse über den politischen Standort dieser drei Nachrichtensender zu ziehen. Parteilichkeit ist unschwer daran zu erkennen, was die Leute sagen. Zahlen lassen sich hingegen einfacher verdrehen. Aus Statistiken kann man die Rosinen herauspicken, um die bestimmte Sicht einer Story zu untermauern. Andere Zahlen werden völlig ignoriert, und allein durch Auslassungen entstehen irreführende Geschichten. Manchmal sind es auch die Studien selbst, die unzuverlässig sind. Kleine, nicht repräsentative oder verzerrte Stichproben können zusammen mit Suggestivfragen und selektiver Berichterstattung zu unzuverlässigen Statistiken führen. Noch subtiler sind die Statistiken, die außerhalb des Kontexts eingesetzt werden, sodass wir keine Chance haben zu beurteilen, ob beispielsweise eine 300-prozentige Erhöhung von Krankheitsfällen eine Erhöhung von 1 auf 4 Patienten oder von 500 000 auf 2 Millionen Patienten bedeutet. Der Zusammenhang ist wichtig, der Kontext. Es ist nicht so, als ob diese unterschiedlichen Interpretationen von Zahlen Lügen wären – in jeder Interpretation steckt ein kleines Stück der wahren Geschichte, auf die jemand ein Licht aus seiner bevorzugten Richtung geworfen hat –, nur ist es eben nicht die ganze Wahrheit. Es ist an uns, zu versuchen, die wahre Geschichte hinter den Überspitzungen zusammenzusetzen.

In diesem Kapitel wollen wir die Fehler, Tricks und Fallen, die sich absichtlich oder unabsichtlich in Zeitungsschlagzeilen, Werbeanzeigen und den markigen Sprüchen der Politiker verbergen, analysieren und enthüllen. Wir werden ähnliche mathematische Manipulationen an Stellen offenlegen, an denen man sie nicht erwarten würde: in Ratgebern für Patienten und selbst in wissenschaftlichen Veröffentlichungen. Es gibt einfache Möglichkeiten zu erkennen, dass man uns nicht die ganze Geschichte erzählt, und es gibt Werkzeuge, den Dreh zu entlarven, den man einer Statistik verliehen hat – damit lässt sich herausfinden, ob wir die »Wahrheit«, die man uns präsentiert, glauben sollten oder nicht.

Das Geburtstagsproblem

Die subtilsten und oft effektivsten mathematischen Irreführungen sind diejenigen, bei denen Zahlen anscheinend gar keine Rolle spielen. Mit der Behauptung, »Daten spielen für Dschihadisten eine Rolle«, forderte uns Sebastian Gorka implizit auf, die Wahrscheinlichkeit zu schätzen, dass zwei terroristische Anschläge zufällig am gleichen Datum stattfanden, wobei klar war, dass er selbst dies nicht für sehr wahrscheinlich hielt. Um die richtige Antwort zu finden, eignet sich ein mathematisches Gedankenexperiment, das als »Geburtstagsproblem« oder »Geburtstagsparadoxon« bekannt ist.

Das Geburtstagsproblem fragt: »Wie viele Leute braucht man bei einer Zusammenkunft, bevor die Wahrscheinlichkeit, dass mindesten zwei Leute am gleichen Tag Geburtstag haben, über 50 Prozent steigt?« Wenn man Leuten erstmals diese Frage stellt, erhält man in der Regel Antworten wie 180, also rund die Hälfte der Tage im Jahr. Das liegt an unserer Neigung, uns selbst in den Raum zu stellen und zu überlegen, wie hoch die Wahrscheinlichkeit ist, dass einer der Anwesenden am gleichen Tag Geburtstag hat wie wir selbst. Tatsächlich ist 180 viel zu hoch gegriffen: Wenn wir von der vernünftigen Annahme ausgehen, dass sich Geburtstage einigermaßen gleichmäßig über das ganze Jahr verteilen, braucht man nur 23 Leute. Uns interessiert nämlich nicht der bestimmte Tag, auf den der Geburtstag fällt, sondern nur, dass es eine Übereinstimmung gibt.

Um zu verstehen, warum die erforderliche Zahl so klein ist, betrachten wir zunächst die Zahl der Personenpaare im Raum – schließlich geht es um gepaarte Geburtstage. Um die Zahl der Paare bei 23 Leuten im Raum zu berechnen, stellen Sie sich vor, Sie reihen alle Leute auf und bitten sie, einander die Hände zu schütteln. Die erste Person schüttelt die Hand mit 22 anderen Personen, die zweite mit den 21 Personen, deren Hände sie noch nicht geschüttelt hat, die dritte mit 20 anderen, und so weiter. Schließlich schüttelt die vorletzte Person die Hand mit der letzten Person, und wir müssen 22 + 21 + 20 + ... + 1 addieren. Das ist mühsam, wenn auch bei 23 Personen noch recht einfach, wird aber wirklich lästig, wenn die Zahl der Leute im Raum über 50 steigt. Summen wie diese – aufeinanderfolgende ganze Zahlen, die mit 1 beginnen – werden als Dreieckszahlen bezeichnet, denn wir können die Anzahl an Personen oder Objekten zu einem hübschen Dreieck arrangieren, wie in Abbildung 15. Zum Glück gibt es eine praktische Formel für Dreieckszahlen. Für eine beliebige Anzahl von Menschen N in einem Raum ist die Zahl der Handschläge gleich $N \times (N-1)/2$. Bei 23 Personen ergibt dies $23 \times 22/2$ oder 253 Paare beziehungsweise Handschläge. Vielleicht ist es daher nicht erstaunlich, wenn die Wahrscheinlichkeit, dass bei so vielen Personen im Raum mindestens ein Paar am gleichen Tag Geburtstag hat, über 50 Prozent steigt.

Um diese Wahrscheinlichkeit in Zahlen auszudrücken, ist es einfacher, zunächst zu fragen, wie wahrscheinlich es ist, dass es keinen gemeinsamen Geburtstag gibt. Das ist genau dieselbe mathematische Technik, die wir in Kapitel 2 angewandt haben, um herauszufinden, an wie vielen Brustkrebs-Früherkennungsuntersuchungen eine Frau teilnehmen muss, bevor die Wahrscheinlichkeit für eine falsch-positive Diagnose auf mehr als 50 Prozent steigt. Bei jedem einzelnen Paar können wir leicht die Wahrscheinlichkeit herausfinden, dass die beiden nicht am gleichen Tag Geburtstag haben. Der Geburtstag der ersten Person kann auf jeden beliebigen der 365 Tage im Jahre fallen, derjenige der zweiten Person auf jeden der verbleibenden 364 Tage. Daher ist die Wahrscheinlichkeit, dass ein einzelnes Personenpaar keinen gemeinsamen Geburtstag hat, mit 364/365 (99,7 Prozent) sehr hoch. Da es jedoch 253 Personenpaare gibt und wir die Wahrscheinlichkeit herausfinden wollen, dass niemand von ihnen einen Geburtstag teilt, müssen wir davon ausgehen, dass jedes der anderen 252 Paare ebenfalls einen anderen Geburtstag hat. Wenn all diese Paarungen unabhängig voneinander sind, ergibt sich die Wahrscheinlichkeit, dass kei-

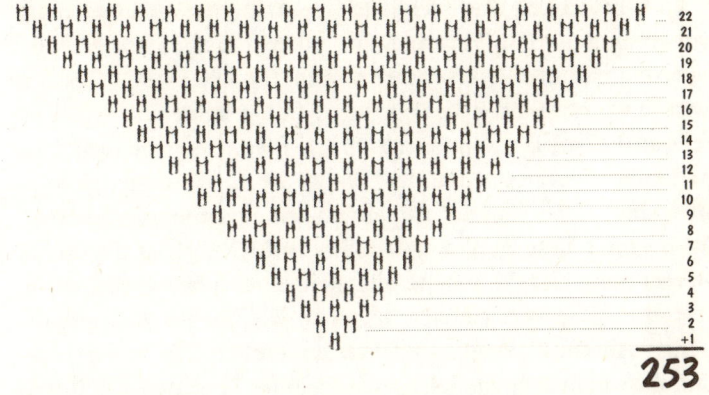

Abbildung 15: Zahl der Handschläge zwischen 23 Personen. Die erste Person schüttelt die Hand mit 22 anderen, die zweite mit 21, und so weiter, bis die vorletzte Person nur noch die Hand mit der letzten schütteln kann. Die Gesamtzahl der Handschläge zwischen 23 Personen ist gleich der Summe der ersten 22 ganzen Zahlen. Die Formel für die Dreieckszahlen sagt uns, dass es bei nur 23 Personen im Raum 253 Personenpaare gibt.

nes der 253 Paare einen gemeinsamen Geburtstag hat, aus der Wahrscheinlichkeit, dass ein Paar keinen Geburtstag teilt, 252 Mal mit sich selbst multipliziert $(364/365)^{253}$. Obgleich 364/365 sehr nahe bei 1 beziehungsweise 100 Prozent liegt – wenn diese Zahl mehrere Hundert Mal mit sich selbst multipliziert wird, ist die Wahrscheinlichkeit, dass es keine Geburtstagsübereinstimmung gibt, gleich 0,4995, also knapp unter 50 Prozent. Da »niemand teilt einen Geburtstag« oder »zwei oder mehr Personen teilen einen Geburtstag« die beiden einzigen Möglichkeiten sind (in der Fachsprache spricht man von »insgesamt vollständig«), muss die Summe beider Ereignisse 1 ergeben. Daher ist die Wahrscheinlichkeit, dass zwei oder mehr Personen einen Geburtstag teilen, 0,5005, also etwas mehr als 50 Prozent.

In Wirklichkeit sind nicht alle Geburtstagspaare unabhängig voneinander. Wenn Person A am selben Tag wie Person B Geburtstag hat und Person B am selben Tag wie Person C, dann wissen wir etwas über die Paarung A-C. Die beiden haben ebenfalls am selben Tag Geburtstag – beide Ereignisse sind nicht länger unabhängig voneinander. Wären sie unabhängig, gäbe es nur eine 1/365-Chance für einen gemeinsamen Geburtstag. Wenn man diese Abhängigkeiten berücksichtigt, ist die exakte Berechnung der Wahrscheinlichkeit einer Übereinstimmung nur ein wenig verwickelter, als wenn wir wie im vorangegangenen Abschnitt Unabhängigkeit annehmen. Sie basiert darauf, dass man sich vorstellt, nacheinander Personen den Raum betreten zu lassen. Wie wir festgestellt haben, beträgt die Wahrscheinlichkeit, dass zwei Personen nicht am selben Tag Geburtstag haben, 364/365. Wenn wir eine dritte Person dazunehmen, kann ihr Geburtstag auf jeden der verbleibenden 363 Tage des Jahres fallen, wenn sie nicht am selben Tag Geburtstag hat wie die erste oder zweite Person. Daher ist die Wahrscheinlichkeit, dass die drei Personen keinen Geburtstag teilen, (364/365) × (363/365). Eine vierte Person kann nur an den verbleibenden 362 Tagen Geburtstag haben, somit beträgt die Wahrscheinlichkeit, dass alle vier keinen Geburtstag teilen, (364/365) × (363/365) × (362/365). Das Muster setzt sich fort, bis wir die 23. Person den Raum betreten lassen. Ihr Geburtstag kann nur auf einen der verbleibenden 343 Tage des Jahres fallen. Die Wahrscheinlichkeit, dass 23 Personen keinen gemeinsamen Geburtstag haben, ergibt sich aus der folgenden langwierigen Multiplikation:

$$\frac{364}{365} \times \frac{363}{365} \times \frac{362}{365} \times \ldots \times \frac{343}{365}$$

Das Ergebnis: Die Wahrscheinlichkeit, dass zwei Personen in einer Gruppe von 23 Personen keinen Geburtstag teilen (unter Berücksichtigung möglicher Abhängigkeiten), beträgt 0,4927 und liegt damit knapp unter 50 Prozent. Weil das Geburtstagsproblem »insgesamt vollständig« ist (entweder kein gemeinsamer Geburtstag oder mindestens ein gemeinsamer Geburtstag sind die beiden einzigen Optionen), hat die einzig andere Möglichkeit (mindestens zwei Personen haben am selben Tag Geburtstag) mit 0,5073 eine Wahrscheinlichkeit knapp oberhalb von 50 Prozent. Sobald eine Gruppe 70 Menschen umfasst, gibt es 2415 Personenpaare. Die exakte Berechnung sagt uns, dass die Wahrscheinlichkeit einer Übereinstimmung mit 0,999 außerordentlich hoch ist. Abbildung 16 zeigt, wie sich die Wahrscheinlichkeit dafür, dass zwei Ereignisse auf denselben Tag des Jahres fallen, verändert, wenn die Anzahl der unabhängigen Ereignisse, die wir betrachten, von 1 auf 100 steigt.

Ich verwendete das überraschende Ergebnis des Geburtstagsproblems, um meinen Literaturagenten zu beeindrucken,

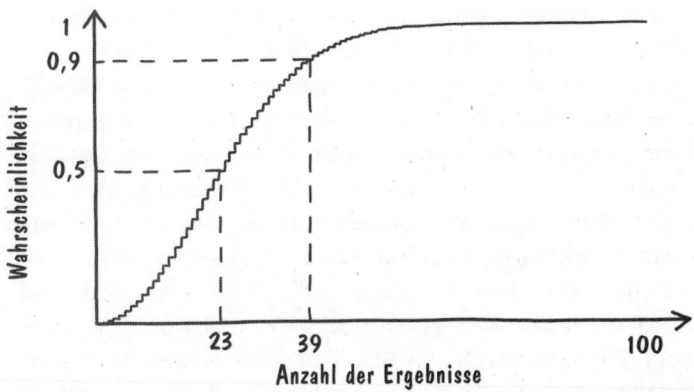

Abbildung 16: *Die Wahrscheinlichkeit, dass zwei oder mehr Ereignisse auf denselben Tag fallen, steigt mit der Anzahl der Ereignisse. Bei 23 Ereignissen liegt die Wahrscheinlichkeit für eine Übereinstimmung knapp über 0,5. Bei 39 unabhängigen Ereignissen steigt die Wahrscheinlichkeit, dass mindestens zwei von ihnen auf denselben Tag fallen, auf fast 0,9.*

als wir uns zum ersten Mal trafen, um über die Planung dieses Buches zu sprechen. Ich wettete um die nächste Runde Drinks, dass ich in diesem relativ ruhigen Pub zwei Leute finden würde, die am gleichen Tag Geburtstag hatten. Nach einem kurzen abschätzenden Blick durch den Raum willigte er ein und bot sogar an, die nächsten zwei Runden zu zahlen, wenn ich ein solches Paar fände, so unwahrscheinlich erschien ihm die Aussicht auf eine solche Übereinstimmung. 20 Minuten und eine Menge verblüffter Blicke und fadenscheiniger Erklärungen später (»Alles in Ordnung«, erklärte eine leicht lädierte Version meiner selbst den Leuten, die ich ansprach, »ich bin Mathematiker«) hatte ich mein Paar mit übereinstimmenden Geburtstagen gefunden, und die Drinks gingen auf Chris. Das war wohl nicht ganz fair von mir; ich hatte bereits die Gäste gezählt, als ich bei der Runde zuvor an die Theke gegangen war, und war auf rund 40 Personen gekommen. Bei so vielen Gästen betrug das Risiko, die Wette zu verlieren, nur rund 11 Prozent. Ich hätte die nächsten beiden Runden gegen Chris' eine Runde setzen sollen, nicht andersherum. Dahinter steckt mehr als nur ein einfacher Mathetrick zum Abzocken ahnungsloser Opfer in der Kneipe; diese hohe Wahrscheinlichkeit für eine Übereinstimmung bei einer überraschend geringen Anzahl von Ereignissen hat Konsequenzen, die viel weiter reichen. Insbesondere kann sie uns helfen, Gorkas Schlussfolgerung zu testen, dass Dschihadisten zuschlagen können, wann sie wollen.

In den fünf Jahren zwischen April 2013 und April 2018 verübten islamische Terroristen mindestens 39 Anschläge gegen westliche Nationen (in der EU, Nordamerika oder Australien). Auf den ersten Blick scheint es unwahrscheinlich, dass zwei auf dasselbe Datum fallen, wenn sie irgendwann im Lauf des Jahres nach dem Zufallsprinzip verübt werden. Da es jedoch 741 mögliche Ereignispaare gibt, ist die Wahrscheinlichkeit, dass zwei auf dasselbe Datum fallen, tatsächlich sehr hoch, nämlich rund 88 Prozent, wie in Abbildung 16 zu sehen. Bei dieser hohen Wahrscheinlichkeit sollten wir höchst überrascht sein, wenn zwei dieser Anschläge nicht auf denselben Tag fallen. Natürlich sagt dies nichts über die Wahrscheinlichkeit zukünftiger Terroranschläge aus, doch wie es aussieht, billigte Gorka den islamistischen Terroristen mehr organisatorische Fähigkeiten zu, als sie verdienen.

***

Dieselbe »Geburtstagsproblem«-Argumentation sagt uns, dass wir bei der Interpretation von DNA-Beweisen, die in vielen modernen Kriminalprozessen eine so wichtige Rolle spielen (wie im vorigen Kapitel beispielhaft gezeigt), vorsichtig sein müssen. Im Jahr 2001 entdeckte ein Wissenschaftler, während er sich durch die 65 493 Proben der staatliche DNA-Datenbank von Arizona arbeitete, eine teilweise Übereinstimmung zwischen zwei nicht verwandten Profilen. Bei den beiden Proben stimmten neun von 13 Loci überein. Um das in den richtigen Kontext zu stellen: Bei nicht verwandten Individuen würden wir eine Übereinstimmung dieser Größenordnung nur etwa einmal in 31 Millionen Probenpaaren erwarten. Dieser schockierende Befund löste eine Suche nach weiteren möglichen Übereinstimmungen aus. Als schließlich alle Profile der Datenbank miteinander verglichen worden waren, hatte man 122 Profilpaare nicht verwandter Personen gefunden, die in neun oder mehr Loci übereinstimmten.

Aufgrund dieser Studie[71] forderten überall in den Vereinigten Staaten Rechtsanwälte, die nun die Eindeutigkeit der DNA-Identifikation in Zweifel zogen, ähnliche Vergleiche bei anderen DNA-Datenbanken, einschließlich der nationalen Datenbank mit ihren 11 Millionen Proben. Wenn in einer Datenbank mit nur 65 000 Leuten 122 Übereinstimmungen gefunden worden waren, konnte man sich dann wirklich darauf verlassen, dass DNA Verdächtige in einem Land mit mehr als 300 Millionen Einwohnern zuverlässig identifizierte?[72] Waren die mit DNA-Profilen verknüpften Wahrscheinlichkeiten falsch, und standen daher überall im Land Verurteilungen, die auf DNA-Befunden basierten, auf dem Spiel? Einige Anwälte gingen davon aus und zogen die Arizona-Studie sogar als Beweismittel zur Verteidigung ihrer Mandanten heran, um die Zuverlässigkeit des DNA-Beweises vor Gericht in Zweifel zu ziehen.

Mithilfe der Formel für Dreieckszahlen können wir berechnen, dass ein Vergleich jeder der 65 493 Proben in der Arizona-Datenbank mit jeder anderen Probe in der Tat zu einer Gesamtzahl von zwei Milliarden spezifischer Paare an Proben führt. Mit einer Wahrscheinlichkeit von einer Übereinstimmung pro 31 Millionen Paare nicht verwandter Profile sollten wir 68 teilweise (d.h. eine Übereinstimmung an neun Loci) Übereinstimmungen erwarten. Der Unterschied zwischen den 68 erwarteten Übereinstimmungen und den 122 gefundenen Übereinstimmungen lässt sich leicht durch die Profile naher Verwandter in der Datenbank erklären. Bei diesen Profilen ist die Wahrscheinlichkeit für eine teilweise Übereinstimmung im Vergleich zu nicht verwandten Individuen signifikant erhöht. Statt unser Vertrauen in den DNA-Beweis zu erschüttern, stimmen die Datenbankergebnisse im Licht der Erkenntnisse, die wir aus dem Umgang mit Dreieckszahlen gewonnen haben, gut mit der Mathematik überein.

Größen mit Autorität

In dem ursprünglichen *Daily Star*-Artikel, der die Koinzidenz zwischen dem Datum des Mordes an dem Soldaten Lee Rigby und dem Anschlag in der Manchester-Arena betonte, war die Wahrscheinlichkeit, die wir berechnen mussten, um Gorkas Behauptung zu überprüfen, nicht zu erkennen. Das steht in krassem Gegensatz zu der Art und Weise, in der die meisten Werbetreibenden Zahlen benutzen. Wenn es Zahlen gibt, die dem Werbeziel dienen, stehen sie gewöhnlich an prominenter Stelle. Werbeprofis wissen, dass Zahlen allgemein als unbestechliche, harte Fakten gelten. Eine Anzeige mit einer Zahl zu schmücken, kann extrem überzeugend wirken. Die scheinbare Objektivität der Statistik klingt dann so: »Glaub nicht einfach, was wir sagen, trau diesem unstrittigen Beleg.«

Zwischen 2009 und 2013 bewarb und verkaufte die Kosmetikfirma L'Oréal die »Anti-Aging«-Produktlinie Lancôme Génifique. Neben dem üblichen pseudowissenschaftlichen Slang (»Jugend steckt in deinen Genen, erwecke sie zu neuem Leben«, »Kurbel deine Genaktivität an und rege die Produktion von ›Jugendproteinen‹ in der Haut an«) befand sich ein Säulendiagramm, das angeblich zeigen sollte, dass 85 Prozent der Konsumentinnen eine »perfekt strahlende« Haut, 82 Prozent eine »erstaunlich glatte« Haut, 91 Prozent eine »federnd weiche« Haut hatten, und 82 Prozent fanden, das Aussehen ihrer Haut habe sich nach nur sieben Tagen »ganz allgemein verbessert«. Die hoffnungslos nebulöse Beschreibung der Verbesserungen einmal beiseitegelassen klingen diese Zahlen höchst eindrucksvoll, eine überzeugend wirkende Unterstützung für das Produkt.

Wenn wir uns jedoch ein wenig intensiver in die Studie hinter diesen Zahlen vertiefen, stoßen wir auf eine ganz andere Geschichte. Frauen, die an dieser Studie teilnahmen, wurden aufgefordert, Génifique zweimal pro Tag zu gebrauchen und Aussagen wie »Haut erscheint strahlender/leuchtender«, »Hautton/Gesichtsfarbe erscheint gleichmäßiger« und »Haut fühlt sich weicher an« zu prüfen. Anschließend wurden sie gebeten, die Aussagen auf einer neunstufigen Skala zu bewerten, die von 1 = »überhaupt nicht einverstanden« bis 9 = »völlig einverstanden« reichte. Die Teilnehmerinnen wurden nicht aufgefordert, den Grad an Strahlkraft, Weichheit oder gleichmäßiger Tönung ihrer Haut einzustufen, sondern lediglich, inwieweit sie damit übereinstimmten oder eben abstritten, dass es überhaupt eine Verbesserung gegeben habe. Sie wurden sicherlich nicht aufgefordert, schmückende Adverbien wie »perfekt« oder »erstaunlich« zu liefern.

Wie die Ergebnisse des Tests zeigten, stimmten zwar 82 Prozent der Frauen der Aussage zu, ihre Haut erscheine nach sieben Tagen gleichmäßiger (sie vergaben auf der neunstufigen Skala Punkte zwischen 6 und 9), aber nur 30 Prozent waren »völlig einverstanden«. Ebenso stimmten zwar 85 Prozent der Aussage zu, ihre Haut erscheine strahlender/leuchtender, doch nur 35,5 Prozent vergaben die Bestnote. L'Oréal hatte die Daten seiner eigenen Studie frisiert, um sie eindrucksvoller erscheinen zu lassen, als sie tatsächlich waren.

Ein vielleicht noch wichtigerer Kritikpunkt war die Größe der Studie. Bei nur 34 Teilnehmerinnen kann man sich kaum sicher sein, dass die Ergebnisse zuverlässig sind; das liegt an einem Effekt, den man als Schwankungen kleiner Stichproben bezeichnet. Kleine Stichproben zeigen in der Regel eine größere Abweichung vom wahren Mittelwert der Population als große Stichproben. Um dies zu illustrieren, stellen Sie sich vor, ich hätte eine faire Münze – eine Münze, die bei 50 Prozent der Würfe »Kopf« zeigt und bei 50 Prozent »Zahl«. Aus irgendeinem Grund möchte ich die Leute überzeugen, dass die Münze nicht fair ist und häufiger »Zahl« als »Kopf« zeigt. Nehmen wir an, ich kann sie überzeugen, wenn ich ihnen zeige, dass die Münze in wenigstens 75 Prozent der Fälle »Zahl« zeigt. Wie stark verändern sich meine Chancen, sie zu überzeugen, wenn die Stichprobengröße – die Zahl der Münzwürfe – zunimmt?

Ich kann davonkommen, wenn die ich Münze nur einmal werfe. Wenn sie »Zahl« zeigt, bin ich froh, denn einmal »Zahl« überschreitet die 75-Prozent-Schwelle. Das passiert durchschnittlich bei der Hälfte aller Einmal-Würfe. Ein einzelner Wurf bietet die beste Chance, jemanden zu überzeugen, dass die Münze nicht fair ist, doch er würde zu Recht verlangen, dass ich die Münze noch mal werfe. Bei zwei Würfen muss ich zweimal »Zahl« erzielen, um mein Gegenüber zu überzeugen, dass die Münze unfair ist. Einmal »Zahl« und einmal »Kopf« würde nicht genügen, denn dann liegt der Anteil von »Zahl« nur bei 50 Prozent. Wie wir in Abbildung 17 sehen können, ist zweimal

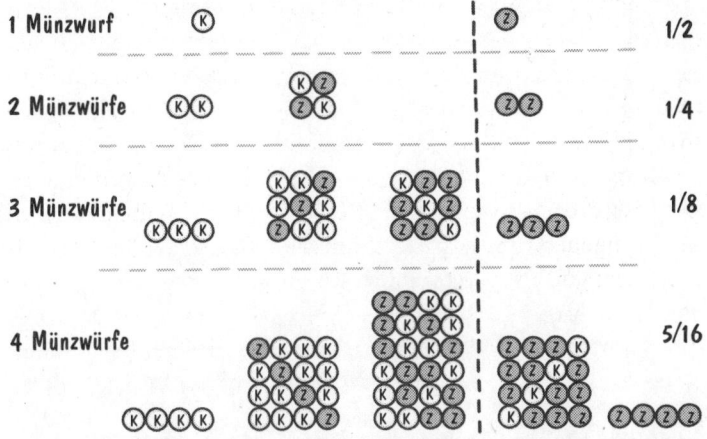

Abbildung 17: *Die Kombinationen von »Kopf« und »Zahl«, die bei 1 bis 4 Münzwürfen auftreten können. Die Trennlinie trennt Ergebnisse, für die der Anteil an »Zahl«-Würfen mindestens 75 Prozent der Ergebnisse beträgt, von denen, wo es weniger sind.*

»Zahl« nur eines der vier gleich wahrscheinlichen Resultate bei zwei Würfen einer fairen Münze, daher kann ich nur ein Viertel der Leute, die ich überzeugen möchte, für mich gewinnen. Die Wahrscheinlichkeit für mindestens 75 Prozent »Zahl« verringert sich mit zunehmender Stichprobengröße rasch, wie in Abbildung 18 zu sehen.

Mit zunehmendem Stichprobenumfang nimmt die Schwankung um den Mittelwert (der Mittelwert liegt in diesem Fall bei 50 Prozent »Zahl«) ab: Es wird immer schwieriger, jemanden von etwas zu überzeugen, das nicht wahr ist. Darum sollten wir bei nur 34 Teilnehmerinnen der Studie skeptisch sein, was die Zuverlässigkeit der von L'Oréal präsentierten Resultate angeht.

In der Regel stellen Anzeigen mit kleinem Stichprobenumfang ihre Befunde in Prozent dar (82 Prozent hatten eine »erstaunlich glatte« Haut) statt als Verhältnis (28 von 34 hatten

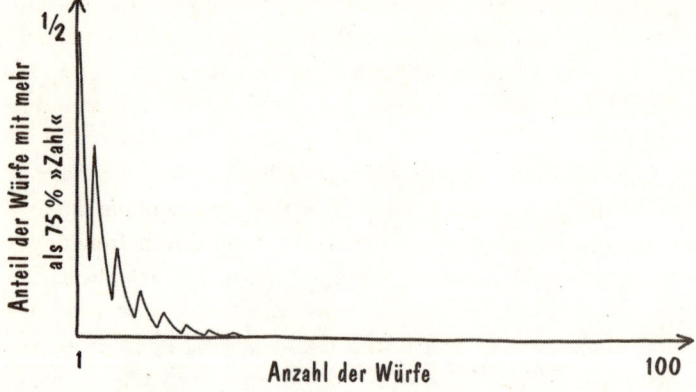

Abbildung 18: *Die Chancen, jemanden davon zu überzeugen, dass eine tatsächlich faire Münze häufiger »Zahl« als »Kopf« zeigt, schwinden rasch, wenn die Anzahl der Münzwürfe zunimmt.*

eine »erstaunlich glatte« Haut), um den peinlich kleinen Stichprobenumfang zu vertuschen. Ein verräterisches Zeichen für einen kleinen Stichprobenumfang ist jedoch, wenn man wie bei der Génifique-Werbung zwei identische Prozentzahlen findet (82 Prozent fanden auch, dass sich das allgemeine Aussehen der Haut verbessert habe). Es gibt relativ wenige Wahlmöglichkeiten aus einer kleinen Stichprobe, wenn man sein Publikum überzeugen möchte, dass das eigene Produkt gut, aber nicht zu gut ist (Zahlen zwischen 95 und 100 Prozent könnten verdächtig wirken). Bei einer größeren Stichprobe ist es weitaus unwahrscheinlicher, dass genau dieselbe Anzahl von Teilnehmern auf zwei unterschiedliche Fragen positive Antworten gibt.

Im Jahr 2014 schrieb die Federal Trade Commission (FTC, eine US-amerikanische Wettbewerbs- und Verbraucherschutzbehörde) an L'Oréal und bezichtigte das Unternehmen täuschender Werbung im Zusammenhang mit der Génifique-Linie.[73] Die FTC erklärte, die Zahlen in den Diagrammen der

Anzeige seien »falsch oder irreführend« und durch wissenschaftliche Studien nicht belegt. L'Oréal war gezwungen einzuwilligen, nicht länger »Behauptungen über diese Produkte aufzustellen, die die Ergebnisse von Tests oder Studien falsch darstellen«.

Möglicherweise litt die Génifique-Studie nicht nur unter der Verzerrung durch die kleine Stichprobe (*small sample fluctuations*), sondern auch unter der Verzerrung durch freiwilliges Antworten (*voluntary response bias*) oder der Selektionsverzerrung (*selection bias*). Falls L'Oréal Teilnehmerinnen an der Studie dadurch rekrutierte, dass das Unternehmen eine Anzeige auf seiner Website platzierte, ist die Wahrscheinlichkeit groß, dass sich Frauen melden, die von vornherein für die angeblichen Vorzüge der Produkte empfänglich sind und vermutlich eine positive Bewertung abgeben (Verzerrung durch freiwilliges Antworten). Alternativ hat das Unternehmen die Frauen möglicherweise selbst herausgepickt, weil sie L'Oréal-Produkte in der Vergangenheit gut bewertet hatten (Selektionsverzerrung).

Es gibt weitere, noch dubiosere Methoden, um günstige Zahlen für eine Studie, Umfrage oder eine markige politische Aussage zu erhalten. Wenn die erste Studie mit 34 Teilnehmerinnen nicht das gewünschte Ergebnis erbringt, warum dann nicht eine andere durchführen? Früher oder später wird die große Variation Ihnen die eindrucksvollen Aussagen liefern, die Sie brauchen. Oder warum nicht eine große Studie durchführen und dann die Probanden herauspicken, die Ihnen die besten Antworten liefern? Das bezeichnet man als »Datenmanipulation« oder weniger technisch als »Daten frisieren«. Ein häufiges Beispiel für dieses Phänomen ist der *reporting bias*. Wissenschaftler, die pseudowissenschaftliche Phänomene wie Alternative Medizin oder extrasensorische Wahrnehmung (übersinnliche Fähigkeiten) untersuchen, klagen oft über den Reporting Bias unter Forschern, die mit der Sache sympathisieren. Skrupellose Forscher präsentieren nur die »positiven Ergebnisse« (beispielsweise Probanden, die von einem günstigen Einfluss einer Behandlung berichten, oder Durchgänge, wo ein »übersinnlich begabter« Teilnehmer die richtige Farbe der nächsten Karte in einem verdeckten Stapel vorhersagt), während sie die Mehrheit der negativen Resultate unter den Tisch fallen lassen, was die Befunde eindrucksvoller erscheinen lässt, als sie tatsächlich sind. Wenn zwei oder mehr Formen der Verzerrung kombiniert werden, können sie völlig andere Ergebnisse erbringen, als bei einer unverzerrten Stichprobe zu erwarten wären, wie die Redakteure des Magazins *Literary Digest* herausfinden mussten.

Sich selbst ausgetrickst

Im Vorfeld der Wahl des 32. Präsidenten der Vereinigten Staaten 1936 führten die Redakteure des wohlangesehenen Magazins *Literary Digest* eine Umfrage durch, um den Sieger vorherzusagen. Die Kandidaten waren der amtierende Präsident, Franklin D. Roosevelt, und sein republikanischer Herausforderer Alf Landon. Was die korrekte Voraussage des nächsten Präsidenten anging, so hatte der *Digest* eine stolze Geschichte, die bis ins Jahr 1916 zurückreichte. Vier Jahre zuvor, 1932, hatte das Magazin Roosevelts Sieg bis auf ein Prozent genau vorhergesagt.[74] Im Jahr 1936 sollte ihre Umfrage ehrgeiziger und teurer sein als jemals zuvor. Auf der Basis von Unterlagen der Kraftfahrzeugzulassungsstelle und von Namen im Telefonbuch erstellte der *Digest* eine Liste mit rund 10 Millionen Namen (rund ein Viertel der Wahlberechtigten). Im August schickten die Redakteure Probeumfragen an alle identifizierten Wahlberechtigten und tönten: »... wenn man frühere Erfahrungen als Kriterium heranziehen kann, wird das Land das aktuelle Ergebnis der Präsidentenwahl von 40 Millionen Wahlberechtigten bis auf 1 Prozent genau kennen.«[75]

Bis zum 31. Oktober waren mehr als 2,4 Millionen Probeumfragen zurückgeschickt und ausgezählt worden. Der *Digest* konnte nun sein Ergebnis verkünden: »Landon 1 293 669, Roosevelt 972 897« war die Schlagzeile des Artikels.[76] Dem *Digest* zufolge würde Landon deutlich gewinnen und 55 Prozent zu 41 Prozent der Wählerinnen und Wähler (wobei ein dritter Kandidat, William Lemke, auf 4 Prozent kam) sowie 370 der 531 Wahlmännerstimmen auf sich vereinen. Als nur vier Tage später die tatsächlichen Wahlergebnisse verkündet wurden, mussten die Redakteure des *Digest* schockiert feststellen, dass Roosevelt den Wiedereinzug ins Weiße Haus geschafft hatte. Und es war nicht einmal ein knapper Erfolg, sondern ein Erdrutschsieg. Roosevelt gewann 60,8 Prozent der Wählerstimmen – der höchste Anteil seit 1820. Er konnte 523 Wahlmännerstimmen auf sich vereinen, Landon 8. Der *Digest* hatte sich bei seiner Vorhersage um fast 20 Prozent vertippt. Bei einem geringen Stichprobenumfang ist eine große Variation der Ergebnisse zu erwarten, doch der *Digest* hatte 2,4 Millionen Menschen befragt. Wie konnte die ganze Sache bei einer so großen Stichprobe derart danebengehen?

Die Antwort lautet Stichprobenverzerrung. Das erste Problem für die Umfrage war die Selektionsverzerrung. Im Jahr 1936 befand sich Amerika noch immer fest im Griff der Wirtschaftskrise, der *Great Depression*. Diejenigen, die ein Auto und ein Telefon besaßen, gehörten wahrscheinlich zu den Wohlhabenderen in der Gesellschaft. Daher war die Liste, die der *Digest* zusammenstellte, in Richtung auf Ober- und Mittelklassewähler verzerrt, bei denen Roosevelt weniger Unterstützer hatte, da viele dieser Wähler politisch mehr nach rechts tendierten. Viele Leute aus ärmeren Schichten, die zu Roosevelts Kernwählern gehörten, kamen bei dieser Umfrage also gar nicht zu Wort.

Vielleicht noch wichtiger für die Ergebnisse der Umfrage war ein Phänomen, das man als Schweigeverzerrung *(non-response bias)* bezeichnet. Von den 10 Millionen Namen auf der ursprünglichen Liste antworteten nur weniger als ein Viertel. Die Umfrage war nicht länger eine Stichprobe der Bevölkerung wie ursprünglich gedacht. Selbst wenn die anfangs ausgewählten demografischen Daten die Bevölkerung insgesamt dargestellt hätten (was nicht der Fall war), hatten die Leute, die auf die Umfrage antworteten, tendenziell eine andere politische Haltung als diejenigen, die nicht antworteten. Die in der Regel reicheren und besser gebildeten Leute, die tatsächlich antworteten, stützten eher Landon als Roosevelt. Gemeinsam führten diese beiden Verzerrungen zu einem peinlich falschen Resultat und machten den *Digest* zur Lachnummer.

Im selben Jahr gelang es dem Magazin *Fortune* mit nur 4500 befragten Teilnehmern, Roosevelts Wahlsieg bis auf 1 Prozent genau vorherzusagen.[77] Der *Literary Digest* machte bei dem Vergleich keine gute Figur. Die Schramme, die seine zuvor untadelige Glaubwürdigkeit aufgrund dieser Blamage erlitt, spielte höchstwahrscheinlich eine bedeutende Rolle beim Untergang des Magazins kaum zwei Jahre später.[78]

Machen Sie Ihre Mathehausaufgaben!

Während politische Demoskopen festgestellt haben, dass sie sich zunehmend mit Statistik beschäftigen müssen, um präzise Resultate zu erhalten, stellen Politiker selbst fest, dass sie mit mehr statistischer Manipulation, Zweckentfremdung und Missbrauch davonkommen als je zuvor. Als sich Donald Trump im November 2015 um die Präsidentschaftskandidatur der Republikaner bewarb, twitterte er ein Bild mit der folgenden Statistik:

> »Schwarze, getötet von Weißen – 2 %
> Schwarze, getötet von der Polizei – 1 %
> Weiße, getötet von der Polizei – 3 %
> Weiße, getötet von Weißen – 16 %
> Weiße, getötet von Schwarzen – 81 %
> Schwarze, getötet von Schwarzen – 97 %«

Als Quelle dieser Zahlen wurde das »Crime Statistics Bureau – San Francisco« angegeben. Wie sich herausstellte, existiert dieses Crime Statistics Bureau nicht, und die Statistik ist weit von den wahren Zahlen entfernt. Einige echte vergleichbare statistische Daten aus dem Jahr 2015 (mit den Rohdaten in Tabelle 10) vom FBI sehen so aus:

> »Schwarze, getötet von Weißen – 9 %
> Weiße, getötet von Weißen – 81 %
> Weiße, getötet von Schwarzen – 16 %
> Schwarze, getötet von Schwarzen – 89 %«

Offenbar bauschte Trumps Tweet die Zahl der von Schwarzen begangenen Morde massiv auf und tauschte die Zahlen für »Weiße, getötet von Weißen« und »Weiße, getötet von Schwarzen« einfach aus. Dennoch wurde der Tweet mehr als 7000 Mal retweetet und über 9000 Mal geliked. Es handelt sich um ein klassisches Beispiel für den Bestätigungsfehler oder Confirmation Bias. Leute gaben die falsche Botschaft weiter, weil sie von einer Quelle kam, die sie respektierten und weil sie ihre bereits existierenden Vorurteile bestätigte. Sie machten sich ebenso wenig die Mühe, die Daten nachzuprüfen, wie Trump. Als der Journalist Bill O'Reilly ihn auf Fox fragte, warum er dieses Bild weiterverbreitet habe, behauptete Trump zunächst in seiner großspurigen Art: »Ich bin wahrscheinlich die am wenigsten rassistische Person auf der ganzen Welt«, gefolgt von einem »… soll ich etwa jede Statistik nachprüfen?«

***

Trumps Tweet 2015 erfolgte auf dem Höhepunkt der nationalen Debatte über Polizeibrutalität, vor allem Brutalität gegenüber schwarzen Opfern. Solche Fälle, vor allem der Tod zweier unbewaffneter schwarzer Teenager, Trayvon Martin und Michael Brown, waren die Katalysatoren für die Bildung und das rasche

Anwachsen der Bewegung »Black Lives Matter«. Zwischen 2014 und 2016 organisierte die Bewegung überall in den Vereinigten Staaten Massenproteste, darunter Märsche und Sit-ins. Ab September 2016 gab es in Großbritannien Ableger der Bewegung, deren Proteste den rechtslastigen Journalisten Rod Liddle auf die Palme brachten. Ein mathematisch orientierter Blog-Post[79] lenkte meine Aufmerksamkeit auf Liddles Kommentare in der britischen Bouvelardzeitung *The Sun*, über die Entstehung der ursprünglichen »Black Lives Matter«-Bewegung in den Vereinigten Staaten:

> »Sie wurde gegründet, um dagegen zu protestieren, dass amerikanische Cops schwarze Verdächtige erschießen, statt sie nur zu verhaften.
> Zweifellos sind amerikanische Polizisten ein wenig schießwütig. Und vielleicht besonders, wenn ihnen ein schwarzer Verdächtiger ins Visier gerät.
> Ebenso zweifellos richtig ist aber auch, dass die größte Gefahr für Schwarze in den USA … ähem … von anderen Schwarzen ausgeht.
> Im Durchschnitt werden mehr als 4000 Schwarze jedes Jahr von Schwarzen ermordet. Die Zahl der schwarzen Männer, die – zu Recht oder zu Unrecht – von US-Cops getötet werden, beträgt kaum mehr als 100 pro Jahr.
> Na los, machen Sie Ihre Mathehausaufgaben!«

Das habe ich getan – hier das Ergebnis.

Nehmen wir als Grundlage die Statistik von 2015, das jüngste volle Kalenderjahr, aus dem Liddle seine Daten gezogen haben konnte. Der FBI-Statistik[80] zufolge, die in Tabelle 10 zusammengefasst ist, wurden in diesem Jahr 3167 Weiße und 2664 Schwarze getötet. Von den Tötungen, bei denen das Opfer weiß war, wurden 2574 (81,3 Prozent) von Weißen begangen und 500 (15,8 Prozent) von Schwarzen. Von den Tötungsdelikten, bei denen das Opfer schwarz war, wurden 229 (8,6 Prozent) von

Weißen und 2380 (89,3 Prozent) von Schwarzen begangen. Daher ist Liddles Behauptung von 4000 Tötungsdelikten von Schwarzen an Schwarzen pro Jahr eine wilde Übertreibung um rund 70 Prozent. Da Schwarze 2015 nur 12,6 Prozent der US-amerikanischen Bevölkerung ausmachten, Weiße hingegen 73,6 Prozent, ist es alarmierend, dass der Anteil der Schwarzen an den Opfern von Tötungsdelikten 45,6 Prozent beträgt.[81]

Die Erschießung des schwarzen Teenagers Michael Brown durch den weißen Polizeibeamten Darren Wilson und die darauffolgenden Proteste in Ferguson, Missouri, markierten einen Wendepunkt für die »Black Lives Matter«-Bewegung. Die Proteste dienten auch dazu, Licht auf die FBI-Statistik »Jährliche Zahl von Tötungsdelikten durch die Polizei« zu werfen. Wie sich herausstellte, registrierte das FBI weniger als die Hälfte der Tötungen durch die Polizei in den Vereinigten Staaten.[82] Im Gegenzug begann der *Guardian* 2014 seine Kampagne »The Counted« (Die Gezählten), um genauere Zahlen zusammenzutragen. Das Projekt war derart erfolgreich, dass der damalige FBI-Direktor James Comey im Oktober 2015 meinte, es sei »peinlich und lächerlich«, dass der *Guardian* bessere Daten über Todesfälle bei Zivilisten durch Polizisten habe als das FBI.[83]

Wie die Daten des *Guardian* zeigen, waren von den 1146 »zu

Hautfarbe des Opfers	gesamt	Hautfarbe des Täters	
		Weiß	schwarz
Weiß	3167	2574 (81,3%)	500 (15,8%)
Schwarz	2664	229 (8,6%)	2380 (89,3%)

Tabelle 10: *Statistik der Tötungsdelikte 2015, aufgeschlüsselt nach Hautfarbe und ethnischer Zugehörigkeit von Opfer und Täter. Die Unterschiede zwischen den Zahlen der Spalte »gesamt« und der Summe der Zahlen in den weißen und den schwarzen Täter-Spalten gehen auf Fälle zurück, wo die Ethnie des Opfers anders oder unbekannt ist.*

Recht oder zu Unrecht« (um es mit Liddle zu sagen) im Jahr 2015 von der Polizei getöteten Menschen 307 (26,8 Prozent) schwarz und 584 (51,0 Prozent) weiß (während die übrigen Opfer einer anderen oder einer unbestimmten Ethnie angehörten). Wieder ist Liddles Zahl weit von der Wahrheit entfernt. Seine Schätzung von 100 schwarzen Toten durch Polizeigewalt pro Jahr liegt mehr als einen Faktor 3 unter der tatsächlichen Zahl.

Wenn Liddle die Frage »Wird ein Schwarzer in den Vereinigten Staaten eher von einem anderen Schwarzen oder von einem Polizisten getötet?« zu beantworten versuchte, dann stellt sich bei Verwendung der korrekten Zahlen heraus, dass Schwarze fast achtmal (2380 versus 307) so viele Schwarze umbringen, wie es die Polizei tut. Diese Frage erscheint jedoch unredlich. Würden Sie glauben, dass Hunde mörderischer sind als Bären, wenn ich Ihnen erzähle, dass Hunde im Jahr 2017 40 US-Bürger töteten, Bären hingegen nur zwei? Natürlich nicht. Hunde sind nicht *per se* gefährlicher als Bären, es gibt von ihnen in den Vereinigten Staaten einfach nur sehr viel mehr. Wenn Sie allein mit einem Bären oder einem Hund in einem Zimmer bleiben müssten, wen würden Sie vorziehen? Ich weiß nicht, was Sie denken, aber ich würde mich wahrscheinlich für den Hund entscheiden.

Angesichts der Tatsache, dass es mehr als 40,2 Millionen schwarze US-Bürger gibt und nur 635781 Vollzeit »Law Enforcement Officers« (Gesetzeshüter, die eine Feuerwaffe und ein Abzeichen tragen),[84] ist es aus demselben Grund nicht überraschend, dass auf Schwarze mehr Tötungen entfallen als auf Polizisten. Eine passendere Frage für Liddle wäre vielleicht gewesen: »Wenn ein schwarzer US-Bürger, der allein zu Fuß unterwegs ist, auf jemanden trifft, wen sollte er dann als potenziellen Totschläger mehr fürchten: einen anderen Schwarzen oder einen Polizisten?«

Um diese Frage zu beantworten, müssen wir die Pro-Kopf-Raten von schwarzen Opfern, getötet von Schwarzen, und schwarzen Opfern, getötet von Polizisten, vergleichen. Diese

Pro-Kopf-Raten finden wir, wie in Tabelle 11 dargestellt, indem wir die Gesamtzahl der schwarzen Opfer, die von einer der beiden Gruppen (Schwarze oder Polizisten) getötet wurden, durch die Gesamtgröße der jeweiligen Gruppe teilen. Schwarze waren 2015 in 2380 Fällen die Täter, in denen auch die Opfer schwarz waren, doch bei mehr als 40,2 Millionen schwarzen US-Bürgern ist die Pro-Kopf-Rate relativ gering – rund 1 zu 17 000. Polizisten waren 2015 »zu Recht oder zu Unrecht« für den Tod von 307 Schwarzen verantwortlich. Bei 635 781 Polizisten ergibt dies eine Pro-Kopf-Rate knapp unter 1 Tötung pro 2000 Polizisten – mehr als achtmal höher als die Rate für schwarze US-Amerikaner. Wie es aussieht, sollte ein Schwarzer, der die Straße entlanggeht, stärker alarmiert sein, wenn er einen Polizisten auf sich zukommen sieht, als bei einem anderen Schwarzen.

Natürlich haben wir die Tatsache nicht berücksichtigt, dass Zusammentreffen mit der Polizei häufig konfrontativ sind und die US-Polizei gewöhnlich bewaffnet ist. Es ist vielleicht nicht überraschend, dass diejenigen, die autorisiert sind, tödliche Gewalt auszuüben, dies auch häufiger tun als die Allgemeinbevölkerung. Durch genau dieselbe mathematische Vorgehensweise könnten wir zeigen, dass die weiße Bevölkerung die Gesetzeshüter ebenfalls mehr fürchten sollte (Pro-Kopf-Tötungsrate von

Täter	Anzahl der schwarzen Opfer	Populationsgröße	Pro-Kopf-Tötungsrate
schwarze US-Bürger	2380	40.241.818	1/16 908
Polizisten	307	635.781	1/2071

Tabelle 11: Die Zahl der Tötungen, bei denen ein schwarzer US-Bürger das Opfer war, aufgeschlüsselt danach, ob der Täter ein anderer Schwarzer oder ein Polizist war. Die Größe der beiden Populationen ist ebenfalls aufgeführt und dient dazu, die Pro-Kopf-Rate der Tötungen zu berechnen.

1 pro 1000 Polizisten) als andere Weiße (Pro-Kopf-Tötungsrate von 1 pro 90 000 Weiße), obgleich mehr Weiße andere Weiße töten als Polizisten Weiße töten. Dass Polizisten eine doppelt so hohe Pro-Kopf-Tötungsrate für Weiße wie für Schwarze haben, liegt daran, dass es mehr Weiße im Land gibt. Wieder ist es vielleicht beunruhigend, dass die Rate nur doppelt so hoch ist, wenn man bedenkt, dass es fast sechsmal so viele Weiße wie Schwarze in den Vereinigten Staaten gibt.

Auch wenn Liddles Statistik inkorrekt und seine Argumentation unredlich ist, ist vielleicht wichtiger, dass die *Sun*, indem sie »Wer tötet am häufigsten?« statt »Wer wird am häufigsten getötet?« fragte, die Aufmerksamkeit von einer Statistik ablenkte, die im Zentrum der »Black Lives Matter«-Bewegung steht: 12,6 Prozent der schwarzen Bevölkerung stellen einen Anteil von 26,8 Prozent an den Opfern tödlicher Polizeigewalt, die 73,6 Prozent der Weißen hingegen nur einen Anteil von 51,0 Prozent. Gibt es verborgene Variablen, Störfaktoren, die diesen Unterschied erklären könnten? Höchstwahrscheinlich gibt es die. Beispielsweise werden arme Leute eher kriminell, und in den Vereinigten Staaten sind Schwarze eher arm als Weiße. Ob diese Faktoren für die starke Überrepräsentation von Schwarzen bei den Tötungen durch die Polizei eine Rolle spielen oder nicht, bleibt abzuwarten.

Sorgloser Schweinefleischverzehr?

Liddles Artikel war nicht das erste oder das letzte Mal, dass die *Sun* in eine statistische Kontroverse geriet. Im Jahr 2009 berichtete sie unter der zugegebenermaßen inspirierten Schlagzeile »Sorgloser Schweinefleischverzehr kostet Leben« über *eines* von vielen Hundert Ergebnissen einer 500-Seiten-Studie des World Cancer Research Fund, bei dem es um den Verzehr von 50 Gramm verarbeitetem Fleisch pro Tag ging.[85] Das Boulevardblatt schockierte seine Leser mit der »Tatsache«, dass sich ihr Risiko für kolorektale Karzinome oder Dickdarmkrebs um 20 Prozent erhöhte, wenn sie jeden Tag ein Sandwich mit Bacon (Frühstücksspeck) verzehrten.

Die Zahl war jedoch Sensationshascherei. Wenn man sie in Form des »absoluten Risikos« ausdrückt – dem Anteil an Menschen, die einem bestimmten Risikofaktor ausgesetzt sind oder nicht (etwa Bacon-Sandwichs zu essen oder nicht zu essen) und von denen erwartet wird, dass sie ein bestimmtes Ergebnis (Krebs) entwickeln –, dann zeigt die Studie, dass 50 Gramm verarbeitetes Fleisch pro Tag das absolute Lebenszeitrisiko für die Entwicklung von Dickdarmkrebs von 5 auf 6 Prozent erhöht. Links in Abbildung 19 vergleichen wir das Schicksal von zwei Gruppen mit jeweils 100 Individuen. Von 100 Personen,

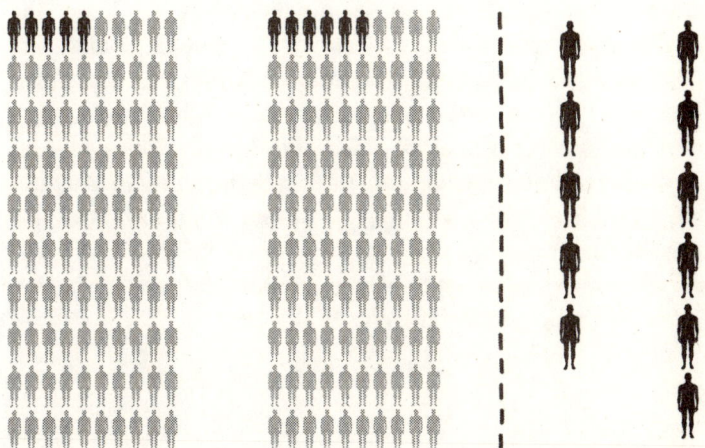

Abbildung 19: Ein Vergleich der absoluten Zahlen (5 von 100 versus 6 von 100) macht deutlich, dass die Zunahme des Krebsrisikos beim täglichen Verzehr von 50 Gramm verarbeitetem Fleisch gering ist (links). Wenn man sich jedoch auf die relativ kleine Anzahl von Personen konzentriert, die erkrankten, erscheint die relative Risikozunahme von 20 Prozent (1 von 5) sehr groß (rechts).

die jeden Tag ein Bacon-Sandwich essen, wird nur eine einzige Person mehr Dickdarmkrebs entwickeln als in der Gruppe der 100 Personen, die dies nicht tun.

Statt das objektivere absolute Risiko zu verwenden, entschloss sich die *Sun*, sich auf das relative Risiko zu konzentrieren – das Risiko eines bestimmten Ergebnisses (Dickdarmkrebs) für Leute, die einem bestimmten Risikofaktor ausgesetzt sind (wie dem Verzehr von Bacon-Sandwichs), im Verhältnis zum Risiko der Allgemeinbevölkerung. Falls das relative Risiko über 1 liegt, dann wird eine exponierte Person die Krankheit eher entwickeln als jemand, der dem Risikofaktor nicht ausgesetzt ist. Falls es unter 1 liegt, ist das Risiko reduziert. Rechts in Abbildung 19 – hier sind die Personen, die nicht von der Krankheit betroffen sind, weggelassen – wirkt der Anstieg des relativen Risikos (6/5 oder 1,2) deutlich dramatischer. Auch wenn es stimmt, dass das relative Risiko für diejenigen, die jeden Tag 50 Gramm verarbeitetes Fleisch essen, einen Anstieg um 20 Prozent darstellt, steigt das absolute Risiko nur um 1 Prozent. Aber ein um 1 Prozent erhöhtes Risiko erhöht die Auflage der Zeitung nicht wesentlich. Zweifellos war die Schlagzeile des Artikels reißerisch genug, um einen »Rettet unseren Bacon«-Sturm in den Medien auszulösen. In den darauffolgenden Tagen führte die Zahl zu wütenden Protesten, bei denen Wissenschaftler als »Gesundheits-Nazis« geschmäht wurden, die den »War on Bacon« erklärt hätten.

***

Ein anderer Medientrick, der Aufmerksamkeit garantiert, besteht darin, absichtlich das zu verändern, was wir als »normale« Bevölkerung betrachten. Die ehrlichste Art und Weise, relative Risiken zu beziffern, besteht darin, ein erhöhtes oder vermindertes Risiko einer bestimmten Untergruppe im Vergleich zum Hintergrundrisiko der Gesamtbevölkerung darzustellen. Manchmal wird auch das Erkrankungsrisiko der größten Untergruppe als Bezug gewählt, und alle Abweichungen im Risiko werden relativ zu dieser Population beziffert. Wenn die Krankheit selten ist, umfasst die krankheitsfreie Kohorte sowieso fast die gesamte Population, daher ist das Risiko der krankheitsfreien Population eine gute Näherung für das Risiko der Allgemeinbevölkerung. Nehmen wir beispielsweise an, wir wollten das Brustkrebsrisiko von Frauen mit einer BRCA1- oder BRCA2-Mutation darstellen. Es erscheint plausibel, über die Steigerung des absoluten Risikos bei den 0,2 Prozent Frauen mit den Mutationen relativ zur Allgemeinbevölkerung zu sprechen statt vom verminderten Risiko der 99,8 Prozent Frauen ohne diese Mutationen. Leider taugt diese Art offener und transparenter Berichterstattung nur selten für die besten Schlagzeilen; daher kommt es immer wieder vor, dass viele der großen Nachrichtensender die Präsentation von Statistiken manipulieren, um ihre Geschichten besser zu verkaufen.

In einer Story aus dem Jahr 2009 mit der Schlagzeile »Neun von zehn Personen tragen ein Gen in sich, das das Risiko für Bluthochdruck erhöht« schrieb der *Daily Telegraph*: »Wissenschaftler haben festgestellt, dass *eine* Genvariante, die bei 90 Prozent der Bevölkerung vorkommt, das Risiko für Bluthochdruck um 18 Prozent steigert.« Die Zahlen im Fachjournal *Nature Genetics* besagten hingegen, dass 10 Prozent der Individuen Genvarianten besitzen, die ihr Risiko im Vergleich zu den 90 Prozent der Bevölkerung mit einer anderen Variante um 15 Prozent senken.[86] Die 18-Prozent-Zahl tauchte in diesem Artikel gar nicht auf. Obwohl rechnerisch korrekt, hatten die *Telegraph*-Autoren die Referenzpopulation ausgetauscht und die kleinere als Bezug genommen – die 10 Prozent Personen mit dem geringeren Risiko. Da eine 15-prozentige Abnahme des Referenzwertes von 1 zu 0,85 führt, erkannten die Autoren, dass die erforderliche Zunahme, um wieder zu 1 zu gelangen, rund 18 Prozent der kleineren Zahl beträgt. Mit einem einzigen mathematischen Taschenspielertrick erhöhte der *Telegraph* nicht nur die Größe des relativen Risikos, sondern schaffte es auch, eine gute Nachricht für 10 Prozent der Bevölkerung in eine schlechte für 90 Prozent der Bevölkerung zu verwandeln. Und dabei war der *Telegraph* keineswegs das einzige Blatt, das seine Zahlen manipulierte – viele andere Zeitungen präsentierten die Geschichte auf dieselbe zweifelhafte Art, um ihre Leser zu ködern.

Wenn Sie sensationelle Artikel lesen, werden Sie im Nachhinein oft feststellen, dass man Ihnen die absoluten Risiken verschwiegen hat – gewöhnlich zwei kleine Zahlen (sicherlich nie über 100 Prozent), eine für diejenigen, die das Objekt der Studie oder Untersuchung sind, die andere für die verbleibende Bevölkerung. In diesen Fällen lohnt es sich, sorgfältig zu überlegen, ob Sie der Argumentation des Artikels folgen sollten. Wenn Sie die Wahrheit hinter den Schlagzeilen herausfinden wollen, versuchen Sie, eine Publikation zu finden, die Ihnen die absoluten Zahlen präsentiert, oder lesen Sie den wissenschaftlichen Originalartikel, die man zunehmend häufiger auch online findet und kostenlos herunterladen kann.

Der Rahmen macht das Bild

Zeitungen sind keineswegs die Einzigen, die Risiken und Wahrscheinlichkeiten in zweifelhafter Weise darstellen. Wenn es in der medizinischen Arena um Behandlungsrisiken oder die Effizienz von Medikamenten und ihre Nebenwirkungen geht, gibt es weitere statistische Tricks, auf die der Präsentator zurückgreifen kann, um seine Agenda voranzutreiben. Eine einfache Möglichkeit, eine bestimmte Deutung zu suggerieren, besteht darin, Zahlen in einem positiven oder negativen Rahmen darzustellen. In einer Studie aus dem Jahr 2010 wurden die Teilnehmer gebeten, eine Reihe von numerischen Aussagen zu beurteilen und die Risiken, die sie damit verbanden, auf einer Skala von 1 (völlig ungefährlich) bis 4 (sehr riskant) zu bewerten,[87] darunter Aussagen wie »Mr Roe benötigt eine Operation:

9 von 1000 Menschen sterben bei dem Eingriff« und »Mr Smythe benötigt eine Operation: 991 von 1000 Menschen überleben den Eingriff«. Überlegen Sie einen Augenblick, in wessen Schuhen Sie lieber stecken würden, in denen von Mr Roe oder von Mr Smythe?

Natürlich präsentieren die beiden Statistiken denselben Sachverhalt auf zwei unterschiedliche Weisen – die erste benutzt Mortalitätsraten, die zweite Überlebensraten. Teilnehmer mit geringem Zahlenverständnis bewerteten die positiv eingekleidete Aussage mit der Überlebensrate auf der 4-Punkte-Skala als fast einen ganzen Punkt weniger riskant. Selbst Teilnehmer mit besserem Zahlenverständnis schätzen das Risiko der negativ formulierten Aussage als höher ein.

Wenn man sich die Ergebnisse von medizinischen Tests anschaut, findet man positive Ergebnisse nicht selten in relativen Begriffen ausgedrückt, um ihren vermeintlichen Nutzen zu maximieren, Nebenwirkungen hingegen in absoluten Begriffen, um das Auftreten der damit verbundenen Risiken möglichst zu minimieren. Diese Praxis wird als »falscher Rahmen« (mismatched framing) bezeichnet und wurde in drei der führenden medizinischen Fachzeitschriften in rund einem Drittel der Artikel entdeckt, in denen es um Vor- und Nachteile medizinischer Behandlungen ging.[88]

Noch beunruhigender ist vielleicht, dass dieses Phänomen in Patientenratgebern auftaucht. Gegen Ende der 1990er-Jahre schuf das US National Cancer Institute (NCI) das »Breast Cancer Risk Tool«, um die Öffentlichkeit über das Erkrankungsrisiko zu informieren. Zusammen mit anderen Studien berichtete die Online-App über die Ergebnisse einer aktuellen klinischen Studie, an der mehr als 13 000 Frauen mit einem erhöhten Brustkrebsrisiko teilnahmen und in der die Vorteile und potenziellen Nebenwirkungen des Medikaments Tamoxifen bewertet wurden.[89] In der Studie wurden die Frauen in zwei etwa gleich große Gruppen eingeteilt (die als »Arme« der Studie bezeichnet werden). Die Frauen im ersten Arm erhielten Tamoxifen, die

Frauen im zweiten Arm, der als Kontrolle diente, hingegen ein Placebo.

Um die Wirksamkeit des Medikaments zu bewerten, wurde am Ende der Fünfjahresstudie die Anzahl der Frauen mit invasivem Brustkrebs in beiden Gruppen verglichen, ebenso die Anzahl der Frauen mit anderen Krebsarten. In seinem »Breast Cancer Risk Tool«-Ratgeber schrieb das NCI über die relative Risikoreduktion: »Bei Frauen [die Tamoxifen nahmen,] wurden rund 49 Prozent weniger Fälle von invasivem Brustkrebs diagnostiziert.« Die Zahl 49 Prozent wirkt recht eindrucksvoll. Als es jedoch darum ging, die möglichen Nebenwirkungen zu beziffern, wurde ein absolutes Risiko präsentiert: »… die jährliche Rate von Gebärmutterkrebs im Tamoxifen-Arm [der Studie] betrug 23 von 10 000, verglichen mit 9,1 pro 10 000 im Placebo-Arm.« Diese kleinen Anteile sprechen auf den ersten Blick anscheinend dafür, dass sich das Risiko, durch die Tamoxifen-Behandlung an Gebärmutterkrebs zu erkranken, kaum verändert. Während sie Daten für ihre Online-App sammelten, betonten die NCI-Forscher bewusst oder unbewusst die Vorteile von Tamoxifen bei der Reduktion der Brustkrebserkrankungen, während sie gleichzeitig das erhöhte Risiko, an Gebärmutterkrebs zu erkranken, möglichst gering darstellten. Wenn diese Zahlen benutzt worden wären, um das relative Risiko zu berechnen und die beiden Statistiken so auf das gleiche Niveau zu stellen, wäre es sinnvoll gewesen, ein um 153 Prozent erhöhtes Risiko für Gebärmutterkrebs zu nennen, um das um 49 Prozent verringerte Brustkrebsrisiko abwägen zu können.

Selbst in der Zusammenfassung des Originalartikels sind die 49 Prozent Risikoreduktion für Brustkrebs genannt, während die Zunahme von Gebärmutterkrebs als relatives Risiko von 2,52 dargestellt ist. Die Verwendung von Prozent- statt Dezimalzahlen, um vermeintliche Vorteile zu betonen, gehört zu einer anderen Familie von Tricks, die als »Verhältnisverzerrung« (ratio bias) bezeichnet werden.[90] Unsere Anfälligkeit dafür ist durch einfache Experimente bestätigt worden, bei denen Probanden aufgefordert sind, ein Gummibärchen mit verbundenen Augen nach dem Zufallsprinzip aus einer Schüssel zu nehmen.[91] Wer ein rotes Gummibärchen zieht, erhält einen Dollar. Vor die Wahl gestellt, aus einer Schüssel mit 9 weißen und 1 roten Gummibärchen oder einer zweiten Schüssel mit 9 roten Gummibärchen und 91 weißen Gummibärchen zu ziehen, wählen die Probanden häufiger die zwei Option, obwohl dort die Chance zu gewinnen, etwas kleiner ist. Vermutlich ist das so, weil die höhere Anzahl der roten Gummibärchen in der zweiten Schüssel eine größere Chance vorspiegelt, ungeachtet der Anzahl der anderen Gummibärchen. Einer der Probanden meinte dazu: »Ich habe die Schüssel mit mehr roten Gummibärchen gewählt, weil es meines Erachtens so aussah, als gebe es mehr Möglichkeiten, einen Sieger zu ziehen.«

Die absoluten Zahlen der Tamoxifen-Studie zeigten, dass die Anzahl der invasiven Brustkrebsfälle von 261 pro 10 000 ohne Behandlung auf 133 pro 10 000 mit Behandlung sanken. Ironischerweise ist es so: Hätte man auf Verhältnisverzerrung und einen falschen Rahmen zugunsten der absoluten Zahlen verzichtet, hätten die Benutzer des Breast Cancer Risk Tools leicht erkennen können, dass die verhinderten Brustkrebsfälle (128 pro 10 000) die durch die Behandlung verursachten Gebärmutterkrebsfälle (14 von 10 000) bei Weitem überwogen. Dazu hätte es gar keiner Manipulation der ursprünglichen klinischen Daten bedurft.

Regressive Haltungen

Wahrscheinlich wird ein Großteil der statistischen Fehlinterpretationen unabsichtlich begangen, von Forschern, die mit einigen der weitverbreiteten statistischen Fallen nicht vertraut sind. So ist es beispielsweise in klinischen Studien üblich, eine Gruppe von Probanden zu nehmen, die sich unwohl fühlen, ihr vermutetes Leiden zu behandeln, und zu schauen, ob es ihnen anschließend besser geht, um die Wirkung einer Medikation zu verstehen. Wenn sich die Symptome abschwächen, wird daraus der Schluss gezogen, dies sei der Behandlung zuzuschreiben.

Stellen Sie sich beispielsweise vor, Sie rekrutieren eine große Zahl von Teilnehmern, die unter Gelenkschmerzen leiden, und fordern sie auf, still zu sitzen, während Sie sie von lebenden Bienen stechen lassen. (Auch wenn es absurd klingt, handelt es sich um eine echte alternative Therapie, die als »Apipunktur« bezeichnet wird. Apipunktur hat in jüngerer Zeit an Popularität gewonnen, nicht zuletzt wegen der Werbung von Gwyneth Paltrow auf ihrer Goop-Website.) Nun stellen Sie sich vor, dass die Gelenkschmerzen einiger Betroffener wie von Zauberhand verschwinden – im Durchschnitt fühlen sie sich nach der Therapie besser. Können wir daraus schließen, dass Apipunktur tatsächlich eine effektive Behandlungsmethode für Gelenkschmerzen ist? Wahrscheinlich nicht. Tatsächlich gibt es keinen wissenschaftlichen Beleg dafür, der die Annahme stützen würde, Apipunktur könne irgendein Leiden lindern. Ganz im Gegenteil reagieren nicht wenige Patienten negativ auf die Bienengifttherapie, und es kam zu mindestens einem Todesfall. Wie können wir daher die positiven Ergebnisse unserer hypothetischen Studie erklären? Was ruft die Verbesserung hervor?

Leiden wie Gelenkschmerzen schwanken in ihrer Ausprägung in Abhängigkeit von der Zeit. Die Wahrscheinlichkeit ist hoch, dass sich Betroffene, die sich bereit erklären, an einer solchen Studie teilzunehmen, an einem besonders tiefen Punkt befinden und verzweifelt nach Linderung ihres Leidens suchen. Wenn sie auf dem Höhepunkt ihrer Schmerzen behandelt werden, dann ist die Wahrscheinlichkeit groß, dass sie sich einige Zeit später besser fühlen, ganz unabhängig von der Behandlung. Dieses Phänomen ist als »Regression (oder Rückkehr) zur Mitte« bekannt und beeinflusst viele Studien, in denen es ein Zufallselement bei den Ergebnissen gibt.

Um besser zu verstehen, wie eine Regression zur Mitte funktioniert, lassen Sie uns die Ergebnisse eines Examens betrachten. Nehmen wir einen Extremfall, bei dem die Studenten 50 Multiple-Choice-Fragen zu einem Thema, über das sie nichts wissen, mit »Ja« oder »Nein« beantworten müssen. Also raten sie einfach, und ihre Punktzahl kann von 0 bis 50 Punkte reichen, doch es wird nur sehr wenige Teilnehmer geben, die kaum richtige und ebenfalls sehr wenige, die kaum falsche Antworten angekreuzt haben. Aus der Verteilung der Punktzahlen in Abbildung 20 wird deutlich, dass mehr Teilnehmer eine Punktzahl in der Nähe des Mittelwerts von 25 erzielen werden. Wenn wir die Teilnehmer analysieren, die zu den oberen 10 Prozent gehören, liegen ihre Punktzahlen per Definition deutlich über dem Mittelwert der Gesamtpopulation. Sollten wir daher erwarten,

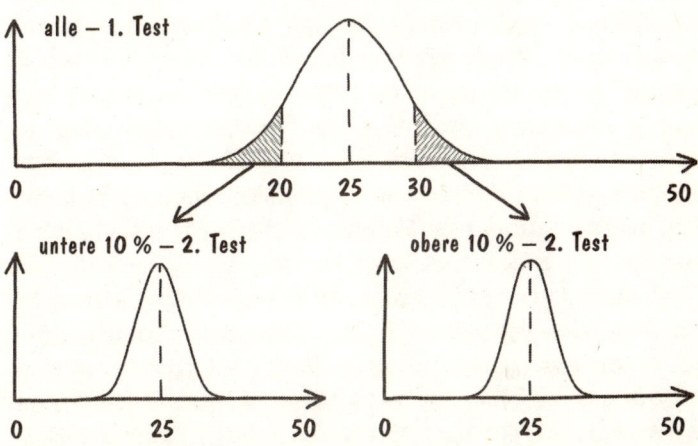

Abbildung 20: *Verteilung der Punkte eines Multiple-Choice-Tests mit 50 Ja/Nein-Fragen. Wenn man die Teilnehmer mit den Top-10-Prozent-Ergebnissen erneut testet (schattierte Region rechts), ist ihre mittlere Punktzahl dieselbe wie die mittlere Punktzahl sämtlicher Teilnehmer. Dasselbe gilt für die Teilnehmer mit den 10-Prozent-Ergebnissen am unteren Rand (schattierte Region links). Sowohl die Population mit den höchsten Punktzahlen als auch die mit den niedrigsten Punktzahlen bewegen sich Richtung Mittelwert.*

dass diese Teilnehmer signifikant besser als der Durchschnitt abschneiden, wenn wir sie mit neuen Fragen testen? Natürlich nicht. Zu erwarten ist, dass sich ihre Punktzahlen gleichmäßig um einen Mittelwert von 25 verteilen. Dasselbe gilt, wenn wir die unteren 10 Prozent erneut testen. Diejenigen Teilnehmer, die wir uns aufgrund ihrer extremen Punktzahlen im ersten Test herausgepickt haben, werden sich im zweiten Test im Durchschnitt in Richtung Mittelwert bewegen.

Bei echten Prüfungen spielen Fähigkeiten und Arbeitsmoral eine entscheidende Rolle für die Ergebnisse der Studenten, aber dennoch wird es wahrscheinlich ein Zufallselement bei den in der Prüfung gestellten Fragen und den angesprochenen Themen geben. Vorausgesetzt, es gibt eine Zufallskomponente, wird die Regression zur Mitte deren Effekt deutlich machen. Das Zufallselement ist besonders bei Multiple-Choice-Prüfungen stark ausgeprägt, bei denen selbst ein Teilnehmer ohne Vorwissen die richtige Antwort erraten kann. In einer 1987 durchgeführten Studie erhielten 25 amerikanische Studienplatzbewerber mit Prüfungsangst, die beim Scholastic Aptitude Test (SAT), einem Multiple-Choice-Test, unerwartet schlecht abgeschnitten hatten, den Blutdrucksenker Propranolol, bevor sie erneut getestet wurden.[92] Die *New York Times* berichtete anschließend: »Ein Medikament, das zur Kontrolle von hohem Blutdruck dient, hat die Ergebnisse von Studenten, die unter ungewöhnlich schwerer Prüfungsangst litten, dramatisch verbessert ...« Die Studenten, die Propranolol erhielten, verbesserten ihre Ergebnisse auf einer Skala von 400 bis 1600 durchschnittlich um bemerkenswerte 130 Punkte. Auf den ersten Blick sieht es so aus, als habe Propranolol einen starken positiven Effekt. Wie sich herausstellte, verbesserten sich aber auch die Studenten ohne besonders ausgeprägte Prüfungsangst, die den Test mit Medikament wiederholten, ihr Ergebnis um rund 40 Punkte. Wenn wir berücksichtigen, dass die Studienteilnehmer genau deshalb ausgewählt wurden, weil sie beim Test schlechter abgeschnitten hatten, als ihr IQ oder andere akademische Indikatoren hatten vermuten lassen, kann es nicht überraschen, dass sie ihre Leistungen aufgrund der Regression zur Mitte auch ohne Propranolol signifikant steigerten.

In Ermanglung einer ähnlichen Gruppe schlecht abschneidender Studenten, die den Test ohne Medikamenteneinnahmen wiederholten – der sogenannten Kontrollkohorte –, lässt sich der Effekt der Intervention nicht klar benennen. Wenn man sich nur die Ergebnisse der behandelten Kohorte ansieht, ist es verlockend, die Leistungsverbesserung dem Medikament zuzuschreiben. Die Ergebnisse des auf reinem Zufall aufbauenden Multiple-Choice-Tests zeigen jedoch, dass die Rückwärtsbewegung einer extremen Kohorte in Richtung Mittelwert ein rein statistisches Phänomen ist.

***

Eine Kausalität anzunehmen, wo keine existiert, ist bei medizinischen Studien unter allen Umständen zu vermeiden. Eine Möglichkeit, dies zu tun, besteht darin (wie wir bereits in Kapitel 2 und 3 gesehen haben), eine randomisierte Kontrollstudie durchzuführen, bei der die Patienten nach dem Zufallsprinzip einer der beiden Gruppen zugeordnet werden. Wie in der Brustkrebsstudie mit Tamoxifen erhalten Patienten im »Behandlungsarm« die tatsächliche Behandlung, die Patienten im »Kontrollarm« hingegen eine Schein- oder Placebo-Behandlung. Wenn weder die Patienten noch die behandelnden Ärzte wissen, zur welchem Arm der Studie der Patient gehört, spricht man von einer Doppelblindstudie – sie gilt allgemein als der Goldstandard für klinische Studien. In einer doppelblinden, randomisierten, kontrollierten Studie lässt sich jeder Unterschied zwischen einer Verbesserung der Symptome in der Kontrollgruppe und einer Verbesserung in der Behandlungsgruppe allein der Behandlung zuordnen, sodass hier eine Regression zur Mitte ausgeschlossen werden kann.

Historisch wird jede Verbesserung von Patienten im Kontrollarm der Studie als Placebo-Effekt bezeichnet – der positive Effekt, der entsteht, wenn man glaubt, ein wirksames Medikament zu schlucken, auch wenn es sich tatsächlich nur um eine Zuckerpille handelt. Inzwischen wird jedoch immer deutlicher, dass hinter diesem Effekt zwei recht unterschiedliche Phänomene stecken. Der vermutlich kleinere Teil beruht auf einem echten psychosomatischen Effekt, der dazu führt, dass Patienten sich besser fühlen, nur weil sie glauben, behandelt worden zu sein. Dieser »echte Placebo-Effekt« basiert seitens der Patienten auf einer echten Veränderung in der Beurteilung ihrer Symptome. Der positive psychosomatische Effekt ist größer, wenn der Patient weiß, dass er zur Behandlungsgruppe gehört, und interessanterweise auch dann, wenn die Person, die die Behandlung durchführt, dies weiß; darum die doppelte Verblindung.

Der andere, vielleicht wichtigere Grund für die Verbesserung der Symptome im Kontrollarm ist die Regression zur Mitte. Dieser einfache statistische Effekt bringt den Patienten keinerlei Nutzen. Die einzige Möglichkeit herauszufinden, welche der beiden Komponenten für den Placebo-Effekt wichtiger ist, besteht darin, die Auswirkungen einer Scheinbehandlung mit den Auswirkungen überhaupt keiner Behandlung zu vergleichen. Studien dieser Art werden oft als unethisch angesehen, doch es hat in der Vergangenheit genügend solcher Studien gegeben, um sagen zu können, dass der größte Teil des Placebo-Effekts tatsächlich eine Folge der Regression zur Mitte ist.[93]

Viele Anhänger der alternativen Medizin argumentieren, dass selbst dann, wenn hinter der Behandlung nicht mehr als ein Placebo-Effekt steckt, dessen Nutzen groß sein kann und genutzt werden sollte. Wenn der Placebo-Effekt jedoch größtenteils auf die Regression zur Mitte zurückgeht, steht dieses Argument auf schwachen Füßen. Andere Gurus der alternativen Medizin erklären, statt auf »künstliche klinische Studien« zu vertrauen, sei es wichtiger, die Ergebnisse der »realen Welt« zu berücksichtigen – oder, um es anders auszudrücken, »unkontrollierte Studienergebnisse, die sich allein darauf konzentrieren, wie sich das subjektive Befinden des Patienten nach der Behandlung verändert«. Wenig überraschend klammern sich diese »Quacksalber« an jedes Argument, das ihnen erlaubt, die Effekte einer Regression zur Mitte als echten, kausalen Nutzen ihrer unwissenschaftlichen Behandlung umzudeuten. Wie der Pulitzer-Preisträger Upton Sinclair einst meinte: »Es ist schwierig, einen Menschen dazu zu bringen, etwas zu verstehen, *wenn sein Gehalt davon abhängt*, dass er es nicht versteht.«

***

Auch auf einem ganz anderen Gebiet als der Medizin hat die Regression zur Mitte weitreichende Konsequenzen für die Deutung von Ursache und Wirkung, nämlich im juristischen Kontext. Am 16. Oktober 1991 ließ sich die 32-jährige Suzanna Hupp mit ihren Eltern in *Luby's Cafeteria* in Killeen, Texas, zum Essen nieder. Es war Mittagszeit und das Restaurant mit mehr als 150 Gästen an den quadratischen Tischen ungewöhnlich gut besucht. Um 12:39 Uhr trat George Hennard, ein arbeitsloser Matrose der Handelsflotte, das Gaspedal seines blauen Ford-Ranger-Pick-ups durch und fuhr direkt durch die gläserne Front des Restaurants in den Speisesaal. Sofort sprang er aus dem Wagen und eröffnete mit zwei halb automatischen Pistolen, in der einen Hand eine Glock 17, in der anderen seine Ruger P89, das Feuer.

Hupp und ihre Eltern, die zuerst an einen Raubüberfall dachten, ließen sich auf den Boden fallen und kippten den Tisch um, um eine behelfsmäßige Barriere zwischen sich und dem Schützen zu schaffen. Nachdem Schuss um Schuss fiel, wurde Hupp zu ihrem Entsetzen klar, dass es diesem Mann nicht darum ging, das Restaurant auszurauben; er war gekommen, um zu töten, und zwar so viele Menschen wie möglich.

Der Schütze näherte sich ihrem Tisch bis auf wenige Meter, und Hupp suchte nach ihrer Handtasche. Darin hatte sie einen

.38 Smith&Wesson-Revolver verborgen, den sie einige Jahre zuvor zur Selbstverteidigung erworben hatte. Als sie nach der Waffe greifen wollte, erinnerte sie sich, dass sie den Revolver unter dem Beifahrersitz ihres Wagens gelassen hatte, um nicht mit dem texanischen Gesetz über das verdeckte Tragen von Schusswaffen in Konflikt zu geraten. Das bezeichnete sie später als die »dümmste Entscheidung meines Lebens«. Hupps Vater kam zu dem heroischen Entschluss, den Schützen anzugreifen, bevor alle Gäste des Restaurants ermordet würden. Er sprang hinter dem Tisch hervor und wollte sich auf Hennard stürzen. Mehr als ein paar Schritte kam er jedoch nicht. Tödlich in die Brust getroffen fiel er zu Boden. Auf der Suche nach weiteren Opfern wandte sich Hennard von dem Tisch ab, hinter dem Hupp und ihre Mutter noch immer hockten. Zur selben Zeit sprang ein weiterer Besucher, Tommy Vaughn, in einem verzweifelten Versuch zu entkommen, durch eines der großen Glasfenster an der Rückseite des Restaurants. Hupp, die das zerbrochene Fenster als möglichen Fluchtweg erkannte, stieß ihre Mutter Ursula an und flüsterte ihr zu: »Komm, wir müssen abhauen, wir müssen hier raus!« So schnell sie konnte lief Hupp zum Fenster, schlüpfte hindurch und gelangte unverletzt auf die Straße. Als sie sich umdrehte, um sich zu vergewissern, dass ihre Mutter ihr gefolgt war, stellte sie jedoch fest, dass sie allein war. Ursula war dorthin gekrochen, wo ihr Mann zusammengebrochen war, und hatte den Kopf des Sterbenden in ihre Hände genommen. Langsam und methodisch, aber unaufhaltsam kehrte Hennard dorthin zurück, wo sie saß, und schoss ihr in den Kopf.

Hupps Eltern waren zwei der 23 Opfer, die Hennard an diesem Tag umbrachte; 27 weitere Menschen wurden verletzt. Damals war es der schlimmste Amoklauf in der Geschichte der Vereinigten Staaten. Anschließend setzte sich Hupp im ganzen Staat mit aller Kraft für die Legalisierung des verdeckten Tragens von Schusswaffen ein. Vor dem Amoklauf von Killeen 1991 war das verdeckte Tragen von Waffen in insgesamt zehn

Staaten legal. Diese Gesetze legen fest, dass einem Antragsteller – vorausgesetzt, er erfüllt eine Reihe objektiver Kriterien – die Erlaubnis zum Tragen verdeckter Waffen in der Öffentlichkeit erteilt werden muss, ohne Ermessensspielraum für den Aussteller der Erlaubnis. Zwischen 1991 und 1995 erließen elf weitere Staaten entsprechende Gesetze, und am 1. September 1995 unterzeichnete George W. Bush ein Gesetz, das Texas zum zwölften dieser Staaten machte.

Angesichts der Tatsache, dass die Schusswaffenkontrolle in den Vereinigten Staaten ein solch umstrittenes Thema ist, herrschte verständlicherweise großes Interesse daran, die Auswirkungen zu überprüfen, die diese Gesetze zum verdeckten Tragen von Waffen auf Gewaltverbrechen hatten. Befürworter von Schusswaffenkontrollgesetzen fürchteten, mehr verdeckte Waffen würden zu fatalen Eskalationen relativ geringfügiger Auseinandersetzungen wie auch zu einer Zunahme der Anzahl der Waffen führen, die dem kriminellen Lager zur Verfügung stünden. Die Lobby derjenigen, die für das Recht auf Waffentragen kämpften, hoffte dagegen, die erhöhte Wahrscheinlichkeit, dass das Opfer eines Gewaltverbrechens bewaffnet sein könnte, würde potenzielle Täter abschrecken oder zumindest den Bürgern den Versuch ermöglichen, Amokläufe früher zu beenden. Die ersten Studien, die die Verbrechensraten vor Einführung dieser Gesetze mit solchen nach deren Einführung verglichen, schienen dafür zu sprechen, dass sich die Zahl der Morde und Gewaltverbrechen direkt nach Verabschiedung verringerte.[94]

Bei diesen Studien wurden jedoch in der Regel zwei Faktoren vernachlässigt. Der erste Faktor war die Tatsache, dass die Zahl der Gewaltverbrechen um die Zeit herum, als Gesetze, die das Tragen verdeckter Waffen erlaubten, in großer Zahl verabschiedet wurden, im ganzen Land abnahm. Zwischen 1990 und 2001 führten vermehrte Polizeikontrollen, steigende Inhaftierungszahlen und der Rückgang der Crack-/Kokain-Epidemie zu einem Rückgang der Mordfälle von 10 zu 100 000 pro Jahr auf rund 6 zu 100 000 pro Jahr.[95] Die Prävalenz von Tötungsdelikten sank in Staaten mit und ohne Gesetzen zum Tragen verdeckter Schusswaffen um fast genau denselben Anteil. Wenn man Mordraten in Staaten mit Erlaubnis zum Waffentragen mit der Mordrate in den USA insgesamt vergleicht, reduziert sich der vermutete Einfluss der Gesetze beträchtlich. Vielleicht noch wichtiger ist eine Studie, die zeigte, dass die Daten »die Hypothese nicht stützen, dass die Gesetze positive Effekte auf die Reduzierung von Mordraten haben«, wenn man die Regression zur Mitte berücksichtigte.[96] Es war häufig so, dass Staaten Gesetze zur Erlaubnis zum Tragen verdeckter Waffen in Reaktion auf ein steigendes Niveau von Gewaltverbrechen verabschiedeten. Dass in der Folgezeit relative Mordraten offenbar sanken, stand anscheinend nicht in Beziehung mit diesen Gesetzen. Vielmehr stellte sich heraus, dass die Verabschiedung der Gesetze mit den erhöhten Mordraten vor ihrer Einführung verknüpft war. Das vermittelte einen falschen Eindruck von der Effektivität der Gesetze, da die Verbrechensraten ganz natürlich von ihrem abnorm hohen Niveau zurückgingen.

Den Dreh bemerken

Die Debatte um die Waffengesetzgebung in den Vereinigten Staaten ist noch immer in vollem Gang. Im Gefolge des Massenmordes am 17. Oktober 2017 in Las Vegas, bei dem 58 Menschen getötet und viele Hundert weitere verletzt wurden, nahm Sebastian Gorka, kurz nachdem er vom Weißen Haus entlassen wurde, an einer Debatte zur Waffenkontrolle teil. Gorka, dem kühne, unbelegte Behauptungen nicht fremd sind, wie wir zu Anfang des Kapitels gesehen haben, mischte sich bei einer Diskussion über die Beschränkung des Verkaufs von Schusswaffen und ihrem Zubehör ein und lenkte die Debatte in eine unerwartete Richtung:

»… es geht nicht um unbelebte Objekte. Das größte Problem, das wir haben, sind nicht die Massenschießereien, das sind Ausnahmen. Man macht keine Gesetzgebung auf der Basis von Ausreißern. Unser großes Thema sind die Schusswaffenverbrechen von Schwarzafrikanern an Schwarzafrikanern … junge schwarze Männer bringen einander scharenweise um.«

Wenn wir annehmen, dass sich Gorka auf schwarze Amerikaner bezog, klingt dies doch sehr nach einem Wiederaufguss der schlechten Statistik, die wir zu Anfang des Kapitels auseinandergenommen haben. Gorkas wiederholte Überschreitung ist ein Beispiel für eine der Situationen, in denen man vor schlechter Statistik besonders auf der Hut sein sollte: beim Wiederholungstäter. Menschen, die sich in der Vergangenheit nicht um die Genauigkeit ihrer Zahlen geschert haben, werden sich in Zukunft kaum anders verhalten. Glenn Kessler von der *Washington Post*, einer der Pioniere des politischen Faktenchecks, analysiert und bewertet regelmäßig die Aussagen von Politikern auf einer Skala von einem bis vier »Pinocchios«, je nachdem, wie stark sie die Wahrheit gebeugt haben. In seinen Berichten tauchen immer wieder dieselben Namen auf.

Es gibt noch andere, subtilere Zeichen, die für eine manipulierte Statistik sprechen. Wenn die Präsentatoren sich ihrer Zahlen sicher sind, scheuen sie sich nicht, Kontext und Quelle anzugeben, damit andere sie prüfen können. Wie bei Gorkas Terrorismus-Tweet ist ein kontextuelles Vakuum eine rote Warnlampe, wenn es um Glaubwürdigkeit geht. Ein Mangel an Details bei Studienergebnissen, einschließlich Stichprobengröße, gestellter Fragen und Quelle der Stichprobe – wie bei der später verbotenen L'Oréal-Werbekampagne – sind weitere Warnzeichen. Falsche Rahmen, Prozentangaben, Hinweise und relative Zahlen ohne die dazugehörigen Absolutzahlen, wie in dem »Breast Cancer Risk Tool« des NCI, sollten Alarmglocken zum Läuten bringen. Die inkorrekte Annahme einer Kausalbeziehung aus unkontrollierten Studien oder verzerrte Daten von zu kleinen Stichproben – wie man sie oft bei den Schlussfolgerungen aus Studien zur alternativen Medizin findet – sind weitere Tricks, auf die man achten sollte. Und wenn eine anfangs extreme Statistik steigt oder fällt – wie bei den Schusswaffenverbrechen in den Vereinigten Staaten –, sollte man nach der Regression zur Mitte Ausschau halten.

Allgemeiner gesagt: Wenn Ihnen eine Statistik vorgelegt wird, stellen Sie sich die Fragen: Was ist die Bezugsgröße? Welche Absicht steckt dahinter? Ist das die ganze Geschichte? Die Antworten auf diese drei Fragen sollten Ihnen bei der Entscheidung, wie glaubwürdig die Zahlen sind, deutlich weiterhelfen. Wenn sich die Antworten darauf nicht finden lassen, spricht das für sich.

***

Es gibt zahlreiche Wege für einen ökonomischen Umgang mit der Wahrheit unter Nutzung von Mathematik. Die Statistiken, die in Zeitungen verkündet, in Werbeanzeigen angepriesen oder von Politikern im Brustton der Überzeugung geäußert werden, sind häufig irreführend, manchmal gefährlich, aber selten völlig inkorrekt. In diesen Zahlen sind gewöhnlich Keime der Wahrheit enthalten, aber nur sehr selten die ganze Frucht. Manchmal sind diese Falschdarstellungen das Ergebnis absichtlicher Fehldeutungen, während sich der Täter bei anderen Gelegenheiten der Verzerrung oder der Fehler in seinen Berechnungen tatsächlich gar nicht bewusst ist. Wir werden uns im folgenden Kapitel mit den katastrophalen Konsequenzen solcher echten mathematischen Irrtümer beschäftigen.

In seinem Klassiker *Wie lügt man mit Statistik* meint Darrell Huff: »Trotz ihrer mathematischen Basis ist Statistik ebenso eine Kunst wie eine Wissenschaft.« Letztlich sollten wir das Ausmaß, in dem wir einer Statistik Glauben schenken, davon abhängig machen, wie komplett das Bild ist, das der Künstler für uns malt. Wenn es eine reich detaillierte, realistische Landschaft mit Kontext, einer vertrauenswürdigen Quelle, klaren Expositionen und logischen Ketten ist, dann sollten wir auf die Wahrhaftigkeit der Zahlen vertrauen. Wenn es sich jedoch um eine zweifelhaft begründete Behauptung handelt, gestützt durch eine minimalistische einzelne Statistik auf einer ansonsten leeren Leinwand, sollten wir uns reiflich überlegen, ob wir dieser »Wahrheit« wirklich Glauben schenken.

5

Zur falschen Zeit am falschen Ort

**Die Entstehung unserer Zahlensysteme und
wie sie uns im Stich lassen**

Alex Rossetto und Luke Parkin studierten im zweiten Jahr Sport an der Northumbria University in Newcastle. Im März 2015 meldeten sie sich für eine Versuchsreihe, in der der Effekt von Koffein auf sportliche Betätigung untersucht werden sollte. Die Studenten sollten 0,3 Gramm Koffein erhalten und dann ihr Programm abspulen. Wegen eines einfachen Rechenfehlers aber fanden sie sich um ihr Leben kämpfend auf der Intensivstation wieder.

Nachdem sie das Koffein, aufgelöst in einer Mischung aus Orangensaft und Wasser, getrunken hatten, stimmten Rossetto und Parkin zu, an einem allgemein angewandten Leistungstest teilzunehmen, der als Wingate-Test bekannt ist. Die Studenten sollten sich auf ein Fahrradergometer setzen und so stark in die Pedale treten, wie sie konnten, um zu sehen, wie das Koffein ihren anaeroben Leistungsoutput beeinflusste. Doch kurz nachdem sie den Koffeincocktail zu sich genommen hatten, sogar noch bevor sie sich auf die Räder setzen konnten, fühlten sich die Studenten unwohl, klagten über Sehstörungen und Herzrasen. Sie wurden augenblicklich als Notfall in die Unfallklinik gebracht und an Dialysemaschinen angeschlossen. Während der folgenden Tage verloren Rossetto und Parkin jeweils über 12 Kilogramm Gewicht.

Die Forscher, die den Test durchführten, verrechneten sich bei der Dosis und mischten statt der 0,3 Gramm Koffein in Pulverform unglaubliche 30 Gramm Koffeinpulver in den Drink. Die Studenten hatten innerhalb weniger Sekunden das Äquivalent von etwa 300 Tassen normalem Kaffee zu sich genommen. Schon 10 Gramm können bei Erwachsenen bekanntermaßen tödlich wirken. Zum Glück waren Parkin und Rossetto jung und gesund genug, um diese massive Überdosis mit nur wenigen Langzeitfolgen zu überstehen.

Der Fehler passierte, weil die Forscher, die den Test durchführten, in ihrem Mobiltelefon ein Dezimalkomma zwei Stellen zu weit nach rechts gesetzt hatten, sodass aus 0,30 Gramm 30 Gramm wurden. Dies ist nicht das erste Mal, dass ein falsch gesetztes Dezimalkomma dramatische Auswirkungen hatte. Andere ähnliche Fehler hatten Konsequenzen, die von lustig über absurd bis tödlich reichten.

***

Im Frühjahr 2016 stellte der Bauarbeiter Michael Sergeant nach einer Woche Arbeit eine Rechnung über 446,60 Pfund aus. Einige Tage später fand er verwundert und aufgeregt 44 660 Pfund seinem Konto gutgeschrieben; offenbar hatte der Direktor der Firma, der er die Rechnung gestellt hatte, das Dezimalkomma an die falsche Stelle gesetzt. Einige Tage lang lebte Sergeant wie ein Rockstar. Er gab Tausende Pfund für ein neues Auto, Drogen, Alkohol, Glücksspiel, Designerklamotten, Uhren und Schmuck aus, bevor ihn die Polizei zu fassen bekam. Sergeant musste das restliche Geld zurückzahlen und Sozialarbeit für seine Blauäugigkeit leisten.

Weit über Naivität hinaus ging ein Papier, das die konservative Partei Großbritanniens in der Endphase der Wahlen im Jahre 2010 publizierte, ein Papier, das die Ungleichheit zwischen reichen und armen Gegenden in Großbritannien unter der amtierenden Labour-Regierung aufzeigte. Die Studie behauptete, 54 Prozent aller Mädchen in Großbritanniens ärmsten Gegenden würden schwanger, bevor sie 18 wurden, verglichen mit 19 Prozent in den wohlhabenden Gegenden. Statt als scharfe Rüge zu wirken, die die soziale Ungleichheit während 13-jähriger Labour-Herrschaft hervorhob, bewirkten die Zahlen das Gegenteil; denn Kommentatoren und Politiker der Labour Party wiesen nach, dass die Zahlen in Wirklichkeit nur 5,4 Prozent und 1,9 Prozent lauteten. Zum einen hatten die Konservativen einen himmelschreienden Fehler mit einem Dezimalkomma gemacht; zum anderen nahm man ihre unkritische Unterstellung, dass in manchen Gegenden mehr als die Hälfte der jugendlichen Mädchen schwanger würden, als Beweis dafür, wie weit sich die Konservativen von der Wirklichkeit ihrer Wählerschaft entfernt hatten. Trotz dieser großen Peinlichkeit, die das versetzte Komma für die Konservativen bedeutete, gewannen sie die Wahl 2010 – ihr Fehler erwies sich als nicht fatal.

Das war jedoch leider für die 85-jährige Rentnerin Mary Williams der Fall. Am 2. Juni 2007 bekam sie Besuch von der Gemeindeschwester Joanne Evans, die eine Kollegin vertrat, um der Diabetespatientin ihre tägliche Insulindosis zu verabreichen. Sie befüllte ihren ersten Insulin-Pen mit den nötigen 36 »Einheiten« Insulin, doch als sie die Dosis verabreichen wollte, streikte der Pen. Sie versuchte es mit zwei weiteren Insulin-Pens, doch beide versagten. Aus Sorge, Mrs Williams könnte ihr benötigtes Insulin nicht bekommen, holte die Schwester eine normale Spritze aus dem Auto. Obwohl die Insulin-Pens nur mit »Einheiten« Insulin markiert waren, die Spritze aber mit Millilitern, wusste Evans, dass eine »Einheit« 0,01 Millilitern entsprach. Sie füllte die 1-Milliliter-Spritze und injizierte die Flüssigkeit in Mrs Williams Arm. Dies wiederholte sie dreimal, um die volle Dosis zu erreichen. Sie hielt dabei nicht inne, um sich zu fragen, warum sie mehrere Spritzen setzen musste, obwohl eine einzelne Dosis für die Patientin ausgereicht hätte. Als sie schließlich fertig war, verließ sie Mrs Williams und setzte ihre Runde fort. Erst später am Tag wurde ihr der schreckliche Fehler klar: Statt 0,36 Milliliter Insulin zu injizieren, hatte sie 3,6 Milliliter verabreicht – eine zehnfache Überdosis. Sie rief sofort einen Arzt, doch zu dieser Zeit war Mrs Williams bereits einer Insulin-induzierten Herzattacke erlegen.

Obwohl man die irrenden Protagonisten dieser Geschichten wegen ihrer offensichtlichen Schnitzer leicht mit Häme überziehen kann, zeigt doch die weite Verbreitung solcher Geschehnisse, dass simple Fehler immer wieder passieren können und dass dies tatsächlich auch geschieht, häufig mit ernsten Folgen. Zum Teil liegt die Schwere dieser Auswirkungen in unserem Dezimalstellensystem begründet. In einer Zahl wie 222 steht jede 2 für eine andere Zahl: 2, 20 und 200, wobei jede zehn Mal größer ist als die vorhergehende, weswegen die Fehlstellung des Dezimalkommas sich so gravierend auswirkt. Vielleicht könnte man diese Fehler vermeiden, wenn man das Binärsystem nutzen würde – das System, auf dem die gesamte moderne Computertechnologie basiert und in dem jede Stelle nur um den Faktor zwei größer ist als die vorhergehende. Die doppelte Dosis Insulin oder die vierfache Menge Koffein hätten wohl kaum derart gravierende Folgen gehabt.

In diesem Kapitel untersuchen wir noch mehr kostspielige Fehler, die aus den Systemen entstehen, die unseren Alltag quantifizieren. Wir decken die oft verborgenen Einflüsse von scheinbar lange vergessenen numerischen Systemen auf, die einen Blick auf unsere Geschichte und unsere Biologie offenbaren. Wir decken ihre Schwächen auf und schauen uns Alternativen an, die helfen sollen, die üblichen Fehler zu vermeiden. Wir gehen der Entwicklung unserer Zahlensysteme in Verzweigungen mit Sackgassen und zusammenfließenden Strömungen nach, die parallel zur Entstehung der menschlichen Kultur selbst verlaufen. Wie bei unseren kulturellen Vorurteilen decken wir auch die mathematischen Denkstrukturen auf, die so tief in unserem Unterbewusstsein vergraben sind, dass wir nicht einmal ihre Einschränkungen für unsere Perspektive bemerken.

Die Stelle

Das Zahlensystem, das wir heutzutage verwenden, kennt man als Dezimalstellenwertsystem oder einfach Dezimalsystem. »Stellenwert« deshalb, weil dieselbe Ziffer an einer anderen Stelle einen anderen Zahlenwert bedeutet. »Dezimal« deswegen, weil dieselbe Ziffer in einer benachbarten Position zehnmal (von lat. *decem* für zehn) so groß oder so klein ist wie ihr Nachbar. Den Multiplikationsfaktor zwischen den Stellen, 10, nennt man Basis. Warum wir Basis 10 anderen Basen gegenüber bevorzugen, ist eher als Zufall unserer Biologie anzusehen denn als wohldurchdachter Plan. Obwohl einige unserer Vorfahren eine andere Basis wählten, haben doch die meisten Kulturen, die Zahlensysteme entwickelten (unter anderem die Armenier, die Ägypter, die Griechen, die Römer, die Inder und die Chinesen), das Dezimalsystem gewählt. Der simple Grund ist der: Als uns klar wurde, dass wir zählen beziehungsweise quantifizieren müssen, ganz so, wie wir es unseren Kindern in der Schule beibringen, zählten wir mit unseren zehn Fingern.

Andererseits gab es auch Kulturen, die ihr Zahlensystem auf anderen Aspekten unserer Biologie gründeten. Die kalifornischen Ureinwohner, die Yuki, zählten mit der Basis 8, indem sie die Fingerzwischenräume statt der Finger selbst als Marker benutzten. Die Sumerer machten von der Basis 60 Gebrauch, indem sie auf die zwölf Fingergelenke der rechten Hand zeigten, dabei den Daumen der rechten Hand als Zeiger benutzten und mit den Fingern der linken Hand bis zu fünf Zwölferblocks (60) nachhielten. Das Volk der Oksapmin in Papua-Neuguinea benutzt ein System, das auf der Zahl 27 basiert: Sie starten beim

Zählen mit dem Daumen einer Hand (1), wandern den Arm hoch bis zur Nase (14) und schließen mit dem kleinen Finger der anderen Hand (27). Auch wenn die zehn Finger nicht unbedingt die einzigen Körperteile sind, die als Inspiration für ein Zahlensystem dienen können, sind sie doch die offensichtlichsten und deshalb die von unseren Vorfahren am häufigsten benutzten, als diese begannen, Mathematik zu entwickeln.

Sobald eine Kultur ein Zählsystem eingeführt hatte, eröffnete sich ihr die Möglichkeit, höhere Mathematik für praktische Zwecke zu entwickeln. Tatsächlich kannten sich die ältesten menschlichen Zivilisationen sehr gut in fortgeschrittener Mathematik aus. Schon im 3. Jahrtausend v. Chr. konnten zum Beispiel die Ägypter addieren, subtrahieren, multiplizieren und einfache Bruchrechnungen durchführen. Passenderweise kannten sie die Formel für das Volumen einer Pyramide, und es gibt sogar Indizien, dass sie auf rechtwinklige Dreiecke mit Seitenlängen 3, 4 und 5 stießen, ein sogenanntes pythagoreisches Tripel, und das lange vor Pythagoras. Die Ägypter arbeiteten mit der Basis 10, hatten aber kein Stellenwertsystem. Stattdessen gab es verschiedene Hieroglyphen für verschiedene Potenzen von 10. Diese bildhaften Darstellungen für Zahlen wurden in keiner erkennbaren Ordnung geschrieben – die Ägypter erkannten den Wert von etwas durch einen Blick auf das Bild. Die Zahl 1 war ein einfacher Strich, so ähnlich wie bei uns heute, 10 war ein Rinderjoch, 100 eine Seilrolle, und eine schmuckvolle Wasserlilie stand für die 1000. 10 000 war ein gekrümmter Finger. 100 000 war eine Kaulquappe und 1 000 000 die Gottheit Heh – die Personifizierung von Unendlichkeit und Ewigkeit. Eine Million war für die alten Ägypter in etwa die Grenze. Wenn sie die Zahl 1999 darstellen wollten, malten sie eine Wasserlilie, neun Seilrollen, neun Jochs und neun senkrechte Striche. Wenn auch lästig, funktioniert das System ganz gut bei Zahlen bis zu einer Milliarde. Wären die Ägypter jedoch in der Lage gewesen, die Anzahl der Sterne im Universum zu ergründen (in unserem Dezimalsystem annähernd eine gewaltige 1 000 000 000 000 000 000 000 000 000), hätten sie den Gott Heh eine Milliarde Milliarden Mal zeichnen müssen – nicht wirklich machbar.

Die römische Zivilisation war in vielerlei Hinsicht weiter fortgeschritten als die ägyptische. Berühmt ist sie für die weite Verbreitung von Erfindungen wie Büchern, Beton, Straßen, Sanitäranlagen in Häusern und das Konzept eines Gesundheitswesens. Ihr Zahlensystem war jedoch primitiver. Sie benutzten ein System von sieben Symbolen: I, V, X, L, C, D und M für die Zahlen 1, 5, 10, 50, 100, 500 und 1000. Da sie sich der Umständlichkeit bewusst waren, stellten die Römer sicher, dass Zahlen immer von links nach rechts der Größe nach abnehmend geschrieben wurden, sodass die Zeichen einfach aufaddiert werden konnten. Zum Beispiel stand MMXV für 1000 + 1000 + 10 + 5 beziehungsweise 2015.

Da es so unhandlich war, große Zahlen zu schreiben, wurde eine Ausnahme von der Regel eingeführt. Zum Beispiel würde die Zahl 2019 nicht MMXVIIII, sondern MMXIX geschrieben, wobei die I von der letzten X abgezogen wird, wodurch sich 9 ergibt und erforderliche Zeichen eingespart werden. Als wäre das noch nicht kompliziert genug, ist es wahrscheinlich sogar so, dass die standardisierten Regeln und Symbole der römischen Zahlzeichen, wie wir sie uns heute denken, nicht dieselben waren wie diejenigen, die die Römer tatsächlich benutzt haben. Zum Beispiel haben die Etrusker vermutlich Symbole wie I, Λ, X, ↑ und Ж anstelle von I, V, X, L und C benutzt, obwohl auch das umstritten ist. Die geregelten Symbole und Gesetzmäßigkeiten zum Schreiben römischer Zahlzeichen, wie sie oben beschrieben wurden, haben sich vermutlich im Verlauf vieler Jahrhunderte im poströmischen Europa entwickelt. Die Systeme, die die alten Römer selbst benutzt haben, waren wahrscheinlich viel weniger einheitlich.

Allerdings gingen die römischen Zahlzeichen mit dem Untergang des Römischen Reiches anders als die ägyptischen Hieroglyphen nicht völlig verloren. Römische Zahlzeichen schmücken auch heute noch zahlreiche Gebäude und geben das Jahr ihrer Errichtung an oder ermöglichen Architekten, ihrer jüngsten Schöpfung ein antikes Flair zu verleihen. Aus diesem Grund waren die späten 1800er-Jahre für Steinmetze eine besonders harte Zeit. So ziert die öffentliche Bibliothek in Boston die Inschrift MDCCCLXXXVIII – mit 13 Zeichen die längste römische Zahl des letzten Jahrtausends – für das Jahr ihrer Fertigstellung 1888. Auch Moderatgeber behaupten, dass man mit römischen Zahlzeichen auf dem Zifferblatt seiner Uhr andeutet, weltgewandter als der Durchschnittsmensch zu sein. Es stimmt jedenfalls, dass sich der Name der am längsten regierenden britischen Königin, Elisabeth II., weniger wie die Fortsetzung einer TV-Serie liest als Elisabeth 2. Auch Filme und Fernsehshows notieren mit römischen Zahlzeichen ihr Produktionsdatum, allerdings aus anderen Gründen. Weil römische Zahlen schwerer schnell zu lesen sind, hielt das in den Kindertagen des Films die meisten Leute davon ab, zu schnell herauszufinden, dass man ihnen alte Kinokost vorsetzte, ohne dass auf den vorgeschriebenen Copyright-Hinweis verzichtet werden musste.

Trotz ihres langlebigen Nischendaseins eroberten römische Zahlzeichen niemals die Welt, weil ihre komplizierte Schreibweise der Entwicklung höherer Mathematik im Weg stand. Tatsächlich ist das Römische Reich für seinen Mangel an bedeutenden Mathematikern und mathematischen Beiträgen bekannt. Wie eben gesehen, ist jede Zahl im römischen System potenziell eine komplexe Gleichung, die den Leser instruiert, eine Reihe von Symbolen zu addieren oder zu subtrahieren, um zu einem Ergebnis zu kommen. Das macht selbst die einfachste Addition zweier römischer Zahlen schwierig. Zum Beispiel war es unmöglich, zwei Zahlen übereinander zu schreiben und die Ziffern in jeder Spalte zu addieren, wie wir alle es heute in unseren ersten Mathestunden lernen. Zwei identische Symbole an derselben Stelle in zwei verschiedenen römischen Zahlen bedeutete nicht notwendigerweise dasselbe. Man kann nicht einfach die Ziffern von MMXV von den Ziffern von MMXIX von rechts nach links fortschreitend abziehen (X − V ergibt 5, I − X ergibt −9 etc.), um auf den Unterschied von vier Jahren zwischen 2019 und 2015 zu kommen. Was den Römern ganz wesentlich fehlte, war ein Stellenwertsystem.

***

Schon lange vor Römern und Ägyptern hatten die Sumerer, im heutigen Irak angesiedelt, ein weitaus fortschrittlicheres Zahlensystem. Die Sumerer, die häufig als Begründer der Zivilisation angesehen werden, entwickelten eine breites Instrumentarium an Technologien für die Landwirtschaft, einschließlich Bewässerung, den Pflug und möglicherweise sogar das Rad. Mit dem Aufkeimen ihrer Agrargesellschaft wurde es bürokratisch notwendig, Land genau zu vermessen, Steuern festzulegen und Buch zu führen. So erfanden die Sumerer vor etwa 5000 Jahren das erste Stellenwertsystem – ein System, dessen grundlegende Konzepte sich letztendlich über den ganzen Globus verbreiten sollten. Zahlen wurden in festgelegter Reihenfolge aufgeschrieben. Ein Zeichen, das weiter links stand, repräsentierte einen höheren Wert als dasselbe Zeichen, wenn es weiter rechts stand. In unserem modernen Stellenwertsystem steht die 9 in 2019 für neun Einer, die 1 für eine Zehn, die 0 für keine Hunderter und die 2 für zwei Tausender. Immer wenn man nach links rückt, repräsentiert dasselbe Zeichen eine zehnmal größere Zahl. Obwohl die Sumerer mit der Basis 60 arbeiteten, verwandten sie exakt dieses Prinzip. Die erste Spalte ganz rechts stand für Einer, die nächste links davon für 60er, die nächste für 3600er und so weiter. Im sumerischen Sexagesimalsystem würden die Ziffern in 2019 neun Einer, eine 60, keine 3600 und zwei 216 000er repräsentieren, dezimal geschrieben also 432 069. Hätten die Sumerer umgekehrt 2019 in sexagesimaler Notation schreiben wollen, hätte das etwa wie 33 39 ausgesehen, wobei die 33 für 33 mal 60 (1980) steht und die 39 die restlichen 39 Einheiten repräsentiert.

Die Entwicklung des Stellenwertsystems ist wohl die bedeutendste wissenschaftliche Offenbarung aller Zeiten. Es ist kein Zufall, dass die europaweite Einführung des hindu-arabischen Stellenwertsystems auf Basis 10 (das wir heute noch benutzen) im 15. Jahrhundert der wissenschaftlichen Revolution unmittelbar vorausging. Stellenwertsysteme erlauben es, jede Zahl unabhängig von ihrer Größe, mit einigen wenigen Symbolen zu beschreiben. Im ägyptischen und römischen System hatte die Stelle eines Symbols keine umfassende Bedeutung. Der Wert wurde vielmehr durch das Zeichen selbst bestimmt, was zur Folge hatte, dass beide Kulturen durch die endliche Zahl von Symbolen, mit denen man sinnvoll arbeiten konnte, in ihrer Handlungsfähigkeit stark eingeschränkt waren. Die Sumerer dagegen konnten mit ihren 60 Zahlzeichen jede nur denkbare Zahl darstellen. Das ausgeklügelte Stellensystem erlaubte ihnen die Ausübung fortgeschrittener Mathematik, wie das Lösen quadratischer Gleichungen (die auf natürliche Weise in der Landwirtschaft bei der Landzuteilung auftauchen) und die Trigonometrie (die sich mit Dreiecken beschäftigt).

Möglicherweise lag der Hauptgrund für die Benutzung des Sexagesimalsystems bei den Sumerern darin, dass es das Arbeiten mit Brüchen und das Dividieren ganz wesentlich erleichterte. Sechzig hat jede Menge Teiler: die Zahlen 1, 2, 3, 4, 5, 6, 10, 12, 15, 20, 30 und 60 teilen alle 60 ohne Rest. Versucht man, 1 Pfund (das aus 100 Pence besteht) oder 1 Dollar oder Euro (die aus 100 Cent bestehen) unter sechs Leuten aufzuteilen, wird es Unstimmigkeiten darüber geben, wer die restlichen 4 Cent erhält. Eine sumerische Mine, bestehend aus 60 Schekel, ließ sich jedoch prima unter 2, 3, 4, 5, 6, 10, 12, 15, 20 oder sogar 30 Leuten aufteilen, ohne dass es Streit gab. Mit der sumerischen Basis 60 fällt es uns auch leicht, einen Kuchen gerecht unter zum Beispiel zwölf Leuten aufzuteilen. Ein Zwölftel entspricht im Sexagesimalsystem fünf Sechzigsteln. Die Sumerer würden dies ganz hübsch als 0,5 schreiben (da die erste Stelle hinter dem Komma die Sechzigstel darstellt, nicht die Zehntel wie im Dezimalsystem) statt der hässlichen 0,83333 … in unserem Dezimalsystem. Aus diesem Grund unterteilten die sumerischen Astronomen den Kreisbogen des Nachthimmels, genau wie den Kuchen, in 360 (also 6 × 60) Grade, was für astronomische Vorhersagen hilfreich war.

Die alten Griechen bauten auf der sumerischen Tradition auf und teilten jeden Winkelgrad in 60 Minuten (durch ' bezeichnet), jede Minute wiederum in 60 Sekunden (bezeichnet durch "). Tatsächlich bedeutet das später aus dem Lateinischen abgeleitete Wort »Minute« (von lat. *pars minuta* für »verminderter Teil«) eine ganz kleine Unterteilung (in diesem Fall des Kreises), und das Wort »Sekunde« (von lat. *pars minuta secunda* für »weiterer, zweiter verminderter Teil«, wie das englische *second*) bezeichnet einfach die zweite Stufe dieser Unterteilung. Das Sexagesimalsystem wird heute noch von Astronomen genutzt, um die Größe von astronomischen Objekten zu bestimmen. Wegen seines Gebrauchs in der Astronomie, so glaubt man, stand der kleine Kreis zur Bezeichnung für Winkelgrade (und auch für Temperaturen), wie in 360°, ursprünglich als Symbol für die Sonne. Weniger romantisch und mehr mathematisch gedacht ist es möglicherweise auch nur natürlich, das hochgestellte ° nach ' und " als den Unterteilungen für Minuten und Sekunden zur Vervollständigung der Reihe O, I, II zu wählen.

Die Zeit

Auch wenn wir vielleicht mit den Minuten und Sekunden der Astronomie wenig vertraut sind, so gibt es doch ein viel besser bekanntes Sexagesimalsystem, das den Rhythmus des Alltags regiert: die Tageszeit. Vom Aufwachen bis zum Schlafengehen, ob wir es bemerken oder nicht, denken wir häufig sexagesimal. Nicht zufällig sind Stunden, die zeitlichen Unterteilungen der sich wiederholenden Tage, in 60 Minuten und diese wiederum in 60 Sekunden unterteilt.

Die Stunden dagegen sind in Gruppen zu zwölf zusammengefasst. Obwohl die alten Ägypter ursprünglich die Basis 10 benutzten, unterteilten sie den Tag in 24 Teile: zwölf Tagstunden und zwölf Nachtstunden, als Anklang an die Monate im Sonnenkalender. Tagsüber wurde die Zeit mithilfe von Sonnenuhren mit zehn Unterteilungen erfasst. Man fügte zwei Stunden der Dämmerung am Anfang und Ende des Tages hinzu, in denen die Sonnenuhr nichts nützte. Auf ähnliche Weise wurde die Nacht in zwölf Segmente nach dem Lauf bestimmter Sterne unterteilt.

Weil die Ägypter zwölf Stunden für die Tagesperiode vorgaben, änderte sich die Stundenlänge über das Jahr, denn die Dauer des Tageslichts veränderte sich mit den Jahreszeiten: Im Sommer waren die Stunden länger als im Winter. Die alten Griechen bemerkten, dass gleich lange Zeitabschnitte notwendig waren, um mit astronomischen Berechnungen voranzukommen, weswegen sie den Tag in 24 gleich lange Stunden unterteilten. Diese Idee setzte sich jedoch nicht durch, bis die ersten mechanischen Uhren im Europa des 14. Jahrhunderts aufkamen. Im frühen 19. Jahrhundert waren zuverlässige mechanische Uhren weit verbreitet. Die meisten europäischen Städte unterteilten den Tag in zweimal zwölf gleich lange Stunden.

Die Unterteilung des Tages in zwei 12-Stunden-Abschnitte ist in der englischsprachigen Welt noch immer Standard. Die meisten Länder benutzen jedoch die 24-Stunden-Uhr, die zum Beispiel acht Uhr morgens (08:00) und acht Uhr abends (20:00) unterscheidet. Die USA, Mexiko, Großbritannien und viele Länder des Commonwealth (Australien, Kanada, Indien etc.) gebrauchen jedoch immer noch die Abkürzungen a.m. (*ante meridiem*) und p.m. (*post meridiem*), oder einfach »vor Mittag« und »nach Mittag«, um acht Uhr morgens von acht Uhr abends zu unterscheiden. Dieser Unterschied gibt gelegentlich Anlass zu Problemen, insbesondere bei mir.

Als Doktorand bekam ich Gelegenheit, Mitarbeiter in Princeton zu besuchen. Ich bin eher der Typ »nervöser Reisender«, was ich von meinem Vater geerbt habe. Jedes Mal, wenn ich von zu Hause zu einer internationalen Reise aufbreche, höre ich seine besorgte Stimme im Kopf: »Geld, Fahrkarten, Pässe.« Ganz ähnlich spult meine Erinnerung den Satz des Pythagoras für rechtwinklige Dreiecke – »Das Quadrat der Hypotenuse ist gleich der Summe der Quadrate der beiden anderen Seiten« – im irischen Akzent meines Mathematiklehrers, Mr Reid, ab.

Wenig überraschend kam ich auf meiner Auslandsreise übertriebene vier Stunden zu früh am Flughafen Heathrow an. Auf meinen gelasseneren und erfahreneren Doktorvater, der einen etwas früheren Flug nahm als ich, traf ich zweieinhalb Stunden später. Wissenschaftlich war mein Besuch zwar ein Erfolg, aber meine Reiseparanoia hatte zur Folge, dass ich meine Besichtigungstour durch New York einen Tag vor dem Rückflug abkürzte, um rechtzeitig nach Princeton zurückzukommen und ausreichend lange schlafen zu können. Abends – alles gepackt, Zimmer aufgeräumt, Geld, Fahrkarten, Pass gecheckt und wieder gecheckt – stellte ich meinen Wecker auf vier Uhr früh, um sicherzugehen, dass ich nicht zu spät zum Abflug um neun Uhr kam.

Ich wachte auch pünktlich um vier auf und bestieg den Zug in Princeton. Zweieinhalb Stunden später kam ich am Newark International Airport an. Als ich meinen Flug auf der Anzeige mit den Abflügen suchte, konnte ich ihn nicht finden. Immer und immer wieder suchte ich die Tafel ab, doch die Liste sprang von dem 08:59-Flug nach Saint Lucia direkt auf den 09:01-Flug nach Jacksonville. Ich ging zum Informationsschalter und fragte die junge Frau dort nach dem Flug. »Tut mir leid, aber der einzige Flug nach London heute geht erst am Abend ab.« Ich konnte es nicht fassen. Ich hatte mich so sorgfältig vorbereitet, und doch musste ich übersehen haben, dass es den Flug, den ich nehmen wollte, gar nicht gab. Dann dämmerte es mir. Ich fragte die Frau am Auskunftsschalter, um wie viel Uhr der Flug heute

Abend abginge. »Nun, das wäre dann der Neun-Uhr-Flug«, antwortete sie.

Ich hatte a. m und p. m. verwechselt, ein Fehler, der im 24-Stunden-System einfach nicht möglich ist. Zum Glück hatte ich mich in der richtigen Richtung vertan. Zur Strafe musste ich 14 Stunden auf das Boarding warten, doch das Internet quillt über vor Geschichten von Leuten, die den Fehler in die andere Richtung gemacht haben, sodass sie ihren Flug um volle zwölf Stunden verpassten und ein neues Ticket kaufen mussten. Überflüssig zu bemerken, dass diese Episode nicht dazu beigetragen hat, meine Reiseangst zu mindern.

Für mich war es schon schwierig genug, im 21. Jahrhundert pünktlich am Flughafen zu sein, aber stellen Sie sich vor, was für eine Herausforderung das mit dem verwirrenden und asynchronen Zeitsystem im frühen 19. Jahrhundert gewesen sein muss. Obwohl die meisten europäischen Länder ihren Tag in 24 gleich lange Stunden unterteilt hatten, war es um die 1820er-Jahre nicht nur schwierig, sondern so gut wie sinnlos, die Uhrzeit zwischen Ländern vergleichen zu wollen. Nur wenige Länder hatten es überhaupt geschafft, eine einheitliche Zeit innerhalb ihrer Staatsgrenzen einzuführen, an eine Koordinierung mit den Nachbarländern war da gar nicht zu denken. Da konnte Bristol, im Westen Großbritanniens gelegen, noch der Pariser Zeit 20 Stunden *hinterher*laufen, während London 6 Minuten *vor* Nantes im westlichen Frankreich lag. Der Grund dafür war, dass typischerweise jede Stadt eine lokale Zeit auf Basis des Sonnenstands benutzte. Da sich Oxford 1¼ Längengrade westlich von London befindet, erreicht die Sonne ihren höchsten Punkt dort etwa fünf Minuten später, weswegen die Oxford-Uhren fünf Minuten gegenüber denen in London nachgingen. Die 24 Stunden, die der 360°-Drehung der Erde entsprechen, bedeuten vier Minuten für jeden Längengrad. Bristol, das seinerseits 2½ Längengrade westlich von London liegt, hinkte Oxford weitere fünf Minuten hinterher.

Letztendlich führten die Probleme, die ortsgebundene Zeiten für den Fernverkehr im Schienennetz mit sich brachten, dazu, dass Zeitangaben in Großbritannien vereinheitlicht wurden. Die lokalen Uhrzeiten in den verschiedenen Städten Großbritanniens führten zu Verwirrung in den Fahrplänen und zu mehreren Beinahezusammenstößen aufgrund von Missverständnissen zwischen Lokführern und Signalgebern. Im Jahr 1840 führte die Great Western Railway die Greenwich Mean Time (GMT) für ihr gesamtes Schienennetz ein. Die Industriestädte Liverpool und Manchester schlossen sich 1846 an. Mit dem Aufkommen der Telegrafie konnte die Uhrzeit nahezu ohne Verzögerung von der Königlichen Sternwarte in Greenwich ins ganze Land übermittelt werden. Obwohl die überwiegende Mehrheit des Landes sich bald der »Bahnzeit« anschloss, beharrten einige Städte, vornehmlich solche mit strengen religiösen Traditionen, auf ihrer »gottgegebenen« Sonnenzeit und widersetzten sich dem seelenlosen Pragmatismus der Bahn. Erst 1880, nach gesetzlichen Regelungen durch das britische Parlament, reihten sich auch die treuen Anhänger der Sonnenzeit endlich ein. Nichtsdestotrotz läuten die Glocken im Tom Tower, einem Gründungscollege der University of Oxford, immer noch fünf Minuten nach der vollen Stunde.

Italien, Frankreich und Deutschland führten ebenfalls kurz darauf einheitliche Uhrzeiten in ihren Ländern ein, wobei Paris der GMT 9 Minuten vorausging und Dublin 25 Minuten hinterher. In den Vereinigten Staaten war die Situation allerdings nicht so einfach. Eine einzige einheitliche Zeit für 58 Längengrade des zusammenhängenden amerikanischen Festlands wäre wenig praktisch für Regionen gewesen, die nahezu vier Sonnenstunden auseinanderliegen. Wenn im Winter in Maine die Sonne unterging, wäre es an der Westküste erst Mittagszeit gewesen. Eine lokale Zeit musste also irgendwie eine Rolle spielen, doch war die Situation Mitte des 19. Jahrhunderts noch extrem, weil jede größere Stadt ihre *eigene* Lokalzeit hatte. Folglich hatten auch die Bahnunternehmen, die um 1850 Netze quer durch

New England betrieben, ihre eigene Zeit, die sich typischerweise an der Ortszeit ihrer Hauptquartiere oder ihrer beliebtesten Haltestellen orientierte. An einigen betriebsamen Knotenpunkten musste man mit fünf verschiedenen Zeiten rechnen. Man nimmt an, dass die dadurch entstandene Verwirrung für zahlreiche Unfälle verantwortlich war. Nach einem besonders schweren Unfall im Jahr 1853, bei dem 14 Passagiere ums Leben kamen, wurden Pläne für eine Standardzeit auf den Bahnstrecken in New England aufgestellt. Letztendlich schlug man vor, die gesamte USA in eine Reihe von Zeitzonen aufzuteilen, die, fortschreitend von Ost nach West, jeweils eine Stunde nachgingen. Am 18. November 1883, den viele Menschen als den »Tag der zwei Mittage« kennen, wurden die Uhren an den Bahnhöfen im ganzen Land umgestellt. Die USA wurden in fünf Zeitzonen aufgeteilt: Intercolonial, Eastern, Central, Mountain und Pacific.

Nach dem Vorbild der Unterteilung in den USA schlug der Kanadier Sir Sandford Fleming 1884 auf der International Meridian Conference in Washington, D. C., vor, die ganze Erde in 24 Zeitzonen zu unterteilen und damit eine globale Standardzeit zu etablieren. Der Globus wurde durch 24 imaginäre Linien unterteilt, die wohlbekannten Längengrade oder Meridiane, die jeweils vom Nord- zum Südpol laufen. Der Standardtag sollte um Mitternacht am *Nullmeridian* in Greenwich beginnen. Um 1900 gehörte nahezu jeder Teil der Erde zu einer Standard-Zeitzone, doch erst seit 1986, als endlich auch Nepal seine Uhren auf die Greenwich Mean Time plus fünf Stunden 45 Minuten umstellte, bestimmen alle Staaten ihre Zeit mit Bezug zum Nullmeridian. Mit Zeitzonen, die gegeneinander durch festgelegte Teile einer Stunde verschoben sind, ließ sich eine Menge Ärger und Verwirrung vermeiden, was Fahrpläne und Handel sehr vereinfachte. So ganz hat die Einführung von Zeitzonen Verwirrungen jedoch nicht ausrotten können. Wenn Fehler passierten, dann ging es typischerweise nicht um Verspätungen von Minuten, sondern manchmal bis zu einer Stunde –

eine Verzögerung mit dem Potenzial, eine Katastrophe zu verursachen.

***

Als Führer der »Bewegung des 26. Juli« hatte Fidel Castro 1959 zusammen mit seinem Bruder Raúl und Mitstreiter Che Guevara den von den USA unterstützten kubanischen Diktator Fulgencio Batista gestürzt. Als Anhänger der marxistisch-leninistischen Philosophie verwandelte Castro Kuba sogleich in einen Einparteienstaat, verstaatlichte Industrie und Betriebe als Teil umfassender Sozialreformen. Die US-Regierung konnte einen mit der Sowjetunion sympathisierenden kommunistischen Staat unmittelbar vor ihrer Tür nicht hinnehmen. Um 1961, auf dem Höhepunkt des Kalten Krieges, hatte die US-Führung einen Plan zum Sturz Castros ausgearbeitet. Da man Vergeltung der Sowjets in Berlin fürchtete, bestand Präsident John F. Kennedy darauf, dass die USA als Drahtzieher des Umsturzes unsichtbar blieben. Deshalb wurde eine Gruppe kubanischer Dissidenten, als »Brigade 2506« bekannt, in Geheimlagern in Guatemala für die Invasion Kubas ausgebildet. Zur Unterstützung der Invasion stationierten die USA außerdem zehn B-26-Bomber (der Flugzeugtyp, mit dem die USA Castros Vorgänger ausgerüstet hatten) im benachbarten Nicaragua. Am 17. April sollte die Exilbrigade eine Invasion in der Schweinebucht an der kubanischen Südküste inszenieren. Idealerweise sollte die Aktion einen Aufstand auslösen, bei dem viele unterdrückte Kubaner sich auf die Seite der Exilanten schlügen.

Mit dem Plan gab es schon Schwierigkeiten, bevor er überhaupt umgesetzt werden konnte. Am 7. April, ganze zehn Tage vor dem geplanten Angriff, bekam die *New York Times* Wind von den Plänen und brachte als Aufmacher auf der ersten Seite die Anschuldigung, die USA hätten Anti-Castro-Dissidenten ausgebildet. Castro, dadurch vor der Möglichkeit einer Invasion gewarnt, ergriff strenge Vorsichtsmaßnahmen, warf bekannte

Dissidenten, die den Aufstand hätten unterstützen können, ins Gefängnis und versetzte das Militär in Alarmbereitschaft. Dennoch flogen am 15. April, zwei Tage vor der Invasion, die B-26er der USA nach Kuba, um Castros Luftwaffe zu zerstören. Die Mission wurde ein katastrophaler Fehlschlag, nur wenige flugtaugliche Maschinen der kubanischen Luftflotte wurden zerstört, während wenigstens ein amerikanisches Flugzeug unter feindlichem Beschuss im Meer nördlich von Kuba notwassern musste.

Die verpfuschte Mission hatte außerdem zur Folge, dass der kubanische Außenminister Raúl Roa García flugs zu den Vereinten Nationen geschickt wurde. Auf einer Sondersitzung der Generalversammlung behauptete Roa, durchaus korrekt, die USA hätten Kuba bombardiert. Da nun die Aufmerksamkeit der Weltöffentlichkeit auf Kuba gerichtet war, wollte Kennedy das Risiko nicht eingehen, weitere Indizien für eine Verwicklung der USA zu liefern, und sagte den Luftschlag ab, der zur Unterstützung der Invasion der Exilsöldner am 17. April geplant war.

Da die Brigade 2506 nur aus kubanischen Dissidenten ohne offensichtliche Verbindungen zu den USA bestand, konnte sich Kennedy von ihren Aktionen glaubwürdig distanzieren. Am Morgen des 17. April genehmigte er ihre Landung in der Schweinebucht. Sie sahen sich 20 000 gut ausgebildeten kubanischen Soldaten gegenüber. Immer noch internationale Repressalien befürchtend weigerte sich Kennedy, die Bombardierung der kubanischen Truppen oder Unterstützung aus der Luft anzuordnen. Am Abend des 18. April war die Invasion der Exilanten am Ende. In einem letzten verzweifelten Versuch gab Kennedy den Befehl, das kubanische Militär mit den in Nicaragua stationierten B-26ern anzugreifen. Die Bomber sollten von Kampfflugzeugen geschützt werden, die auf einem Flugzeugträger außer Sichtweite im Osten Kubas stationiert waren. Ihr Luftschlag war für 06:30 Uhr am Morgen des 19. April geplant.

Als die ausgegebene Zeit näherrückte, starteten die Jets zum

Treffen mit den B-26-Bombern, doch nur um festzustellen, dass diese nicht zur Stelle waren. Tatsächlich trafen die B-26er, da sie nach der Nicaraguanischen Zentralzeit operierten, erst eine volle Stunde später ein, um 07:30 Uhr ostkubanischer Zeit. Aufgrund der fehlenden Unterstützung durch die Jets, die längst ihre Mission beendet hatten, konnten Castros Flugzeuge zwei der Bomber mit amerikanischen Insignien abschießen und hatten damit den zweifelsfreien Beweis für eine Verwicklung der USA in den Putsch. Die politischen Verwicklungen in der Folge dieses simplen Zeitzonenirrtums waren gewaltig; sie trieben Kuba vollends in die Arme der Sowjets und lösten ein Jahr später die Kubakrise aus.

Im Duodezimalpack

Der misslungene Putschversuch mit der Invasion in der Schweinebucht ist teilweise auch der Einteilung der Tage, und damit der gesamten Welt, in zwei 12-Stunden-Abschnitte zuzuschreiben. Allerdings wäre der Fehler ähnlich verheerend gewesen, wenn der Globus auf einer anderen Zahlenbasis aufgeteilt gewesen wäre. Mit 60 oder auch nur zehn Abschnitten wäre die Zeitzone Nicaraguas der von Kuba immer noch um etwa denselben Betrag nachgegangen. Tatsächlich glauben sogar viele Leute, dass das Zwölfer- oder Duodezimalsystem dem vorherrschenden Dezimalsystem weit überlegen ist. Sowohl die *Dozenal Society* Großbritanniens als auch die von Amerika argumentieren, dass die sechs Faktoren des Duodezimalsystems (1, 2, 3, 4, 6 und 12) Vorteile gegenüber den nur vier Faktoren des Dezimalsystems (1, 2, 5 und 10) bringen – und ich glaube, da ist etwas dran.

Meine beiden Kinder haben mich durch leidvolle Erfahrung gelehrt, dass es wichtig ist, Dinge gleichmäßig aufzuteilen. Ich bin sicher, sie hätten lieber jeder nur eine Süßigkeit als der eine fünf und der andere sechs. Auf dem Weg zu den Großeltern machten wir einmal an einer Tankstelle halt und ich kaufte eine Packung Karamellbonbons. Ich gab die Packung den Kindern zum Aufteilen nach hinten. Ich konnte ja nicht wissen, dass die Packung elf Bonbons enthielt und ich den Kindern eine ungerade Anzahl zum Teilen gegeben hatte. Die Nachwirkungen, die uns auf dem restlichen langen Weg in den Norden begleiteten, sind der Grund dafür, dass ich nun darauf achte, nur noch Packungen mit einer geraden Anzahl von Süßigkeiten zu kaufen. Freunde mit drei Kindern kaufen nur Süßigkeiten, die man dritteln kann. Als Hersteller solcher an Kinder gerichtete Produkte kann man die Kundschaft vergrößern und potenziellen Ärger vermeiden, indem man Packungen in 12er-Packs verkauft, die dann Familien mit ein, zwei, drei, vier, sechs und sogar zwölf Kindern versorgen können. Ganz ähnlich kann man beim Aufteilen einer Sache, bei der es wichtig ist, dass jeder gleich viel bekommt (zum Beispiel Kuchenstücke auf einem Kindergeburtstag), durch Zwölfteln größere Flexibilität in der Gästeanzahl erreichen, die man gerecht versorgen möchte. (Andererseits: Wenn es nicht Kuchenstücke oder Süßigkeiten sind, werden die Kinder sicher etwas anderes finden, um das man sich streiten kann.)

Der Hauptgrund, das Duodezimal- dem Dezimalsystem vorzuziehen, ist, genau wie bei der sumerischen Basis 60, dass man mit der Basis 12 mehr Brüche »hübsch« geschlossen darstellen kann. Zum Beispiel hat 1/3 im Dezimalsystem die unschöne unendliche Dezimaldarstellung 0,3333 …, während man sich im Duodezimalsystem 1/3 einfach als vier Zwölftel denkt und 0,4 schreibt (wobei die erste Stelle hinter dem Komma für die Zwölftel steht). Doch warum ist das wichtig? Nicht über eine exakte Darstellung einer Zahl zu verfügen, kann zum Beispiel Probleme beim Abmessen nach sich ziehen. Stellen Sie sich zum Beispiel ein Kantholz von einem Meter Länge vor, aus dem Sie drei gleich lange Teile für die Beine eines Schemels sägen möchten. Mit einem groben Zollstock mit Dezimaleinteilung nehmen Sie näherungsweise 33 Zentimeter für das erste Bein und noch einmal 33 Zentimeter für das zweite. Dann bleibt ein 34 Zentimeter langes Stück übrig. Heraus kommt ein Schemel mit ungleichen Beinen, auf dem man wohl nicht so bequem sitzt. Auf einem Messstab mit Duodezimaleinteilung wäre ein Drittel oder vier Zwölftel eine genaue Markierung, und Sie könnten das Kantholz in drei exakt gleich lange Teile schneiden.

Befürworter des Zwölfersystems behaupten, es würde die Notwendigkeit zu runden reduzieren und damit eine Reihe gängiger Schwierigkeiten abschwächen. Teilweise haben sie recht. Ein schief stehender Schemel mag eine nur unbedeutende Unbequemlichkeit darstellen, aber die simplen Rundungsfehler, die im gängigen Dezimalsystem durch das Nähern von Zahlen entstehen, können gravierendere Folgen zeitigen.

Beispielsweise hätte 1992 ein schlichter Rundungsfehler bei der Auszählung der Landtagswahl in Schleswig-Holstein beinahe dazu geführt, dass die siegreiche SPD einen Sitz weniger im Parlament (und damit nicht die absolute Mehrheit) bekommen hätte, weil der Anteil der Grünen am Wahlergebnis mit 5,0 Prozent statt mit 4,97 Prozent angegeben wurde.[97] In einem völlig anders gelagerten Fall stürzte 1982 ein frisch eingeführter Börsenindex in Vancouver kontinuierlich über zwei Jahre ab, obwohl der Aktienmarkt florierte.[98] Nach jeder Transaktion wurde der Index auf drei Dezimalstellen gerundet und minderte dadurch fortwährend seinen Wert. Bei 3000 Transaktionen am Tag verlor der Index etwa 20 Punkte pro Monat – und damit das Vertrauen des Marktes.

Imperiale Einheiten

Trotz der möglichen Reduktion von Rundungsfehlern führen der Aufruhr und die Betroffenheit, die eine Umstellung auf das Duodezimalsystem zur Folge hätte, dazu, dass mit einer solchen Umstellung in einer Industrienation in absehbarer Zeit kaum zu rechnen ist. Andererseits haben viele aufstrebende Industrienationen in der Vergangenheit extensiven Gebrauch von solchen »imperialen« Maßsystemen gemacht, die auf der Basis 12 gründen. Ein Fuß hat zwölf Inches (oder Zoll) und ein Inch zwölf Lines (Linien). Ursprünglich hatte auch das imperiale Pfund zwölf Unzen. Das Wort »Unze« geht auf dasselbe lateinische Wort wie Inch zurück, *uncia*, das ein Zwölftel bedeutet. Tatsächlich unterteilt das *imperial troy system* (traditionelles britisches Maßsystem), das man zur Gewichtsbestimmung von Edelmetallen und Edelsteinen benutzt, auch heute noch das Pfund in 12 Feinunzen. Das alte britische (Währungs-)Pfund entsprach 20 Schillingen, die ihrerseits aus 12 Pence bestanden. Damit konnte das aus 240 Pence bestehende Pfund auf 20 unterschiedliche Weisen gleich aufgeteilt werden.

Obwohl dieses Maß- und Gewichtssystem einige anerkannte Vorteile hat (am häufigsten wird bemerkt, dass Kinder dadurch gezwungen sind, mit dem obskuren Einmaleins zurechtzukommen), wurde seine Ungleichmäßigkeit – 16 Unzen auf 1 Pfund, 14 Pfund auf 1 Stone (etwa 6,35 Kilogramm), 11 Ellen pro Rod (etwa 5 Meter) etc. – weitgehend durch das metrische Maßsystem verdrängt. Heutzutage machen lediglich die USA, Liberia und Myanmar keinen ausgiebigen Gebrauch vom metrischen System. Myanmar befindet sich gerade im Umstellungsprozess. Die mangelnde US-amerikanische Anpassungsbereitschaft beruht weitgehend auf Skeptizismus und traditioneller Sturheit aufseiten vieler Bürger. In einer Folge der Comicserie *The Simpsons*, die ja häufig ein Spiegel aktuellen amerikanischen Alltags darstellt, schimpft Großvater Simpson: »Das metrische System ist Teufelszeug. Mein Auto schafft 40 Rods pro Hogshead [altes Volumenmaß von etwa 300 Litern], und so mag ich das.«

Großbritannien begann mit der Umstellung auf das metrische System 1965 und gilt heute offiziell als metrisch. Dennoch hat das Vereinigte Königreich die königlichen Maße, deren Urheber es ist, niemals ganz aufgegeben. Es hängt immer noch stark an Meilen, Fuß und Zoll als Maße für Höhe und Entfernung, Pint für Milch und Bier sowie Stone, Pfund und Unze zur Gewichtsmessung. Im Februar 2017 machte Andrea Leadsom, Umwelt- und Landwirtschaftsministerin und zweimalige Kandidatin für den Parteivorsitz der Konservativen, sogar den Vorschlag, dass es britischen Herstellern nach dem Verlassen der EU wieder gestattet sein sollte, das alte imperiale Maßsystem zu benutzen. Auch wenn das einer kleinen Minderheit von Simpson-Opas, die in ihrer Nostalgie für eine vergangene »goldene Zeit« schwelgen, erstrebenswert erscheint, würde die Rückkehr zum alten Maßsystem das Vereinigte Königreich im internationalen Handel nahezu vollständig isolieren. Genauso wie der Übergang zum Duodezimalsystem wäre der Umstieg unglaublich kostspielig und zeitaufwendig und würde Berge unnötiger Bürokratie mit sich bringen. Bürokratie und Kosten, gepaart mit der Zurückhaltung der Menschen in den wenigen nicht-metrischen Ländern, sind auch die Hauptgründe dafür, dass das metrische System noch nicht weltweit übernommen wurde. Aber auch wenn die USA die letzte Industrienation bleiben, in der imperiale Maße[99] nahezu allgegenwärtig sind, wird sie es immer wieder erleben, dass etwas unter den Tisch fällt – *lost in translation*.

***

Am 11. Dezember 1998 startete die NASA ihren 125 Millionen Dollar teuren Mars Climate Orbiter, eine Robotersonde, die das Klima des Mars erforschen und die Funkverbindung mit dem Mars Polar Lander vermitteln sollte. Im Gegensatz zum Polar Lander sollte der Orbiter nie die Oberfläche des Mars erreichen. Tatsächlich würde jede Annäherung auf weniger als 85 Kilometer die Sonde durch Erschütterungen aufgrund der Marsatmosphäre zerstören. Am 15. September 1999, nachdem der Orbiter eine neunmonatige Reise durch das Sonnensystem erfolgreich hinter sich gebracht hatte, wurde eine letzte Sequenz von Manövern in Gang gesetzt, um ihn in eine ideale Umlaufbahn in

140 Kilometern Höhe über der Marsoberfläche zu steuern. Am Morgen des 23. September zündete der Orbiter sein Haupttriebwerk und verschwand hinter dem Roten Planeten – 49 Sekunden früher als erwartet. Er tauchte nie wieder auf. Eine Nachforschungskommission kam zu dem Schluss, dass der Orbiter auf eine falsche Umlaufbahn geraten war, die ihn auf bis zu 57 Kilometer an die Oberfläche heranführte, niedrig genug, um die fragile Sonde in der Marsatmosphäre zu zerstören. Als die Experten den Grund für diese Abweichung genauer untersuchten, fanden sie heraus, dass die Software, die Lockheed Martin, der vom Verteidigungsministerium beauftragte Luftfahrtkonzern, geliefert hatte, dem Orbiter Antriebsdaten in imperialen Einheiten gesendet hatte. Die NASA, eine der weltweit führenden wissenschaftlichen Organisationen, hatte solche Messdaten, wenig überraschend, in metrischen Standardeinheiten erwartet. Der Irrtum hatte zur Folge, dass die Sonde ihre Schubdüsen zu heftig zündete und damit zu weiteren 338 Kilogramm (oder, falls Sie das bevorzugen, 745 Pfund) Weltraumschrott wurde, als sie in der Marsatmosphäre zerbrach.

***

Angesichts der Tatsache, dass die übrige Welt zum metrischen System gewechselt hatte, und die Art Fehler vorausahnend, die der NASA passierten, beschloss Kanada im Jahr 1970, ebenfalls auf das metrische System umzuschwenken. Mitte der 1970er-Jahre waren Produkte in metrischen Einheiten beschriftet, Temperaturen wurden in Grad Celsius statt Fahrenheit angegeben, und Schneefall wurde in Zentimetern gemessen. Bis zum Jahr 1977 waren alle Straßenschilder auf das metrische System umgestellt, und Geschwindigkeitsbegrenzungen wurden in Kilometer pro Stunde statt in Meilen pro Stunde angegeben. Aus praktischen Gründen dauerte die Umstellung in manchen Industrien länger als in anderen. Die neuen Boeing 767 der Air Canada waren 1983 die ersten, die auf metrische Einheiten geeicht waren. Treibstoff wurde in Litern und Kilogramm statt in Gallons und Pounds angegeben.

Am 23. Juli 1983 landete eine der frisch umgestellten Maschinen nach einem Routineflug, von Edmonton kommend, in Montreal. Nach einer kurzen Überholung, die Auftanken und Crewwechsel einschloss, startete Flug Nummer 143 um 17:48 Uhr wieder von Montreal, mit 61 Passagieren und acht Besatzungsmitgliedern an Bord. Auf 41 000 Fuß oder, wie die elektronische metrische Anzeige angab, 12 500 Metern Flughöhe, schaltete Kapitän Robert Pearson auf Autopilot und entspannte sich. Nach etwa einer Stunde schreckten ihn laute Warnsignale und blinkende Lichter am Kontrollpult auf. Die Warnzeichen signalisierten mangelnden Treibstoffzufluss in das linke Antriebsaggregat der Maschine. In der Annahme, eine Treibstoffpumpe sei ausgefallen, schaltete Pearson seelenruhig den Alarm ab. Auch ohne Pumpe würde die Schwerkraft ausreichen, die Turbinen mit Treibstoff zu versorgen. Sekunden später flammte derselbe Alarm wieder auf. Diesmal war es das rechte Triebwerk. Nochmals schaltete Pearson den Alarm aus.

Ihm war jedoch klar, dass er mit zwei potenziell fehlerhaften Triebwerken das nahe gelegene Winnipeg ansteuern musste, um die Maschine überprüfen zu lassen. Kaum hatte er das gedacht, begann die linke Turbine zu stottern und fiel dann aus. Über Funk informierte Pearson Winnipeg, dass er eine Notlandung mit einem Triebwerk versuchen müsse. Bei dem verzweifelten Versuch, die linke Turbine erneut zu starten, hörte er das Kontrollpult ein Alarmsignal geben, das weder er noch sein erster Offizier, Maurice Quintal, je zuvor gehört hatten. Das zweite Triebwerk fiel aus, und die Anzeigen der elektronischen Instrumente, die durch Elektrizität aus dem Antrieb versorgt wurden, erloschen. Der Grund, warum weder Pearson noch Quintal diesen Alarm jemals zuvor gehört hatten, war, dass der Ausfall beider Antriebseinheiten in ihrer Ausbildung nie vorgekommen war. Die Wahrscheinlichkeit für den gleichzeitigen Ausfall beider Triebwerke hielt man für vernachlässigbar klein.

Diese Ausfälle waren nicht die erste Fehlfunktion der 767 an diesem Tag. Als Pearson die Maschine übernahm, hatte man ihm mitgeteilt, dass die Treibstoffanzeige nicht korrekt funktionierte. Statt am Boden zu bleiben und 24 Stunden auf das Ersatzteil zu warten, beschloss Pearson, den Treibstoffbedarf für den Flug per Hand auszurechnen. Für einen Veteranen wie ihn mit 15 Jahren Flugerfahrung war das nichts Neues. Mit dem durchschnittlichen Treibstoffverbrauch und einem Spielraum für Abweichungen kam die Crew auf einen Bedarf von 22 300 Kilo Treibstoff. Bei der Landung in Montreal hatte man mit einem Messstab die Tankfüllung bestimmt und ermittelt, dass das Flugzeug noch 7682 Liter im Tank hatte. Multipliziert mit der Dichte des Treibstoffs (1,77 Kilogramm pro Liter) ergab das eine Treibstoffreserve von 13 597 Kilogramm an Bord. Also musste das Bodenpersonal noch 8703 Kilogramm auffüllen, um auf 22 300 Kilogramm zu kommen. Mittels der Treibstoffdichte von 1,77 Kilogramm pro Liter ergab sich daraus, dass man die zusätzlichen 8703 Kilogramm durch Zugabe von weiteren 4917 Litern in den Tank erreichen konnte. Vielleicht hätte Pearson schon an dieser Stelle das Problem erkennen sollen und nicht erst später während des Flugs. Als er die Berechnungen des Bodenpersonals überprüfte, hätte ihm auffallen können, dass die Dichte von Flugzeugkraftstoff geringer als die Dichte von Wasser ist, die bei 1 Kilogramm pro Liter liegt; andererseits war Kanada doch gerade erst aufs metrische System umgestiegen. Leider war während Kanadas sich hinziehender Umstellung auf das metrische System die Zahl 1,77 für die Treibstoffdichte in der Flugzeugdokumentation falsch geworden: 1,77 beschreibt die Umrechnung von Liter Kraftstoff auf Pfund und nicht Kilogramm. Die richtige Zahl wäre um mehr als die Hälfte kleiner gewesen, nämlich 0,803. Wegen dieses Fehlers hatte Pearson in Montreal in Wirklichkeit nur 6169 Kilogramm Kraftstoff an Bord. Das Bodenpersonal hätte also 20 088 Liter auftanken sollen, mehr als das Vierfache der errechneten 4917 Liter. Statt mit den nötigen 22 300 Kilogramm Treibstoff an Bord hob Flug 143 mit weniger als der Hälfte ab. Die Triebwerke waren nicht wegen mechanischen Versagens ausgefallen. Der Boeing 767 war einfach der Sprit ausgegangen.

Das angeschlagene Flugzeug näherte sich im Gleitflug Winnipeg und konnte lediglich hoffen, dass eine Notlandung ohne Antrieb mit dem richtigen Timing gelingen würde. Zum Glück war Pearson auch ein erfahrener Segelflieger, also berechnete er die optimale Gleitgeschwindigkeit des Flugzeugs, um ihre Chancen, Winnipeg zu erreichen, zu maximieren. Als Flug 143 jedoch durch die Wolken brach, zeigten die verfügbaren Instrumente, die von Notbatterien mit Energie versorgt wurden, dass sie es nicht schaffen würden. Pearson unterrichtete die Flugüberwachung in Winnipeg über die Situation. Man teilte ihm mit, dass die einzige Landebahn, die er vielleicht erreichen könne, in Gimli liege, etwa 12 Meilen von seinem gegenwärtigen Standort entfernt. Und wieder schien man Glück im Unglück zu haben, denn Quintal war in seiner Zeit als Pilot der kanadischen Luftwaffe in Gimli stationiert gewesen, kannte den Flugplatz also gut. Was allerdings weder er noch die Flugüberwachung in Winnipeg wussten, war, dass Gimli inzwischen ein öffentlicher Flughafen und teilweise in ein Motorsportareal umgewandelt worden war. Just in diesem Moment fand dort ein Gokart-Rennen statt, und Tausende Menschen in Autos und Wohnwagen verfolgten das Rennen am Rand des Flugfeldes.

Als das Flugzeug sich der Rennstrecke näherte, versuchte Quintal, das Fahrwerk auszufahren, doch hatte die Hydraulik mit dem Ausfall der Triebwerke den Geist aufgegeben. Die Schwerkraft reichte aus, das Hauptfahrwerk in Stellung zu bringen. Obwohl auch das Bugfahrwerk ausfuhr, arretierte es nicht richtig, ein glücklicher Zufall, der sich schon bald als entscheidend für die Rettung vieler Menschenleben erweisen sollte. Ohne den Lärm der Triebwerke bemerkten die Zuschauer des Rennens die sich nähernde, frei gleitende 100 Tonnen schwere Blechbüchse erst, als sie schon fast über ihnen war. Als das Flugzeug die Asphaltbahn berührte, bremste Pearson so stark er konnte, wobei zwei der hinteren Reifen platzten. Gleichzeitig klappte das nicht arretierte Bugrad wieder zurück in den Rumpf, weil es das Gewicht nicht tragen konnte. Die Nase des Flugzeugs setzte auf dem Boden auf, ein Funkenregen sprühte vom Unterboden auf. Die erhöhte Reibung brachte das Flugzeug zu einem schnellen Halt, nur wenige Meter von den verdutzten Zuschauern entfernt. Geistesgegenwärtige Streckenposten stürzten auf die Bahn, um kleine, durch die Reibung ausgelöste Feuer zu löschen. Alle 61 Passagiere und die Besatzung konnten schließlich den Flieger unversehrt über die Notrutschen verlassen.

Das Jahr-2000-Problem

Dass Pearson das Flugzeug praktisch ohne Unterstützung durch Instrumente landen konnte, ist eine ungeheuer eindrucksvolle Leistung. Auf dem weiteren Weg ins 21. Jahrhundert erleben wir die exponentielle Beschleunigung und Ausbreitung moderner Technologien, der wir schon im ersten Kapitel begegnet sind. Besonders Computer spielen eine zunehmend wichtige Rolle im Alltag, und dementsprechend hat ihr Versagen auch immer schlimmere Folgen. In den Jahren vor der Jahrtausendwende schwebte drohend der »Millennium-Bug« über Unternehmen, deren Geschäfte auf Computersoftware angewiesen waren. Die Softwarepanne war das Vermächtnis einer geradezu lächerlich schlichten Weitsicht der Programmierer in den 1970er- und 1980er-Jahren.

Wenn Sie nach Ihrem Geburtsdatum gefragt werden, ist es ja nicht unüblich, der Kürze halber sechsstellig zu antworten. Es könnte zu Mehrdeutigkeiten kommen, wenn ein zehn Jahre altes Kind und ein 110-Jähriger ihren Geburtstag aufschreiben sollen, aber gewöhnlich geht die korrekte Jahreszahl ja aus dem Zusammenhang hervor. Computer arbeiten jedoch oft ohne Kontext. In dem Versuch, Computerspeicher so effektiv wie möglich zu nutzen (der war in den Anfangstagen der Datenverarbeitung nämlich sehr kostspielig), bevorzugten viele Programmierer das sechsstellige Format. Typischerweise ließen sie die Programme annehmen, das Datum gehöre ins 20. Jahrhundert. Damit blieb Raum für Fehler, falls das Datum eigentlich zum nächsten Jahrhundert gehörte. Als die Jahrtausendwende näherrückte, warnten mehr und mehr Computerexperten, dass viele Programme nicht zwischen 2000 und 1900 oder dem ersten Jahr jedes beliebigen anderen Jahrhunderts unterscheiden könnten.

Als schließlich der 1. Januar 2000 um Mitternacht anbrach, ereignete sich sehr wenig. Flugzeuge stürzten nicht ab, Geldmarktfonds verschwanden nicht spurlos, und es starteten auch keine Atomraketen. Der Mangel an dramatischen und unmittelbaren Konsequenzen führte zu der allgemeinen Auffassung, dass die Furcht vor den Auswirkungen des Jahr-2000-Problems völlig überzogen gewesen war. Zyniker deuteten sogar an, die Computerindustrie habe das Problem absichtlich übertrieben, um groß abzukassieren. Auf der anderen Seite könnte die konsequente Vorbereitung auf das Ereignis viele potenzielle Ausfälle verhindert haben. Es gibt viele alberne Berichte über Systemfehler. Witzigerweise zeigte die Website des US Naval Observatory, also ausgerechnet derjenigen Organisation, die für die Richtigkeit der nationalen Zeitangaben verantwortlich zeichnet, das Datum »1 Jan 19100«. Einige andere Auswirkungen des Millennium-Bugs waren allerdings keineswegs zum Lachen.

Das pathologische Labor am Northern General Hospital in Sheffield diente 1999 als regionales Zentrum für die Auswertung von Tests auf das Downsyndrom. Testergebnisse Schwangerer aus dem gesamten östlichen Großbritannien wurden nach Sheffield zur Auswertung durch ein ausgeklügeltes Computerprogramm namens PathLAN geschickt, das auf einem NHS-Computersystem lief. Das Computermodell fragte eine Reihe von Daten der Frauen ab, wozu Geburtsdatum, Gewicht und die Ergebnisse einer Blutuntersuchung gehörten, und errechnete daraus das Risiko, ein Baby mit Downsyndrom zu gebären. Diese Einschätzung half den Frauen zu entscheiden, wie sie mit ihrer Schwangerschaft weiter verfahren sollten, wobei künftigen Müttern mit hohem Risiko weitergehende Test angeboten wurden.

Den ganzen Januar 2000 über fand das Personal in Sheffield eine Reihe kleinerer Fehler (die mit Datumsangaben zu tun hatten) im PathLAN-System, doch waren diese schnell und leicht zu korrigieren und bereiteten keine Sorgen. Gegen Ende des Monats berichtete eine Hebamme in einem der Krankenhäuser, die vom Northern General versorgt wurden, über auffallend weniger Hochrisiko-Einstufungen für Downsyndrom als zu erwarten war. Drei Monate danach berichtete sie abermals über solche Beobachtungen, doch wurde ihr bei beiden Gelegenheiten von den Labormitarbeitern versichert, dass alles in bester Ordnung sei. Im Mai berichtete eine Hebamme aus einem anderen Krankenhaus ähnlich wenige Hochrisiko-Resultate bei den Tests. Schließlich ließ sich der Direktor des pathologischen Labors überzeugen, sich die Ergebnisse anzuschauen. Er bemerkte schnell, dass *sehr wohl* etwas nicht stimmte. Der Millenium-Bug hatte mit voller Wucht zugeschlagen.

Im Computermodell des Pathologielabors wurde das Geburtsdatum der Mutter zum aktuellen Datum in Bezug gesetzt, um ihr Alter zu ermitteln. Das Alter der Mutter ist ein wichtiger Risikofaktor, denn ältere Mütter haben ein bedeutend höheres Risiko für ein Kind mit Downsyndrom. Nach dem 1. Januar 2000 wurde bei einem Geburtsdatum von beispielsweise 1965 nicht 65 von 2000 abgezogen, um das Alter der Mutter zu errechnen, sondern von 0, was ein negatives Alter ergab, womit der Computer nichts anfangen konnte. Statt eine Warnung auszulösen, verzerrten die unsinnigen Alterswerte die Risikoberechnung dramatisch, indem sie viele ältere Mütter einer niedrigeren Risikokategorie zuordneten als eigentlich richtig. In der Folge (ein ähnliches Missgeschick wie dasjenige, das Flora

Watson ereilte, die Mutter von Christopher, denen wir in Kapitel 2 begegneten) bekamen 150 Frauen Entwarnungsbriefe, in denen ihre ungeborenen Kinder fälschlicherweise als Kinder mit niedrigem Risiko für Downsyndrom eingeordnet wurden: falsch-negativ. Von diesen bekamen vier Frauen, denen sonst weitergehende Tests angeboten worden wären, Kinder mit Downsyndrom, und zwei weitere Frauen hatten traumatische Spätabtreibungen.

Binäres Denken

Die Computer, auf die wir uns mittlerweile in zunehmendem Maße verlassen, arbeiten mit der einfachsten möglichen Basis – binär, also Basis 2. Im Zehnersystem braucht man zehn Ziffern einschließlich der Null, um eine beliebige Zahl darzustellen. Im Binärsystem braucht man außer der Null nur eine einzige Ziffer. Alle binären Zahlen sind Abfolgen von lediglich 1 und 0. Das Wort »binär« stammt vom lateinischen *binarius*, was »aus zwei Teilen bestehend« bedeutet. Im binären Stellenwertsystem repräsentiert dieselbe Ziffer, eine Stelle nach links gerückt, eine um den Faktor 2 größere Zahl, während wir im Zehnersystem den Faktor 10 gewohnt sind. Die erste Stelle rechts zählt die Einer, die zweite die Zweier, die dritte die Vierer, die vierte die Achter und so weiter. Um die Zahl 11 zu schreiben, brauchen wir eine 1, eine 2 und eine 8, aber keine 4; 11 hat daher die Binärdarstellung 1011. Ein alter Mathematikerwitz geht so: »Es gibt 10 Typen Menschen: diejenigen, die das Binärsystem verstehen, und die, die es nicht verstehen.« Dabei steht 10 natürlich für die Binärdarstellung der 2.

Das Binärsystem ist für Computer nicht nur deshalb erste Wahl, weil es so natürlich ist, Mathematik darin zu treiben, sondern auch bauartbedingt. Jeder moderne Computer enthält Milliarden winziger elektronischer Komponenten, die Transistoren heißen und miteinander kommunizieren, um Daten zu übermitteln und zu speichern. Der Spannungsverlauf in einem Transistor eignet sich gut, um Zahlenwerte darzustellen. Anstelle von zehn gut unterscheidbaren Spannungsmöglichkeiten für jeden Transistor und dem Arbeiten im Dezimalsystem ist es viel sinnvoller, nur zwei Möglichkeiten für Spannungszustände zu haben: an und aus. Dieses Wahr-oder-falsch-System bedeutet, dass eine kleine Spannung ein verlässliches Signal darstellt, auch wenn es ein wenig schwankt. Indem man diese beiden Transistorzustände (»wahr« und »falsch«) mit logischen Operationen wie »und«, »oder« und »nicht« verknüpft, kann man, wie Mathematiker bewiesen haben, die Lösung zu jeder lösbaren mathematischen Aufgabe berechnen, ganz gleich, wie kompliziert sie auch sein mag. Die heutigen Computer mussten einen weiten Weg zurücklegen, bis sie diesem theoretischen Anspruch in der Praxis gerecht wurden. Sie können unglaublich komplizierte Aufgaben übernehmen, indem sie unsere Eingaben in Abfolgen von Einsen und Nullen übersetzen und mithilfe glasklarer Logik diese Bits hin und her flippen, bis sie eine einleuchtende Antwort ergeben. Trotz der täglichen Wunder, die wir vollbringen können, weil wir den Geräten, die auf Arbeitstischen stehen und in Hosentaschen herumgetragen werden, das Binärsystem aufgezwungen haben, kommt es doch immer wieder vor, dass sie uns im Stich lassen.

***

Christine Lynn Mayes war erst 17, als sie 1986 zur US Army ging. Sie diente drei Jahre als Köchin in Deutschland, bevor sie den aktiven Dienst quittierte und nach Hause zurückkehrte, um Wirtschaftswissenschaften an der Indiana University of Pennsylvania zu studieren, wo sie auch ihren Partner David Fairbanks kennenlernte. Im Oktober 1990 meldete sie sich wieder als Reservistin in der Armee, um ihr Studium weiter zu finanzieren. Sie kam zur 14. Versorgungseinheit, die für Trinkwasseraufbereitung zuständig war. Am Valentinstag 1991 wurde die

Einheit zur Unterstützung der *Operation Desert Storm* einberufen. Drei Tage später war Mayes auf dem Weg in den Nahen Osten. Am Tag ihrer Abreise hielt Fairbanks um ihre Hand an. Mayes willigte freudig ein, weigerte sich aber, den Ring mitzunehmen, aus Sorge, sie könnte ihn verlieren. »Also gut, er wird hier sein, wenn du zurückkommst«, waren Fairbanks letzte Worte, bevor seine Verlobte nach Saudi-Arabien abreiste. Fairbanks legte den Ring zu Hause auf ein Foto von Christine neben seine Stereoanlage. Er sollte niemals die Gelegenheit bekommen, ihr den Ring anzustecken.

Die 14. Versorgungseinheit flog von der Luftwaffenbasis in Dhahran in Saudi-Arabien zu ihren nicht weit entfernten temporären Notunterkünften in al-Khobar an der Küste des Persischen Golfs. Das Gebäude, in dem Mayes' Einheit untergebracht wurde, war ebenso wie andere amerikanische und britische Unterkünfte wenig mehr als ein verrostetes Warenlager, das gerade erst bewohnbar gemacht worden war. Sechs Tage nach ihrer Ankunft, Sonntag, den 24. Februar, telefonierte Mayes nach Hause, um ihrer Mutter zu sagen, dass sie sicher angekommen sei und ihre Einheit schon bald 40 Meilen weiter nördlich zur kuwaitischen Grenze ziehen würde. Am nächsten Tag legte sich Mayes nach ihre Schicht schlafen, während andere in ihrer Einheit sich entspannten oder trainierten. Sie ahnte nicht, dass die Ereignisse, die ihr Schicksal werden sollten, bereits in Gang gekommen waren.

Obwohl die Iraker im Verlauf des Golfkriegs bereits mehr als 40 Scud-Raketen auf Saudi-Arabien abgefeuert hatten, verursachten weniger als zehn dieser Angriffe nennenswerte Schäden. Die meisten Raketen, die Saudi-Arabien überhaupt erreichten, kamen vom Kurs ab und landeten in zivilen Gegenden, statt die beabsichtigten militärischen Ziele zu zerstören. Teilweise waren diese Misserfolge dem amerikanischen Raketenabwehrsystem »Patriot« geschuldet. Das System sollte ankommende Raketen orten und einen »Abfangflugkörper« starten, um das anfliegende feindliche Projektil zu zerstören. Das System beruhte auf einer ersten Radarüberwachung, der eine genauere bestätigende Ortung folgte, um sicherzustellen, dass tatsächlich ein Flugkörper im Anflug war und es sich nicht um ein Fehlsignal eines überempfindlichen Radargeräts handelte. Für die genauere Überprüfung wurden dem zweiten Radar Ort und Zeitpunkt der ersten Sichtung und eine Schätzung der Geschwindigkeit des anfliegenden Projektils übermittelt. Diese Daten ließen sich dann für eine näherungsweise Eingrenzung der möglichen Positionen der Rakete benutzen und erlaubten so eine detailliertere Bestätigung.

Zur Steigerung der Genauigkeit maß das Patriot-System Zeit in Zehntelsekunden. Unglücklicherweise hat ein Zehntel trotz seiner netten kurzen Darstellung im Dezimalsystem als 0,1 im Binärsystem eine unendliche Reihe von Nullen und Einsen, die etwa so aussieht: 0,0001100110011001100 …. Nach dem anfänglichen »0,0« wiederholen sich die vier Stellen »0011« wieder und wieder. Kein Computer kann unendlich viele Ziffern speichern, weswegen die Patriot-Rakete ein Zehntel durch 24 binäre Ziffern näherte. Weil diese Zahl abbricht, weicht sie vom wahren Wert für eine Zehntelsekunde um etwa ein Zehnmillionstel einer Sekunde ab. Die Programmierer des Codes, der das Patriot-System steuerte, nahmen an, eine derart kleine Abweichung würde in der Praxis keine Rolle spielen. Wenn das System jedoch gestartet war und über einen langen Zeitraum lief, summierte sich der Fehler in der internen Uhr zu einer beträchtlichen Größe. Nach etwa zwölf Tagen belief sich der akkumulierte Fehler auf nahezu eine Sekunde.

Um 20:35 Uhr am 25. Februar war das Patriot-System vier Tage ununterbrochen gelaufen. Während Mayes schlief, startete die irakische Armee einen Gefechtskopf an der Spitze einer Scud-Rakete in Richtung der Ostküste Saudi-Arabiens. Minuten später drang die Rakete in saudi-arabischen Luftraum ein, das erste Radar des Patriot-Abwehrsystems ortete die Rakete und übermittelte die Daten an das zweite Radarsystem zur Überprüfung. Als die Daten von dem einen Radar zum anderen weitergegeben wurden, hinkte die Zeitangabe der Entdeckung bereits fast eine Drittelsekunde hinterher. Da die Scud-Rakete mit mehr als 1600 Metern pro Sekunde anflog, wurde ihre Position um mehr als 500 Meter falsch berechnet. Als das zweite Radar den Bereich untersuchte, in dem es die Rakete vermutete, meldete es Fehlanzeige. Die Raketenwarnung wurde als Fehlalarm eingestuft und gelöscht.[100]

Um 20:40 Uhr traf das Geschoss die Gebäude, in denen Mayes schlief, tötete sie und 27 ihrer Kollegen und verletzte nahezu 100 weitere. Dieser einzelne Angriff, nur drei Tage vor Ende der Kampfhandlungen, war für den Tod eines Drittels aller während des Golfkriegs getöteter amerikanischer Soldaten verantwortlich und hätte vielleicht verhindert werden können, wenn der Computer eine andere Sprache gesprochen hätte – mit einer anderen Basis.

Allerdings ist keine Basis in der Lage, jede Zahl exakt mit einer endlichen Zahl von Stellen darzustellen. Mit einer anderen Basis hätte sich der Ortungsfehler durch das Patriot-System vielleicht vermeiden lassen, doch zweifelsfrei hätten sich stattdessen andere Fehler eingestellt. Trotz seiner gelegentlichen Fehler machen die Vorteile des Binärsystems, was Energieverbrauch und Zuverlässigkeit angeht, dieses System zur sinnvollsten Wahl für die Basis in heutigen Computern. Allerdings verflüchtigen sich diese Vorteile schnell, sobald wir das System im gesellschaftlichen Miteinander zu benutzen versuchen.

***

Stellen Sie sich vor, Sie plaudern mit einer attraktiven Person, mit der Sie in einem voll besetzten Bus auf Tuchfühlung stehen. Als sich Ihre Haltestelle nähert, fragen Sie nach der Handynummer, und Ihr Gegenüber rasselt höflich eine elfstellige Nummer der Form 07XXX-XXX-XXX herunter, das gängige Mobilnummernformat in Großbritannien. Um eine ähnliche Vielfalt im binären System bereitzustellen, wäre jede Handynummer mindestens 30 Ziffern lang. Versuchen Sie mal, sich vorzustellen, Sie schreiben 1110111001101011001001111111111 auf, bevor der Bus die Haltestelle erreicht, an der Sie aussteigen müssen. »War das jetzt eine 1 hinter der siebten 0 oder eine 0?«

Von größerer Bedeutung ist das potenziell gefährliche binäre Denken, das unsere Gesellschaft durchdringt. Vor Urzeiten machten schnelle Entscheidungen den Unterschied zwischen Leben und Tod aus. Unseren primitiven Gehirnen blieb keine Zeit, die Wahrscheinlichkeit abzuschätzen, ob der Felsbrocken auf unserem Kopf landen würde. Auge in Auge mit einem gefährlichen Raubtier war eine blitzartige Entscheidung gefragt: Kampf oder Flucht. In den meisten Fällen war eine schnelle (und übervorsichtige) Ja-Nein-Entscheidung einer wohlüberlegten Entscheidung, die alle Möglichkeiten in Betracht zog, vorzuziehen. Mit der Entwicklung zu komplexeren Gesellschaften behielten wir diese binären Entscheidungen bei. Wir kategorisierten unsere Mitmenschen als gut oder schlecht, Heilige oder Sünder, Freunde oder Feinde. Solche Kategorisierungen sind grob, aber sie ließen uns schneller reagieren, wenn wir einem Individuum gegenüberstanden. Mit der Zeit gruben sich diese Stereotypen durch die zweiwertigen Zerrbilder, die zur Grundausstattung vieler populärer dualistischer Religionen gehören, immer tiefer ein. Anhänger dieser Religionen dürfen keine Zweifel hegen, wie das Gute und Böse typischerweise aussieht.

Doch solche schnellen Entscheidungen und Freund-Feind-Karikaturen haben für die meisten Menschen heute nur noch wenig Bedeutung. Wir haben mehr Zeit, tiefer über wichtige Wahlmöglichkeiten im Leben nachzudenken. Menschen sind zu komplex, als dass man sie mit einer einfachen binären Beschreibung fassen könnte, zu vieldeutig, zu subtil. Binäres Denken ließe einigen unserer Lieblingscharaktere keinen Raum mehr: den Snapes, den Gatsbys oder Hamlet in der literarischen Welt. Dass wir solche vielschichtigen Personen in all ihrer moralischen Zwiespältigkeit mögen, liegt genau daran, dass sie unsere eigenen komplexen und fehlerhaften Persönlichkeiten widerspiegeln. Und doch greifen auch wir nach der bequemen Sicherheit von Schwarz-Weiß-Etiketten, um uns der Außenwelt zu präsentieren: Wir sind rot oder schwarz, links oder rechts, Gläubige oder Atheisten. Wir machen uns vor, wir könnten uns selbst als eine von zwei Möglichkeiten definieren, wo es doch in Wirklichkeit so viele Farben im Spektrum gibt.

***

In meinem eigenen Fachgebiet spielt der Kampf gegen solche selbst auferlegte, falsche Dichotomien eine besonders große Rolle: Die einen glauben, sie könnten Mathematik, die anderen glauben, sie könnten es nicht. Es gibt viel zu viele des letzteren Typs. Doch fast niemand versteht gar keine Mathematik, fast niemand kann nicht zählen. Am anderen Ende des Spektrums hat es seit Hunderten von Jahren keine Mathematiker mehr gegeben, die die gesamte bekannte Mathematik meisterten. Wir alle sitzen irgendwo dazwischen im Spektrum. Wie weit wir uns nach links oder rechts bewegen, hängt davon ab, für wie nützlich wir mathematisches Wissen halten.

Indem wir beispielsweise die Zahlensysteme in unserem Umfeld verstehen, erhalten wir einen Einblick in Geschichte und Kultur unserer Spezies. Diese scheinbar fremdartigen und häufig unvertrauten Systeme sollte man nicht fürchten, sondern feiern. Sie erzählen uns vom Denken unserer Vorfahren und geben Aspekte ihrer Traditionen wieder. Sie halten uns auch einen Spiegel unserer Biologie vor Augen, der zeigt, dass Mathematik uns so eigen wie unsere Finger oder Zehen ist. Sie lehren uns die Sprache moderner Technologie und helfen uns, einfache mathematische Fehler zu vermeiden. Indem wir die Irrtümer der Vergangenheit analysieren, stellt uns die heutige mathematikbasierte Technologie Möglichkeiten zur Verfügung, solche Fehler in Zukunft zu vermeiden – zuweilen mit zweifelhaftem Erfolg, wie wir im nächsten Kapitel sehen werden.

6

Schonungslose Optimierung

Das ungezügelte Potenzial der Algorithmen, von der Evolution bis zum E-Commerce

»Nach einhundert Metern rechts abbiegen«, sagte die körperlose Stimme des Navis. Fahranfänger Roberto Farhat, mit Frau und zwei Kindern im Wagen, tat genau das. Erst wenige Minuten zuvor hatte er von seiner Frau, einer sicheren Fahrerin mit 15 Jahren Fahrpraxis, das Steuer übernommen. Als er auf die A6-Road abbog, raste ihm ein zwei Tonnen schwerer Audi, der auf der Gegenfahrbahn unterwegs war, mit 45 Meilen pro Stunde (ca. 70 km/h) in die Beifahrerseite. Da er sich so auf das Navigationsgerät konzentriert hatte, verpasste Farhat die Straßenschilder mit der Warnung, *nicht* rechts abzubiegen. Erstaunlicherweise blieb er bei dem Zusammenprall unverletzt. Seine vier Jahre alte Tochter Amelia hatte weniger Glück. Sie starb drei Stunden später im Krankenhaus.

Wir alle verlassen uns auf Hilfsmittel wie die Satellitennavigationsgeräte, um uns den zunehmend verdichteten Alltag zu erleichtern. Mit der Bestimmung des Wegs von A nach B übernehmen die Navis eine komplexe Aufgabe. Eine Ad-hoc-Berechnung in Form eines Algorithmus ist die einzig praktikable

Möglichkeit, diese Aufgabe zu erledigen. Es wäre für ein einzelnes Gerät schon eine Herausforderung, alle möglichen Wege zwischen weit auseinanderliegenden Start- und Zielorten bereitzuhalten. Die ungeheure Anzahl an Auswahlmöglichkeiten für Start und Ziel steigert diese Schwierigkeit ins Astronomische. Angesichts dieser Problematik ist die weitgehende Fehlerfreiheit von Navigationsgeräten beeindruckend. Doch wenn sie einmal Fehler machen, können diese verheerend sein.

Ein Algorithmus ist eine Abfolge von Anweisungen, die eine Aufgabe genau festlegen. Unter Aufgabe ist alles Mögliche zu verstehen, von der Neuordnung Ihrer Plattensammlung bis zur Zubereitung einer Mahlzeit. Die ersten überlieferten Algorithmen waren aber rein mathematischer Natur. Die alten Ägypter kannten einen einfachen Algorithmus für die Multiplikation zweier Zahlen, und die Babylonier kannten Regeln für das Ziehen der Quadratwurzel. Im 3. Jahrhundert v. Chr. erfand der Grieche Eratosthenes sein »Sieb« – ein simpler Algorithmus zum Herausfischen von Primzahlen aus einer Menge von Zahlen –, und Archimedes konnte die Kommastellen von Pi mit seiner »Exhaustionsmethode« bestimmen.

Im Europa vor der Aufklärung erlaubten zunehmende mechanische Fähigkeiten, Algorithmen auch physisch umzusetzen, etwa in Uhren oder, etwas später, in zahnradbetriebenen Rechenmaschinen. Bis Mitte des 19. Jahrhunderts hatten sich diese Fähigkeiten so verfeinert, dass der Universalgelehrte Charles Babbage den ersten mechanischen Computer bauen konnte, für den die Mathematikpionierin Ada Lovelace das erste Programm schrieb. Tatsächlich erkannte Lovelace, dass Babbages Erfindung Anwendungen möglich machten, die weit jenseits der reinen Mathematik lagen, für die sie ursprünglich gedacht war: dass man auch Dinge wie Musiknoten oder, vielleicht noch wichtiger, Buchstaben codieren und maschinell verarbeiten konnte. Zunächst elektromechanisch, später rein elektrisch, wurden Computer für genau diesen Zweck von den Alliierten im Zweiten Weltkrieg genutzt, um mit Algorithmen die Verschlüsselung der deutschen Kommunikation zu knacken. Obwohl man im Prinzip diese Algorithmen auch per Hand hätte umsetzen können, führten Rechner ihre Befehle mit einer Geschwindigkeit und einer Genauigkeit aus, die eine menschliche Armee nicht hätte schaffen können.

Die zunehmend komplexeren Algorithmen, die Computer heutzutage ausführen, sind ein wesentlicher Bestandteil des Umgangs mit unseren alltäglichen Aufgaben geworden, angefangen bei einer Suchanfrage im Netz über das Fotografieren mit dem Handy oder einem Computerspiel bis hin zur Nachfrage beim digitalen persönlichen Assistenten, wie das Wetter heute Nachmittag werden wird. Wir akzeptieren auch keine überholten Informationen mehr: Wir erwarten, dass die Suchmaschine uns die zutreffendste Antwort auf unsere Anfrage liefert und nicht irgendeine, die sie gerade findet; wir wollen genau wissen, mit welcher Wahrscheinlichkeit es heute Nachmittag um 17 Uhr regnen wird, um besser entscheiden zu können, ob wir den Mantel mit ins Büro nehmen sollen; wir wollen, dass uns das Navi nicht irgendeinen Weg von A nach B anzeigt, sondern den schnellsten.

Was in den meisten Definitionen für Algorithmus auffallend häufig fehlt, sind Input und Output, Eingabe und Ausgabe, die Daten, die dem Algorithmus Relevanz verleihen. Bei einem Kochrezept, zum Beispiel, sind die Zutaten der Input und das Essen, das Sie servieren, der Output. Für Navigationsgeräte sind die eingegebenen Start- und Zielorte sowie die gespeicherten Landkarten der Input. Ausgabe ist dann die vorgeschlagene Route. Ohne diese Anbindung an die reale Welt sind Algorithmen lediglich abstrakte Regellisten. Wenn über die Fehlfunktion eines Algorithmus berichtet wird, sind allermeistens die falschen Eingaben oder der unerwartete Output die wirkliche Story, nicht die Regeln selbst.

In diesem Kapitel spüren wir der Mathematik hinter der unablässigen Optimierung der Algorithmen im Alltag nach: angefangen bei der Anordnung der Ergebnisse einer Google-Anfrage bis zu den Geschichten, die Facebook uns aufdrängt. Wir werden die täuschend einfachen Algorithmen offenlegen, die schwierige Probleme lösen und auf die sich unsere heutige Großtechnologie verlässt: von Google Maps' Navigationssystem bis zu Amazons Auslieferungswegen. Wir gehen auch einen Schritt zurück, verlassen die Welt der computerisierten Technik und liefern Beispiele für Algorithmen, die *unmittelbar* Ihrer Kontrolle unterliegen: die einfachen Optimierungsalgorithmen, die Ihnen helfen, den besten Platz im Zug zu ergattern oder die schnellste Schlange im Supermarkt auszumachen.

Obwohl einige Algorithmen unvorstellbar komplexe Aufgaben erledigen können, treten gelegentlich Aspekte ihrer Leistungsfähigkeit zutage, die, gelinde gesagt, suboptimal sind. So brachte eine veraltete Landkarte das Navigationsgerät der Farhat-Familie tragischerweise dazu, falsche Anweisungen auszugeben. Die Regeln selbst, nach denen die Route berechnet wurde, waren nicht fehlerhaft, und wäre die Karte auf dem neusten Stand gewesen, wäre der Unfall wahrscheinlich nie passiert. Diese Geschichte illustriert die erschreckende Macht moderner Algorithmen. Diese unglaublichen Hilfsmittel, die in viele Bereiche des Alltags vorgedrungen sind und ihn vereinfacht haben, sollte man nicht fürchten. Zugleich müssen sie aber mit der nötigen Vorsicht gehandhabt werden, und die Daten, mit denen sie gefüttert werden und die sie ausgeben, sollten gut kontrolliert werden. Menschliche Kontrolle eröffnet andererseits die Möglichkeit, zu zensieren und zu verzerren. Bei genauerem Hinschauen stellt man allerdings fest: Auch wenn aus Gründen der Unparteilichkeit die menschliche Kontrolle eingeschränkt wird, können Vorurteile versteckt und in den Algorithmen selbst verborgen sein – und die Neigungen ihres Schöpfers widerspiegeln. Ganz gleich, wie nützlich Algorithmen auch sein mögen: Statt blindem Glauben in ihr fehlerfreies Operieren kann ein wenig Einblick in ihre innere Struktur Zeit und Geld sparen und sogar Leben retten.

Die Eine-Million-Dollar-Frage

Im Jahr 2000 stellte das Clay Mathematics Institute eine Liste von sieben »Millenniums-Probleme« vor, die als die wichtigsten ungelösten Probleme der Mathematik angesehen wurden.[101] Die Liste enthielt: die Vermutung von Hodge, die Poincaré-Vermutung, die Riemannsche Hypothese, die Yang-Mills-Theorie und die Massenlücke, die Analyse der Navier-Stokes-Gleichungen, die Vermutung von Birch und Swinnerton-Dyer und das P/NP-Problem. Obwohl diese Auflistung vielen Menschen außerhalb einiger relativ kleiner Teilgebiete der Mathematik nur wenig sagen wird, brachte Landon T. Clay, Namensgeber und Hauptsponsor des Instituts, durch ein Preisgeld in Höhe von 1 Million Dollar für die Lösung jedes der Probleme zum Ausdruck, für wie wichtig er sie hielt.

Derzeit ist lediglich das Poincaré-Problem gelöst. Es gehört in die Topologie, ein Teilgebiet der Mathematik. Man kann sich Topologie als Geometrie (die Mathematik der Formen) mit Teig vorstellen. In der Topologie spielen die tatsächlichen Umrisse der Objekte selbst keine Rolle. Stattdessen fasst man Objekte nach der Anzahl ihrer Löcher zusammen. Für einen Topologen gibt es zum Beispiel keinen Unterschied zwischen einem Tennisball, einem Rugbyball oder einer Frisbeescheibe. Bestünden sie alle aus Teig, könnte man sie theoretisch quetschen, ziehen oder sonst wie verformen, ohne Löcher im Teig zu erzeugen oder zu schließen, sodass sie alle gleich aussehen. Für den Topologen unterscheiden sie sich jedoch fundamental von einem Gummiring, einem Fahrradschlauch oder einem Basketballkorb, die alle ein Loch in der Mitte haben wie ein Bagel. Das Zeichen für 8 mit seinen zwei Löchern und eine Brezel mit dreien sind ebenfalls topologisch verschiedene Objekte.

Im Jahr 1904 schlug Henri Poincaré (derselbe Poincaré aus Kapitel 3, der mathematischen Unsinn entlarvte und damit Artilleriehauptmann Alfred Dreyfus rehabilitierte) vor, die einfachste mögliche Form in vier Dimensionen sei das vierdimensionale Analogon einer Kugel. Um zu verstehen, was Poincaré mit »einfach« meinte, stellen Sie sich vor, Sie würden einen Faden um ein Objekt schlingen. Wenn Sie den Faden zusammenziehen und er dabei auf der Oberfläche bleibt, sodass die Schlinge verschwindet, dann ist dieses Objekt topologisch eine Kugel. Diese Eigenschaft nennt man »einfach zusammenhängend«. Funktioniert dieser Trick mit dem Faden nicht immer, dann hat man es mit einem komplizierteren topologischen Objekt zu tun. Stellen Sie sich vor, sie würden das eine Ende des Fadens durch das Loch eines Bagels ziehen und dann versuchen, die Schlinge zusammenzuziehen, dann wäre immer der Bagelring im Weg, und das Loch würde nicht verschwinden. Topologisch ist der Bagel mit einem Loch komplexer als ein Fußball, der keins hat. Dieses Resultat war in drei Dimensionen gut bekannt, aber Poincaré schlug vor, dass dieselbe Idee auch im vierdimensionalen Raum gelten würde. Später wurde seine Vermutung auf beliebige Dimensionen verallgemeinert. Tatsächlich war die Hypothese zu der Zeit, als die Millenniumspreise ins Leben gerufen wurden, für alle anderen Dimensionen bewiesen worden, nicht jedoch für die vierte, womit Poincarés ursprüngliche Vermutung unbewiesen blieb.

In den Jahren 2002 und 2003 legte der öffentlichkeitsscheue russische Mathematiker Grigori Perelman der topologischen Community drei inhaltsschwere Artikel vor.[102] Diese Artikel erhoben den Anspruch, das Problem in vier Dimensionen zu lösen. Mehrere Arbeitsgruppen brauchten drei Jahre, die Gültigkeit dieses Beweises zu bestätigen. Im Jahr 2006 erhielt er die Fields-Medaille, eine Auszeichnung, die als mathematischer Nobelpreis gilt. Es war das Jahr, in dem Perelman 40 Jahre alt wurde und damit die Altersgrenze für diesen Preis erreichte. Die Preisvergabe fand außerhalb der Mathematik nur wenig Resonanz; umso größere Wellen schlug dann die Tatsache, dass Perelman der erste Mathematiker in der Geschichte der Fields-Medaille werden sollte, der den Preis ausschlug. In seinem Ablehnungsschreiben schrieb Perelman: »An Geld oder Ruhm bin ich nicht interessiert. Ich will nicht wie ein Tier im Zoo ausgestellt sein.« Als das Clay Mathematics Institute im Jahr 2010 endlich überzeugt war, dass er genug bewiesen hatte, die 1 Million Dollar für die Lösung eines der Millenniums-Probleme zu verdienen, schlug er auch dieses Geld aus.

P versus NP

Auch wenn Perelmans Beweis der Poincaré-Vermutung ein gewaltiges Stück Arbeit in der reinen Mathematik darstellt, hat er doch wenig praktische Anwendungen. Dasselbe gilt für die Mehrzahl der übrigen sechs Millenniums-Probleme, die derzeit noch ungelöst sind. Der Beweis oder die Widerlegung von Problem Nummer 7 – kurz und bündig, wenn auch etwas kryptisch, in der Mathematikergemeinde als »P versus NP« bekannt – hat das Potenzial für weitreichende Auswirkungen, und das in so weit auseinanderliegenden Gebieten wie Internetsicherheit und Biotechnologie.

Den Kern des P/NP-Problems bildet die Erkenntnis, dass es häufig leichter ist, die Richtigkeit der Lösung eines Problems zu überprüfen, als die Lösung überhaupt erst zu finden. Die bedeutendste offene mathematische Frage will wissen, ob jedes Problem, dessen Lösung von einem Computer effizient überprüft werden kann, auch effizient gelöst werden kann.

Zum Vergleich stellen Sie sich vor, Sie wollten ein Puzzle mit einem merkmallosen Bild, wie zum Beispiel einem blauen Himmel, zusammensetzen. Alle möglichen Kombinationen der Puzzlesteine auszuprobieren, um zu sehen, ob sie zusammenpassen, wäre eine schwierige Aufgabe. Dass so etwas lange dauern würde, wäre eine Untertreibung. Wenn das Puzzle jedoch fertig zusammengesetzt ist, lässt sich leicht überprüfen, ob das Problem fehlerlos gelöst ist. Strengere Definitionen von »effizient« drückt man mathematisch durch die Zeit aus, die ein Algorithmus braucht, wenn das Problem immer schwieriger wird –

wenn man quasi dem Puzzle weitere Teile hinzufügt. Die Gruppe der Probleme, die schnell gelöst werden können (in sogenannter »polynomieller Zeit«) nennt man P. Eine größere Gruppe von Problemen, die schnell überprüft, aber nicht notwendig auch gelöst werden können, ist als NP bekannt (was für »nichtdeterministisch polynomielle Zeit« steht). P ist eine Teilmenge von NP, denn wenn man ein Problem schnell löst, hat man automatisch auch die gefundene Lösung verifiziert.

Als Nächstes stelle man sich vor, einen Algorithmus für ein *generisches* Puzzle zu entwerfen. Falls der Algorithmus in P liegt, könnte die Zeit, die er braucht, um es zusammenzusetzen, der Anzahl der Puzzlestücke proportional sein oder dem Quadrat dieser Anzahl oder noch höherer Potenzen dieser Zahl. Wenn der Algorithmus zum Beispiel vom Quadrat der Anzahl abhängt, könnte er 4 (2^2) Sekunden brauchen, um ein Puzzle aus 2 Teilen zusammenzusetzen, 100 Sekunden für ein 10-Teile-Puzzle (10^2) und 10 000 Sekunden für ein Puzzle mit 100 Teilen (100^2). Das klingt nach einer ziemlich langen Dauer, aber es bewegt sich immer noch im Bereich von Stunden. Gehört der Algorithmus jedoch zu NP, dann könnte die Zeit für die Komplettierung des Puzzles exponentiell mit der Zahl der Puzzleteile ansteigen. Ein 2-Teile-Puzzle bräuchte immer noch 4 Sekunden (2^2), aber bei einem Puzzle mit 10 Teilen könnte es schon 1024 Sekunden (2^{10}) dauern, und für ein 100-Teile-Puzzle käme man auf 1 267 650 600 228 229 401 496 703 205 376 (2^{100}) Sekunden – erheblich mehr Zeit, als seit dem Urknall vergangen ist. Zwar brauchen beide Algorithmen länger, wenn die Anzahl der Stücke steigt, doch werden Algorithmen, die echte NP-Probleme lösen sollen, mit wachsender Problemgröße sehr schnell untauglich. Für alle praktischen Zwecke könnte P sehr gut für praktikabel und NP für nicht praktikabel stehen.

»P versus NP« will klären, ob alle Probleme, die zur Klasse NP gehören, nicht auch in der Klasse P liegen. Ist es möglich, dass auch die NP-Probleme eine praktikable Lösung haben, wir sie aber einfach noch nicht gefunden haben? Mathematisch kurz ausgedrückt: Ist P gleich NP? Sollte dem so sein, wären, wie wir gleich sehen werden, die möglichen Implikationen, selbst für alltägliche Aufgaben, gewaltig.

***

Rob Fleming, der Protagonist in Nick Hornbys 90er-Jahre-Kult-Roman *High Fidelity*, ist der musikbesessene Besitzer eines Ladens für Secondhand-Schallplatten namens »Championship Vinyl«. Immer wieder ordnet Rob seinen enormen Bestand nach jeweils anderen Kriterien um: alphabetisch, chronologisch, ja sogar autobiografisch (wobei seine Lebensgeschichte anhand des Kaufdatums der Platten erzählt wird). Ganz abgesehen davon, dass dies eine Art Reinigungsritual für Musikliebhaber ist, ermöglicht Sortieren das schnelle Abfragen und Neuordnen von Daten, wodurch ihre unterschiedlichen Nuancen zutage treten. Wenn Sie auf den Reiter klicken, der Ihnen ermöglicht, Ihre E-Mails alphabetisch, nach Absender oder Datum zu sortieren, setzt Ihr E-Mail-Programm einen effizienten Sortieralgorithmus in Gang. eBay startet einen Sortieralgorithmus, wenn Sie die Auswahl auf Ihre Suchanfrage geordnet nach »größte Übereinstimmung«, »niedrigster Preis« oder »bald endend« anschauen möchten. Sobald Google entschieden hat, wie gut Webseiten zu Ihrer Suchanfrage passen, müssen die Seiten schnell sortiert und Ihnen korrekt geordnet präsentiert werden. Effiziente Algorithmen, die das können, sind hoch begehrt.

Eine Möglichkeit, Dinge zu sortieren, könnte darin bestehen, alle möglichen Anordnungen aufzulisten und dann jede zu überprüfen, ob sie mit der gewünschten Ordnung übereinstimmt. Stellen Sie sich eine unglaublich kleine Plattensammlung vor, die aus jeweils einem Album von Led Zeppelin, Queen, Coldplay, Oasis und ABBA besteht. Mit diesen fünf Alben sind bereits 120 Anordnungen möglich. Bei sechs sind es 720, und bei zehn gibt es bereits mehr als drei Millionen Permutationen (Umordnungen). Die Zahl der möglichen Umordnungen wächst derart schnell mit der Anzahl der Platten, dass die Plattensammlung jedes echten Plattenfans es schlicht ausschließt, alle möglichen Anordnungen zu sichten: Es ist einfach nicht machbar.

Glücklicherweise – und das wissen Sie vielleicht aus eigener Erfahrung – ist das Sortieren von Platten, DVDs oder Büchern ein Problem der Klasse P – eins, für das es eine praktikable Lösung gibt. Der einfachste Algorithmus dafür ist »Bubblesort«, auch Austauschsortieren genannt, der wie folgt funktioniert: Lassen Sie uns die Künstler unserer mageren Plattenauswahl mit ihren Anfangsbuchstaben L, Q, C, O und A abkürzen und annehmen, wir wollten sie alphabetisch sortieren. Bubblesort schaut das Plattenregal von links nach rechts durch und vertauscht benachbarte Platten, die nicht richtig stehen. Das macht er so lange, bis kein Paar mehr falsch steht und damit alle Platten sortiert sind. Beim ersten Durchgang bleibt L stehen, weil es im Alphabet vor Q kommt, aber beim Vergleich von Q und C zeigt sich, dass sie falsch stehen, und sie werden vertauscht. Bubblesort fährt fort, indem er Q mit O und schließlich noch mit A vertauscht, sodass am Ende des ersten Durchgangs die Platten in der Reihenfolge L, C, O, A, Q stehen. Q ist nun nach hinten an seine korrekte Stelle am Ende der Liste »gebubbelt« worden. Beim zweiten Durchgang wird C mit L vertauscht und A anstelle von O nach vorn geholt, sodass jetzt auch O an der richtigen Stelle steht: C, L, A, O, Q. Es braucht noch zwei weitere Durchgänge, bis A es an die Spitze geschafft hat und die Liste alphabetisch geordnet ist.

Bei fünf Platten mussten wir die unsortierte Liste viermal durchforsten und dabei jedes Mal vier Vergleiche durchführen. Bei zehn Platten hätten wir neun Durchgänge gebraucht, mit jeweils neun Vergleichen. Das bedeutet: Der Sortieraufwand wächst nahezu quadratisch mit der Anzahl der Objekte, die zu sortieren sind. Bei einer großen Sammlung ist das immer noch eine Menge Arbeit, aber für 30 Platten würde man nur Hunderte von Vergleichen brauchen anstelle der Billionen und

Aberbillionen möglicher Umordnungen, die man vielleicht mit einem Brute-Force-Algorithmus, der alle Möglichkeiten auflistet, überprüfen müsste. Trotz dieser gewaltigen Verbesserung wird Bubblesort von Computerwissenschaftlern in der Regel als ineffizient verlacht. Bei praktischen Anwendungen wie Facebooks Nachrichtenspalte oder Instagrams Fotoliste, bei denen es Milliarden Mitteilungen zu sortieren und nach den aktuellen Vorgaben der Digitalgiganten darzustellen gibt, werden einfache Bubblesort-Algorithmen zugunsten neuerer und effizienterer Vettern verworfen. »Mergesort« zum Beispiel teilt die Posts in kleine Gruppen ein, die er dann schnell sortiert und anschließend wieder in der richtigen Reihenfolge zusammenführt (»merged«).

Im Vorlauf der Präsidentschaftswahlen in den USA 2008 wurde John McCain, kurz nachdem er seine Kandidatur erklärt hatte, von Google zu einem Interview eingeladen, in dem er seine Politik erklären sollte. Der damalige Vorstandsvorsitzende Eric Schmidt scherzte mit McCain, dass eine Bewerbung um das Präsidentenamt einem Interview bei Google ziemlich ähnlich sei. Dann fuhr er mit einer richtigen Google-Interviewfrage fort: »Wie ermitteln Sie gute Möglichkeiten, eine Million 32-bit Zahlen in zwei Megabyte RAM zu sortieren?« McCain war völlig perplex, und Schmidt, der seinen Spaß gehabt hatte, wandte sich schnell der nächsten ernsthaften Frage zu. Als Barack Obama sechs Monate später im Zeugenstand bei Google saß, attackierte Schmidt ihn mit derselben Frage. Obama schaute ins Publikum, rieb sich die Augen und begann: »Nun, ähm …« Als Schmidt seine Verlegenheit bemerkte, versuchte er einzuschreiten, aber Obama stoppte ihn, sah ihn an und meinte: »Nein, nein, nein, warten Sie, ich glaube, Bubblesort wäre wohl keine gute Möglichkeit.« Worauf ihn die anwesenden Computerspezialisten mit dröhnendem Applaus und Jubelrufen bedachten. Obamas unerwartet gebildete Antwort – wobei er auch noch einen Insiderwitz über die Ineffizienz eines Sortieralgorithmus unterbrachte – war für das scheinbar unangestrengte (in Wirklichkeit einer akribischen Vorbereitung geschuldete) Charisma charakteristisch, das seine gesamte Kampagne auszeichnete, die ihn schließlich bis ins Weiße Haus spülte.

***

Dank effizienter Sortieralgorithmen dürfen Sie froh sein, dass das Sortieren Ihrer Bücher oder DVDs beim nächsten Mal nicht länger dauern wird, als das Universum alt ist. Im Gegensatz dazu gibt es Probleme, die zwar einfach zu formulieren sind, aber astronomisch lange Zeiträume zur Lösung brauchen. Stellen Sie sich vor, Sie würden für einen großen Logistikbetrieb wie DHL oder UPS arbeiten und müssten Pakete ausliefern. Da Sie nach der Anzahl ausgelieferter Pakete und nicht nach Stunden bezahlt werden, wollen Sie die schnellste Route finden, die durch all Ihre Abgabepunkte verläuft. Das ist der Kern eines alten und bedeutenden mathematischen Problems, das unter dem Namen »Problem des Handlungsreisenden« bekannt ist. Das Problem wird mit der zunehmenden Anzahl der zu bereisenden Punkte extrem schnell extrem schwierig – man spricht von einer »kombinatorischen Explosion«. Die Zuwachsrate an möglichen Lösungen beim Hinzufügen neuer Zielorte steigt schneller als exponentiell. Bei 30 Ausgabeorten haben Sie die Wahl zwischen 30 Punkten für Ihren ersten Stopp, 29 für den zweiten, 28 für den dritten und so weiter. Insgesamt müssen Sie also $30 \times 29 \times 28 \times \ldots \times 3 \times 2$ verschiedene Routen überprüfen. In Zahlen ausgedrückt, ergeben sich bei 30 Zielorten etwa 265 Quintillionen Möglichkeiten, eine 265 gefolgt von 30 Nullen. In diesem Fall gibt es aber, anders als beim Sortierproblem, keine Abkürzung – keinen praktikablen Algorithmus, der die Lösung in polynomieller Zeit findet. Eine Lösung zu verifizieren ist genauso schwierig wie überhaupt eine Lösung zu finden, da alle anderen möglichen Lösungen ebenfalls überprüft werden müssen.

Am Standort des Unternehmens gibt es vielleicht einen Logistikmanager, der die täglichen Lieferungen verschiedenen

Fahrern zuordnet und auch ihre optimalen Routen plant. Diese ähnliche Aufgabe – die sogenannte Tourenplanung – ist noch schwieriger als die des Handlungsreisenden. Beiden Herausforderungen begegnet man allenthalben – bei der Fahrplanerstellung für Busse, dem Abfahren von Briefkästen, dem Durchsuchen von Warenlagern für Bestellungen, dem Erstellen von Spielplänen für Fußballligen, der Mikrochipfertigung oder der Verkabelung von Rechnern.

Das einzig Gute an all diesen Problemen ist, dass man bei manchen von ihnen gute Lösungen sofort erkennt, wenn man sie vor Augen hat. Ist eine Auslieferungsroute gefragt, die 1000 Meilen nicht überschreitet, kann man leicht prüfen, ob eine gegebene Lösung den Anforderungen entspricht, selbst wenn es nicht leicht ist, den Weg erst einmal zu finden. Dies ist als das »Entscheidungsproblem« des Handlungsreisenden bekannt, für das es eine Ja-oder-Nein-Antwort gibt. Es ist eins der Probleme aus der Klasse NP, bei denen es schwierig ist, eine Lösung zu finden, aber leicht, sie zu überprüfen.

Bei aller Schwierigkeit kann man für einige spezielle Zusammenstellungen von Zielorten exakte Lösungen angeben, auch wenn das allgemein nicht möglich ist. Bill Cook, Professor für Kombinatorik und Optimierung an der University of Waterloo in Ontario, hat nahezu 250 Jahre Computerzeit auf Parallelrechnern verbraucht, um den kürzesten Weg zwischen allen Pubs in Großbritannien zu finden. Dieser gigantische Umtrunk umfasst 49 687 Gaststätten und ist genau 40 000 Meilen (etwa 64 400 Kilometer) lang – im Schnitt ein Pub alle 1,3 Kilometer. Schon lange, bevor Cook mit seiner Berechnung begann, führte Bruce Masters aus Bedfordshire in England seine eigene, ganz praktische Lösung des Problems durch. Er hält den Weltrekord im – nomen est omen – *Guinnessbuch der Rekorde* für den Besuch der meisten Pubs. Bis 2014 war der 60-Jährige in 46 495 verschiedenen Kneipen eingekehrt. Seit seinem Start 1960 hat Masters, so schätzt er, etwa eine Million Meilen auf seiner Mission, alle britischen Pubs aufzusuchen, zurückgelegt – über

25 Mal mehr als Bill Cooks effizienteste Route. Sollten Sie eine ähnliche Odyssee planen, oder auch nur einen Zug durch die lokalen Kneipen, würde sich ein Blick in Cooks Algorithmus vielleicht lohnen.[103]

***

Die überwältigende Mehrheit der Mathematiker ist der Meinung, dass es sich bei P und NP um fundamental verschiedene Problemklassen handelt, dass wir also nie über schnelle Algorithmen für Handlungsreisende und Tourenplaner verfügen werden. Vielleicht ist das auch gut so. Die Ja-Nein-Entscheidungsversion beim Problem des Handlungsreisenden ist das klassische Beispiel für eine Untergruppe von Aufgaben, die man NP-vollständig nennt. Es gibt ein mathematisches Theorem, das besagt, dass man mit einem praktikablen Algorithmus, der nur ein einziges NP-vollständiges Problem löst, auch jedes andere Problem lösen könnte, nachdem man den Algorithmus entsprechend angepasst hat. Womit dann bewiesen wäre, dass P gleich NP ist, sie also dieselbe Klasse von Problemen bezeichnen. Da nahezu die gesamte Verschlüsselung im Internet auf der Schwierigkeit beruht, gewisse NP-Probleme zu lösen, wäre der Beweis für die Gleichheit von P und NP für die Online-Sicherheit verheerend.

Auf der Habenseite allerdings könnte man schnelle Algorithmen zur Lösung aller möglichen logistischen Probleme entwickeln. Firmen könnten Abläufe optimieren, und Logistikunternehmen würden effiziente Routen zum Transport ihrer Pakete finden und damit möglicherweise zur Senkung der Warenpreise beitragen – auch wenn man sie nicht mehr sicher online bestellen könnte! Auf der wissenschaftlichen Ebene könnte die Lösung des P/NP-Problems effiziente Methoden für die Computeranimation, die Genanalyse und sogar die Vorhersage von Naturkatastrophen hervorbringen.

Ironischerweise wären vielleicht die Wissenschaftler selbst

die größten Verlierer, wenn P gleich NP wäre, auch wenn das für die Wissenschaft insgesamt ein großer Schritt nach vorne sein könnte. Einige der herausragenden wissenschaftlichen Entdeckungen haben sich in hohem Maße auf das kreative Denken hochgebildeter und engagierter Menschen gestützt, die ganz in ihren Feldern aufgingen: Darwins Theorie der natürlichen Auslese, Andrew Wiles' Beweis von Fermats letztem Satz, Einsteins Allgemeine Relativitätstheorie, Newtons Bewegungsgesetze. Wenn P gleich NP ist, wären Computer in der Lage, formale Beweise für jedes beweisbare mathematische Theorem zu finden – viele der größten menschlichen Einzelleistungen könnten dann von maschineller Intelligenz nachvollzogen und übertroffen werden. Eine Menge Mathematiker verlören ihren Job. Im Kern scheint es bei »P versus NP« darum zu gehen, ob sich menschliche Kreativität automatisieren lässt.

Gierige Algorithmen

Optimierungsprobleme wie das des Handlungsreisenden sind deshalb so schwierig, weil man versucht, die allerbeste Lösung in einer unvorstellbar großen Menge von Möglichkeiten zu finden. Gelegentlich aber könnte man sich mit einer schnellen, guten Lösung anstelle der perfekten, aber langsamen Lösung zufriedengeben. Vielleicht muss ich gar nicht die optimale Möglichkeit finden, meine Habseligkeiten in meiner Tasche zu verteilen, wenn ich zur Arbeit gehe. Vielleicht muss ich nur eine Möglichkeit finden, alles hineinzubekommen. In diesem Fall kann man nach Abkürzungen bei der Lösungssuche Ausschau halten. Man kann heuristische Algorithmen (naheliegende Näherungen oder Faustregeln) benutzen, die uns an die beste Lösung für eine große Menge von Varianten des Problems heranführen sollen.

Eine Gruppe solcher Lösungstechniken sind als Greedy-Algorithmen (gierige Algorithmen) bekannt. Bei der Suche nach global optimalen Lösungen beschränken sich solche Verfahren auf das Aufsuchen der lokal besten Wahl. Sie arbeiten zwar schnell und effizient, stellen aber keine Garantie dar, dass man eine gute Lösung, geschweige denn die bestmögliche findet. Stellen Sie sich vor, Sie kommen erstmals irgendwo zu Besuch und wollen den höchsten Aussichtspunkt in der Nähe erklettern. Ein gieriger Algorithmus, der Sie nach oben führt, würde vielleicht zunächst die Richtung der größten Steigung an Ihrer Ausgangsposition finden und einen ersten Schritt in diese Richtung machen. Indem man dieses Verfahren bei jedem Schritt wiederholt, landet man schließlich an einem Punkt, von dem aus es in jeder Richtung nur noch abwärts geht. Sie haben dann zwar den Gipfel des Hügels erreicht, aber nicht unbedingt den des höchsten Hügels. Wenn Sie den höchsten Aussichtspunkt suchen, um den besten Überblick zu bekommen, kann Ihnen dieser gierige Algorithmus nicht garantieren, dass Sie dorthin gelangen. Möglicherweise begann der Weg auf den kleinen Hügel, den Sie gerade erklettert haben, steiler als der Weg, der Sie zur nahe gelegenen Bergkette geführt hätte. Sie wären dem Weg auf den kleinen Hügel aufgrund Ihrer heuristischen Kurzsichtigkeit also fälschlicherweise gefolgt. Es gibt jedoch Probleme, bei denen Greedy-Algorithmen nachweisbar die beste Lösung liefern.

Die Landkarte in einem Navi kann man sich als eine Menge von Kreuzungen vorstellen, die durch Straßenstücke verbunden sind. Die Aufgabe, die kürzeste Verbindung zwischen zwei Orten in einem Gewirr von Straßen und Kreuzungen zu finden, scheint so schwierig wie das Problem des Handlungsreisenden zu sein. Tatsächlich explodiert die Zahl möglicher Routen astronomisch schnell mit der Anzahl von Straßen und Kreuzungen. Schon ein paar Straßen und nur wenige Kreuzungen reichen aus, die Zahl möglicher Routen in die Billionen zu steigern. Wären die Berechnung aller möglichen Strecken und der Vergleich der jeweiligen Entfernungen die einzige Möglichkeit, handelte es sich tatsächlich um ein NP-Problem. Zum Glück für alle Navi-Benutzer gibt es eine effiziente Methode – den Dijkstra-Algorithmus –, die die Lösung des »Problems der kürzesten Strecke« in polynomieller Zeit findet.[104]

Wenn man zum Beispiel die kürzeste Strecke von zu Hause zum Kino finden will, arbeitet sich der nach seinem Erfinder Edsger W. Dijkstra benannte Algorithmus rückwärts, also vom Kino aus vor. Kennt man die kürzeste Verbindung zwischen zu Hause und allen Kreuzungen, die mit dem Kino durch eine einzelne Strecke verbunden sind, ist die Aufgabe leicht zu lösen. Man berechnet den kürzesten Weg einfach, indem man die Weglängen vom aktuellen Standort zu den dem Kino nächstgelegenen Kreuzungen zu den Entfernungen zwischen den Kreuzungen und dem Kino addiert. Natürlich sind zu Beginn der Rechnung die Entfernungen zwischen Standort und den nahe gelegenen Kreuzungen nicht bekannt. Indem man dieses Vorgehen aber wiederholt, findet man die kürzeste Verbindung zu den zweitnächsten Kreuzungen, wenn man die kürzesten Verbindungen zwischen Standort und den mit ihnen unmittelbar verbundenen Kreuzungen benutzt. Wendet man diese Logik rekursiv an, d. h. Kreuzung für Kreuzung, gelangt man schließlich zum Standort, wo die Reise beginnt. Um die kürzeste Verbindung in einem Wegstreckennetz zu ermitteln, muss man also lediglich immer wieder gute lokale Entscheidungen treffen – ein Greedy-Algorithmus. Will man die Route rekonstruieren, muss man nur die Kreuzungen auflisten, die man passieren musste, um die jeweils kürzeste Strecke zurückzulegen. Wahrscheinlich bearbeitet auch in Ihrem Autonavi irgendeine Variante des Dijkstra-Algorithmus die Zahlen, wenn Sie Google Maps nach dem kürzesten Weg zum Kino fragen.

Am Kino angekommen, hat sehr wahrscheinlich der Parkscheinautomat kein Wechselgeld. Wenn Sie genug Kleingeld in der Tasche haben, werden Sie vermutlich versuchen, die genaue Summe so schnell wie möglich einzuwerfen. Ein gieriger Algorithmus, den viele Leute intuitiv nehmen, besteht darin, die Münzen der Größe nach einzuwerfen, wobei jeweils die Münze mit dem höchsten Wert unterhalb des Restbetrags genommen wird.

Die Währungen der meisten Wirtschaftsräume, darunter Großbritannien, Australien, Neuseeland, Südafrika und Europa, verfügen über eine 1-2-5-Struktur, wobei die Münzen oder Banknoten nach diesem Schema größer werden, wenn die Währungsbezeichnung zur nächstgrößeren wechselt. Das britische System beispielsweise hat 1-, 2- und 5-Pence-Stücke. Dann folgen die 10-, 20- und 50-Pence-Münzen, dann die 1- und 2-Pfund-Stücke, gefolgt von einer 5-Pfund-Note und schließlich die 10-, 20- und 50-Pfund-Noten. Um also 58 Pence Wechselgeld mit dem Greedy-Algorithmus zusammenzubekommen, würde man zunächst eine 50-Pence-Münze wählen, was noch 8 Pence zu zahlen übrig lässt. Mit 20- und 10-Pence-Stücken würde man die Gesamtsumme überschreiten, also nimmt man als Nächstes ein 5-Pence-Stück, gefolgt von einem 2-Pence-Stück und schließlich einem Penny. Tatsächlich bringt dieser gierige Algorithmus in allen 1-2-5-Systemen die Gesamtsumme mit der kleinsten Anzahl an Münzen zusammen.

Nicht in jeder Währung funktioniert dieser Algorithmus so. Gäbe es aus irgendeinem Grund auch eine 4-Pence-Münze, hätte man die letzten 8 Pence einfacher mit zwei 4-Pence-Stücken zusammenbekommen als mit 5, 2 und 1 Pence. Jede Währung, in der jede Münze oder Note mindestens zweimal so viel wert ist wie die nächstkleinere, erfüllt diese »Greedy«-Eigenschaft. Das erklärt das Vorherrschen der 1-2-5-Struktur – die Verhältniswerte 2 oder 2,5 zwischen den Abstufungen sorgen dafür, dass der Greedy-Algorithmus funktioniert, wobei das einfache Dezimalsystem unberührt bleibt. Weil das Herausgeben von Wechselgeld eine derart übliche und häufige Handlung darstellt, sind fast alle Währungen der Welt so umgestellt worden, dass sie die »Greedy«-Eigenschaft erfüllen. Tadschikistan mit seinen Münzen à 5, 10, 20, 25 und 50 Diram ist das einzige Land, dessen Währungssystem diese Eigenschaft nicht hat. 40 Diram bekommt man schneller mit zwei 20er-Stücken zusammen als mit 25, 10 und 5 Diram, wie der Greedy-Algorithmus vorschlagen würde.

Apropos »gierig«: Haben Sie jemals versucht, bei McDonald's 43 Chicken McNuggets zu bekommen? Kaum zu glauben, aber diese misshandelten, tiefgefrorenen Geflügelhappen haben interessante Mathematik hervorgebracht. In Großbritannien wurden McNuggets ursprünglich in Portionen à 6, 9 und 20 Stück verkauft. Beim Mittagessen mit seinem Sohn fragte sich der Mathematiker Henri Picciotto, welche Anzahl Chicken McNuggets er mit diesen drei Portionsgrößen nicht bestellen könnte. Seine Auflistung enthielt 1, 2, 3, 4, 5, 7, 8, 10, 11, 13, 14, 16, 17, 19, 22, 23, 25, 28, 31, 34, 37 und 43. Alle übrigen McNuggets-Mengen konnte man haben und hießen von diesem Tag an McNugget-Zahlen. Die größte Zahl, die man nicht mit Zahlen aus einer gegebenen Menge zusammensetzen kann, heißt Frobenius-Zahl. 43 war also die Frobenius-Zahl für Chicken McNuggets. Leider stürzte, als McDonald's seine McNuggets auch im Viererpack verkaufte, diese Zahl auf 11. Ironischerweise versagt der Greedy-Algorithmus auch mit der zusätzlichen Portionsgröße, wenn man versucht, 43 Chicken McNuggets zusammenzustellen (zwei Schachteln à 20 ergeben direkt 40, aber es gibt keinen Dreierpack). 43 Chicken McNuggets am Autoschalter zu bestellen könnte also, obwohl es ginge, immer noch ein schwieriges Problem darstellen.

Hoch entwickelt

Solange sie funktionieren, sind gierige Algorithmen hocheffiziente Werkzeuge zur Problemlösung. Wenn sie allerdings versagen, können sie weniger als unnütz sein. Wenn Sie auf das große Naturerlebnis aus sind und die höchsten Berge erklimmen wollen, ist es eher suboptimal, auf einem Hügel in Ihrem Garten zu landen, weil Sie einem unflexiblen Greedy-Algorithmus gefolgt sind. Zum Glück gibt es einige Algorithmen, die sich an der

Natur selbst orientieren und uns über den realen und sprich-wörtlichen Stolperstein hinweghelfen.

Bei einem Verfahren, dem sogenannten Ameisenalgorith-mus, schwärmen Heerscharen computergenerierter Ameisen aus, um die virtuelle Umgebung, die dem echten Problem ent-spricht, zu erkunden. Geht es zum Beispiel um das Problem des Handlungsreisenden, laufen die Ameisen zu nahe gelegenen Zielen, was das Unvermögen echter Ameisen widerspiegelt, mehr als ihre nähere Umgebung wahrnehmen zu können. Fin-den die Ameisen eine kurze Verbindung zwischen allen Punk-ten, legen sie eine Pheromonspur, um anderen Ameisen den Weg zu weisen. Die beliebteren und entsprechend kürzeren Wege werden so verstärkt und ziehen immer mehr Ameisen-verkehr nach sich. Wie in der Realität verflüchtigen sich die Pheromone, was den Ameisen erlaubt, die schnellste Verbin-dung neu zu ermitteln, wenn sich die Zielorte ändern. Den Ameisenalgorithmus benutzt man, um effiziente Lösungen für NP-Probleme wie die Tourenplanung und einige der schwie-rigsten Probleme in der Biologie zu finden, wozu die Faltung einfacher Nukleotidketten zu komplizierten dreidimensionalen Gebilden gehört.

Der Ameisenalgorithmus gehört zu einer Gruppe von Ver-fahren, die sich an der Natur orientieren und als Schwarmintel-ligenz-Algorithmen bekannt sind. Obwohl ihre Mitglieder nur lokal mit ihren nächsten Nachbarn kommunizieren, können Vogelschwärme oder Fischschulen als Ganzes extrem schnell und dennoch gut abgestimmt ihre Richtung ändern. Zum Bei-spiel pflanzt sich die Information über das Auftauchen eines Raubfischs an einem Ende des Schwarms schnell zum anderen fort. Durch Rückgriff auf die Regeln solcher lokalen Wechsel-wirkungen können Programmierer riesige Schwärme gut ver-netzter künstlicher Agenten zur Erkundung der Umgebung aussenden. Deren rasche, schwarmähnliche Verständigung er-möglicht es ihnen, bei ihrer Suche nach der optimalen Umge-bung die Erkenntnisse anderer Agenten zu berücksichtigen.

Der bei Weitem berühmteste Algorithmus der Natur ist die Evolution. In ihrer einfachsten Form kombiniert sie die Eigenschaften von Eltern in deren Nachkommen. Diejenigen Nachkommen, die in ihrer jeweiligen Umgebung eher überleben und sich fortpflanzen, geben ihre Eigenschaften an die nächste Generation weiter. Gelegentlich kommen Mutationen vor, sodass neue Eigenschaften entstehen, die sich in der Population besser oder schlechter durchsetzen. Drei einfache Faktoren – Selektion, Rekombination und Mutation – reichen aus, die Biodiversität zu erzeugen, die einige der schwierigsten Probleme auf dem Planeten löst.

Bevor wir uns von dieser Lobrede auf das Patentrezept Evolution mitreißen lassen, ist es wichtig zu verstehen, dass evolutionäre Lösungen häufig gut, aber selten, wenn überhaupt, perfekt sind. In Tierdokus oder Artikeln über Naturphänomene hört und liest man nicht selten, Tiere seien »perfekt« an ihre Umgebung angepasst. Von der Wüstenkängururatte, die dank der Evolution ihr ganzes Leben ohne direkte Wasseraufnahme auskommt und ihren Flüssigkeitsbedarf aus der Nahrung deckt, bis zu den Antarktisfischen, die »Frostschutz-Proteine« entwickelt haben, sodass sie im Ozean unter dem Gefrierpunkt überleben können, hat die Evolution Tiere hervorgebracht, die ausgezeichnet an ihre jeweiligen Umgebungen angepasst sind.

Die Suche nach Perfektion sollte man allerdings nicht verwechseln mit dem blinden Ausprobieren von Möglichkeiten durch die Evolution. Sie findet typischerweise Lösungen, die besser sind als vorhergehende, aber keineswegs immer die beste Möglichkeit, ein Problem zu lösen.

Die britische Population des Europäischen Eichhörnchens ist ein klassisches Beispiel. Mit seinen spitzen Klauen, den beweglichen Hinterbeinen und dem langen Schwanz, der für die Balance wichtig ist, sind Eichhörnchen gut ausgestattet, zur Nahrungssuche Bäume zu erklettern. Ihre Zähne wachsen ihr ganzes Leben hindurch, sodass die Tiere die harte Schale von Nüssen problemlos knacken können, ohne dass ihre Zähne durch Abnutzung unbrauchbar werden. Diese Eichhörnchen schienen so lange perfekt an ihre Umwelt angepasst, bis ein noch besser ausgestatteter Verwandter auftauchte. Das deutlich größere nordamerikanische Grauhörnchen findet und frisst mehr Nahrung, verwertet und versteckt sie effizienter. Obwohl die Grauhörnchen ihre roten Verwandten niemals bekämpften oder töteten, hatte ihre überlegene Anpassung zur Folge, dass sie schon bald die Laubwaldgebiete von England und Wales beherrschten, die roten Hörnchen verdrängten und deren Nische übernahmen. Unsere Wahrnehmung der exemplarischen Anpassung vieler Arten ist vielleicht eher unserer beschränkten Vorstellungskraft geschuldet, wie eine wirklich »perfekte« Lösung aussehen sollte, als dass die Evolution ein wirkliches Optimum fände.

Obwohl die Evolution nicht unbedingt die bestmögliche Lösung findet, sind die zentralen Grundsätze dieses bekanntesten aller natürlichen Problemlösungsverfahren von Informatikern immer wieder kopiert worden, am klarsten in den sogenannten »genetischen« Algorithmen. Diese Instrumente werden zur Lösung von Planungsproblemen (einschließlich dem Erstellen von Spielplänen in den großen Sportligen) eingesetzt und sollen gute, wenn auch nicht perfekte, Lösungen für schwierige NP-Probleme wie das »Rucksackproblem« finden.

Beim Rucksackproblem stellt man sich eine Marktfrau vor, die eine Menge Waren in einem Rucksack vorgegebener Größe zum Markt tragen muss. Da sie nicht alles mitnehmen kann, muss sie eine Auswahl treffen. Die verschiedenen Waren sind unterschiedlich groß und bringen unterschiedlichen Gewinn. Als gute Lösung des Rucksackproblems gilt eine Warenauswahl, die in den Rucksack passt und möglichst viel Profit abwirft. Varianten des Rucksackproblems treten auf, wenn es um das Schneiden von Tortenstücken oder die ökonomische Verwendung von Geschenkpapier geht. Auch beim Beladen von Frachtschiffen und Lkws tauchen sie auf. Und wenn Downloadmanager entscheiden, welche Datenpakete in welcher Reihenfolge heruntergeladen werden sollen, um eine begrenzte Internet-bandbreite optimal zu nutzen, dann lösen sie ebenfalls ein typisches Rucksackproblem.

Ein genetischer Algorithmus erstellt zunächst eine bestimmte Anzahl möglicher Lösungen für ein Problem. Diese Lösungen bilden die sogenannte Elterngeneration. Als Rucksackproblem aufgefasst, enthält die Elterngeneration Listen von Warenkombinationen, die in den Rucksack passen könnten. Der Algorithmus bewertet die Lösungen danach, wie gut sie das Problem lösen. Für das Rucksackproblem basiert die Bewertung auf dem potenziellen Profit, der von der Liste erzeugt werden kann. Zwei der besten Lösungen – Listen, die den meisten Gewinn versprechen – werden dann *ausgewählt*. Einige Einheiten einer dieser beiden Rucksacklösungen werden dann entfernt und die restlichen mit einigen verbliebenen Einheiten der anderen guten Lösung *rekombiniert*. Es besteht auch die Möglichkeit einer *Mutation* – dass eine zufällig ausgewählte Einheit aus dem Rucksack entfernt und durch eine neue ersetzt wird. Sobald die erste »Nachkommen«-Lösung in der neuen Generation erzeugt ist, werden zwei weitere Spitzenlösungen aus der Elterngeneration gewählt und dürfen sich reproduzieren. Auf diese Weise geben die besseren Lösungen der Elterngeneration ihre Eigenschaften an mehr Nachkommen in der nächsten Generation weiter. Dieses Rekombinationsverfahren wird wiederholt, bis genug Nachkommen vorhanden sind, die die ursprünglichen Lösungen der Elterngeneration ersetzen können. Ausgediente Elterngenerationen werden vernichtet, die Nachkommen zur neuen Elterngeneration erklärt, und der Zyklus von Selektion, Rekombination und Mutation beginnt erneut.

Wegen der Zufallsauswahl, durch die die Generation der Nachkommen erzeugt wird, stellt der Algorithmus nicht sicher, dass *alle* von ihm produzierten Nachkommen besser als ihre Eltern sind. Tatsächlich werden viele schlechter funktionieren. Indem man jedoch die Nachkommen zur Reproduktion gezielt auswählt – eine Art virtuelles »survival of the fittest« –, entledigt sich der Algorithmus der Flops unter den Lösungen und lässt nur die besten ihre Eigenschaften an die nächste Generation weitergeben. Wie bei allen Optimierungsalgorithmen trifft man vielleicht nur ein lokales Optimum, bei dem jede Änderung lediglich eine Verschlechterung erzeugt, obwohl die bestmögliche Lösung noch nicht erreicht ist. Zum Glück kann man mithilfe des Zufalls in Mutation und Rekombination wieder von diesen lokalen Gipfeln wegkommen und sich in Richtung besserer Lösungen bewegen.

Die Zufälligkeit, die bei genetischen Algorithmen so wichtig ist, spielt auch in unserem Alltag eine Rolle. Wenn Sie sich beim Musikhören festgefahren haben und immer wieder dieselbe Band hören, können Sie die »Shuffle«-Taste drücken, also die Zufallsauswahl. In ihrer einfachsten Form wird die Taste rein zufällig ein Musikstück für Sie wählen. Das ist wie ein genetischer Algorithmus, nur ohne Auswahl und Rekombination, dafür mit sehr viel Mutation. Auf diese Weise könnten Sie eine neue Gruppe entdecken, die Sie mögen, aber vielleicht müssen Sie dazu einen Haufen Stücke von Justin Bieber oder One Direction hören.

Viele Streamingdienste arbeiten heute mit algorithmisch weitaus raffinierteren Methoden zur Präsentation dessen, was Sie hören. Wenn Sie kürzlich viel von den Beatles oder Bob Dylan gehört haben, wird Ihnen ein genetischer Algorithmus vielleicht eine Band vorschlagen, die gewisse Eigenheiten von beiden kombiniert – beispielsweise die Travelling Wilburys (die Bob-Dylan-George-Harrison-Supergroup). Indem Sie Lieder überspringen oder sie bis zu Ende anhören, bewerten Sie deren »Fitness«, sodass der Algorithmus lernt, welche Lösungen er in Zukunft anbieten soll.

Auch bei Netflix gibt es Zusatzprogramme, die Ihnen zufällig ausgewählte Filme oder Serienstaffeln vorschlagen und sich dabei an Ihrer vorhergehenden Auswahl orientieren. Ganz ähnlich sind neuerdings haufenweise Firmen entstanden, die Ihnen bei der Lebensmittelauswahl helfen, indem sie Ihnen eine Zufallsauswahl ihrer Produkte schicken. Vom Käse über Wein bis zu Früchten und Gemüse können Sie Ihre gastronomische Expertise optimieren und dabei Geschmacksrichtungen kennenlernen, von denen Sie nicht ahnten, dass sie überhaupt existieren; die Lieferanten lernen dabei aus Ihrem Feedback, was sie Ihnen als Nächstes anbieten sollten. Von Mode bis zu Büchern nutzen Unternehmen Instrumente aus dem Haus der evolutionären Algorithmen, um unsere alltäglichen Konsumerfahrungen neu zu beleben.

Aufhören zur rechten Zeit

Die mathematischen Pfeiler einiger Optimierungsalgorithmen, die wir eben besprochen haben, legen nahe, dass sie die Domäne von Technikgiganten sind, die sie in großem Maßstab zu kommerziellen Zwecken nutzen. Es gibt jedoch auch ganz handfeste Algorithmen – auch wenn ausgeklügelte Mathematik dahintersteckt –, die man nutzen kann, um kleine, aber bedeutsame Verbesserungen im Alltag zu erreichen. Eine dieser Familien nennt sich »Optimal Stopping«-Strategien und stellt Methoden bereit, um das Ergebnis eines Entscheidungsprozesses zu optimieren.

Nehmen wir zum Beispiel an, Sie suchen nach einem Lokal, in das Sie Ihren Partner ausführen könnten. Sie sind beide ziemlich hungrig, aber Sie möchten auch etwas Nettes finden und nicht gleich ins erstbeste Lokal gehen. Sie vertrauen auf Ihr Urteilsvermögen und Ihre Fähigkeit, die Qualität der Restaurants untereinander vergleichen zu können. Sie vermuten, bis zu zehn Restaurants prüfen zu können, bevor Ihr Partner die Nase vom Herumlatschen voll hat. Da Sie aber auch nicht entscheidungsschwach erscheinen wollen, beschließen Sie, nicht zu einem Restaurant zurückzukehren, das Sie schon abgelehnt hatten.

Die beste Strategie für diese Art Problem besteht darin, sich

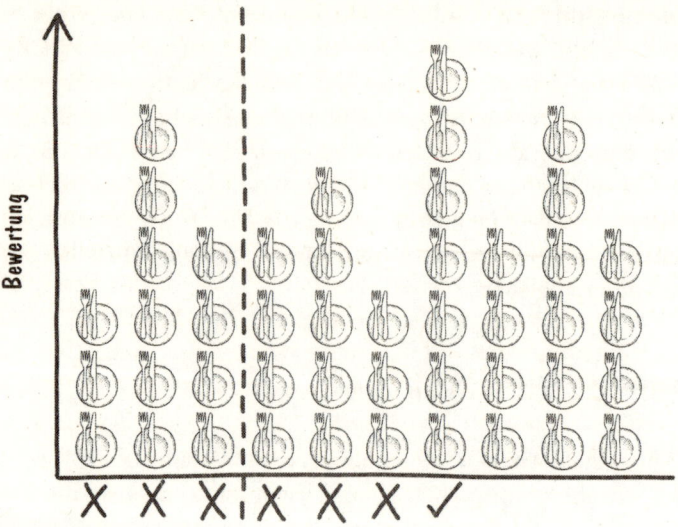

Abbildung 21: *Die optimale Strategie besteht darin, alle Möglichkeiten bis zu einer bestimmten Grenzzahl (gestrichelte Linie) zu bewerten, aber zu verwerfen, und dann die nächste Möglichkeit auszuwählen, die alle vorherigen in der Bewertung übertrifft.*

einige Restaurants anzuschauen und zu verwerfen, um ein Gefühl dafür zu bekommen, was es so gibt. Sie könnten natürlich das erstbeste Restaurant wählen, an dem Sie vorbeikommen, aber wenn Sie keinerlei Information haben, was es so gibt, stehen Ihre Chancen, zufällig das beste ausgewählt zu haben, 1 zu 10. Also fährt man besser damit, abzuwarten, bis man sich eine Reihe Restaurants angeschaut hat, bevor man dasjenige wählt, das erstmals besser als alle vorherigen ist. Diese Auswahlstrategie ist in Abbildung 21 illustriert. Die ersten drei Lokale werden bewertet, aber verworfen. Das siebente Restaurant ist besser als alle vorhergehenden, und deshalb bleiben Sie hier zum Essen. Aber ist drei auch die richtige Zahl zum Verwerfen? Das Problem des Optimal Stopping, also des optimalen Aufhörens, stellt die Frage, wie viele Lokale man sich anschauen und ablehnen sollte, um sich einen guten Überblick über das Angebot zu verschaffen. Schaut man sich nicht genug an, bekommt man kein Gefühl für das Angebot; schließt man dagegen zu viele aus, bevor man zugreift, ist die verbleibende Auswahl zu begrenzt.

Die Mathematik zu dieser Frage ist kompliziert, aber es stellt sich heraus, dass man ungefähr 37 Prozent der Restaurants (abgerundet drei, wenn zehn zur Auswahl stehen) beurteilen und ablehnen sollte, bevor man das nächste wählt, das besser als alle vorherigen ist. Genauer sollte man den Bruchteil $1/e$ der vorhandenen Möglichkeiten ablehnen, wobei e kurz für die Eulersche Zahl steht.[105] Die Eulersche Zahl ist näherungsweise gleich 2,718, der Bruchteil $1/e$ also etwa 0,368 oder rund 37 Prozent. Abbildung 22 zeigt, wie sich die Wahrscheinlichkeit, das Beste unter 100 Restaurants zu finden, mit der Zahl der Lokale ändert, die man zunächst verwirft.

Es zeigt sich, wenig überraschend, dass eine zu voreilige Auswahl zu einer geringen Wahrscheinlichkeit führt. Wenn man andererseits zu lange mit der Entscheidung wartet, steigt die Wahrscheinlichkeit, die beste Wahl bereits verpasst zu haben. Die Wahrscheinlichkeit, die beste Wahl zu treffen, wird maximal, wenn man die ersten 37 (von 100) Angebote verwirft.

Und wenn das beste Restaurant unter den ersten 37 war, was dann? In diesem Fall hat man Pech gehabt. Die 37-Prozent-Regel funktioniert eben nicht immer: Sie gibt lediglich eine Wahrscheinlichkeit an. Tatsächlich funktioniert der Algorithmus unter Garantie nur in 37 Prozent aller Fälle. Mehr ist unter den gegebenen Umständen nicht zu erreichen, aber es ist immer noch besser als die 10-Prozent-Chance, die man hätte, wenn man zufällig eins der zehn Restaurants ausgewählt hätte, und noch viel besser als das eine Prozent Erfolgsaussicht, das man so bei 100 Restaurants hätte. Die relative Erfolgsrate wächst mit der Anzahl der Wahlmöglichkeiten.

Die »Optimal Stopping«-Strategie funktioniert natürlich nicht nur bei Restaurants. Mathematiker wurden erstmals auf

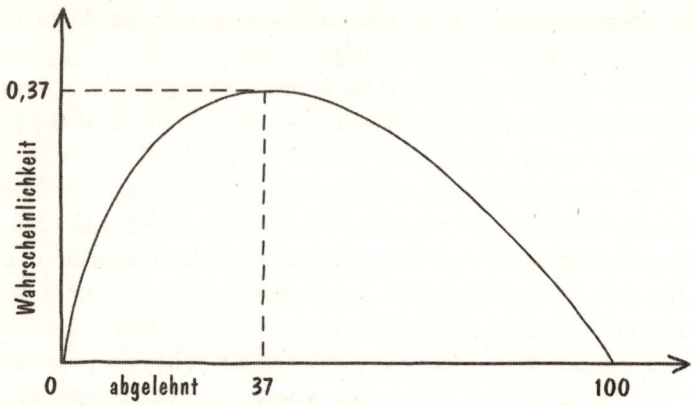

Abbildung 22: *Die Wahrscheinlichkeit, die beste Wahl zu treffen, ist maximal, wenn man 37 Prozent aller Wahlmöglichkeiten bewertet und verwirft, bevor man die nächste wählt, die besser als alle vorherigen bewertet wurde. Damit liegt auch die Wahrscheinlichkeit, tatsächlich die bestmögliche Restaurantwahl getroffen zu haben, bei 37 Prozent.*

das Problem im Zusammenhang mit dem »Sekretärinnenproblem« aufmerksam (ja, das nannte man wirklich so).[106] Wenn man eine Reihe Vorstellungsgespräche zu führen hat und den Kandidatinnen hinterher sagen soll, ob sie die Stelle bekommen, sollte man die 37-Prozent-Regel benutzen. Man interviewt die ersten 37 Prozent und benutzt sie als Maßstab. Dann nimmt man die erste darauf folgende Bewerberin, die besser als alle anderen ist, und lehnt die übrigen ab.

An den Supermarktkassen gehe ich an den ersten 37 Prozent (4 von 11) vorbei, merke mir, wie lang die Schlangen sind, und stelle mich dann bei der Schlange an, die kürzer ist als alle vorhergehenden. Wenn ich eine Nacht mit Freunden gefeiert habe und wir mit dem Zug nach Hause fahren, wollen wir den Wagen mit den meisten freien Plätzen finden, damit wir alle zusammensitzen können; dann benutzen wir auch die 37-Prozent-Regel. Wir laufen bei einem Zug mit acht Waggons an den ersten drei vorbei, merken uns, wie leer sie sind, und nehmen dann den ersten Wagen, der mehr freie Sitzplätze hat als einer der ersten drei.

Auch wenn sie in der Realität angesiedelt sind, erscheinen einige dieser Beispiele doch ein wenig gekünstelt. Aber man kann sie realistischer machen. Was ist, wenn die Hälfte der Restaurants, die Sie anschauen, keine freien Tische haben? Dann sollte man verständlicherweise weniger Restaurants von vornherein verwerfen. Anstatt erst 37 Prozent zu checken, schaut man sich nur 25 Prozent an, bevor man das nächste wählt, das besser ist als die zuvor angetroffenen.

Was ist, wenn Sie meinen, es wäre genug Zeit, zu einem vorherigen Wagen im Zug zurückzugehen, aber die Wahrscheinlichkeit, dass er sich mittlerweile gefüllt hat, bei 50 Prozent liegt? Weil Sie Ihre Auswahlmöglichkeiten erweitern, indem Sie zurückgehen, können Sie es sich leisten, ein bisschen länger zu suchen – und die ersten 61 Prozent ablehnen, bevor Sie den nächsten freien Waggon nehmen. Aber sehen Sie zu, dass Ihnen der Zug nicht vor der Nase wegfährt!

Es gibt Optimal-Stopping-Algorithmen, die den besten Zeitpunkt zum Verkauf eines Hauses bestimmen oder angeben, in welcher Entfernung vom Kino man einen Parkplatz suchen sollte, damit die Entfernung zum Kino möglichst klein, die Aussicht auf einen freien Parkplatz aber möglichst groß ist. Vorsicht ist freilich geboten, denn je realistischer die Situation wird, desto komplizierter wird die Mathematik, und die einfache Prozentregel gilt nicht mehr.

Es gibt sogar Optimal-Stopping-Algorithmen, die vorschlagen, wie viele Menschen man daten sollte, bevor man sich niederlässt. Zunächst muss man entscheiden, wie viele Partner man wohl ausprobieren kann, bis man sesshaft werden möchte. Vielleicht möchten Sie zwischen Ihrem 18. und 35. Lebensjahr einen Partner pro Jahr haben; das wären dann 17 mögliche

Partner, unter denen Sie wählen könnten. Optimal Stopping empfiehlt dann, das Spiel sechs bis sieben Jahre zu treiben (rund 37 Prozent von 17 Jahren), um abzuschätzen, wie das Angebot aussieht. Danach sollte man mit der ersten Person zusammenbleiben, die besser ist als alle anderen zuvor ausprobierten.

Nicht wenige Menschen fühlen sich bei dem Gedanken unwohl, ihr Liebesleben von festen Regeln bestimmen zu lassen. Was ist, wenn Sie schon unter den ersten 37 Prozent jemanden finden, mit dem Sie wirklich glücklich sind? Kann man ihn oder sie kaltherzig abweisen, nur weil man algorithmisch auf Partnersuche ist? Was, wenn sich Ihre Prioritäten zwischenzeitlich ändern? Glücklicherweise müssen wir in Liebesangelegenheiten, wie auch bei anderen, offensichtlicher mathematischen Optimierungsproblemen, nicht immer nach der besten Lösung Ausschau halten – der einen oder dem einen. Die Chancen stehen gut, dass viele Menschen gut passen werden und man mit ihnen glücklich werden kann. Optimal Stopping hat nicht die richtigen Lösungen für alle Lebenslagen.

Trotz des enormen Potenzials von Algorithmen, viele Aspekte des Alltags zu erleichtern, stellen sie doch häufig nicht die beste Lösung für ein Problem dar. Selbst wenn ein Algorithmus vielleicht eine monotone Verrichtung vereinfachen und beschleunigen kann, birgt seine Verwendung auch Risiken. Die Dreigliedrigkeit – Input, Regeln, Output – macht ihn anfällig für Fehler in drei Feldern. Auch wenn der Nutzer zuversichtlich sein kann, dass die Regeln seine Ansprüche wiedergeben, können Unvorsichtigkeiten beim Input und unkontrollierter Output zu desaströsen Konsequenzen führen, wie der Online-Händler Michael Fowler erfahren musste. Der algorithmisch inspirierte Masterplan für Amerikas Einzelhandel, der sich 2013 so plötzlich in Wohlgefallen auflöste, hat seine Wurzeln in Großbritannien zu Beginn des Zweiten Weltkriegs.

Keep calm and check your algorithm

Ende Juli 1939 hingen dunkle Kriegswolken über Großbritannien. Die Drohung von schweren Bombardements, Giftgasangriffen oder sogar eines Nazieinmarschs lagen in der Luft. Aus Sorge um die öffentliche Moral belebte die britische Regierung eine undurchsichtige Organisation neu, die im letzten Jahr des Ersten Weltkriegs eingerichtet worden war, um die Verbreitung von Nachrichten im In- und Ausland zu beeinflussen: das Informationsministerium. In Vorwegnahme einer Verschmelzung der orwellschen Ministerien für Wahrheit und Frieden sollte das neue Informationsministerium für Propaganda und Zensur in Kriegszeiten verantwortlich sein.

Im August 1939 entwarf das Ministerium drei Plakate. Das erste hatte unter der Tudorkrone folgenden Text: »Die Freiheit ist in Gefahr, verteidigen Sie sie mit aller Macht!« Das zweite lautete: »Ihr Mut, Ihre Zuversicht, Ihre Entschlusskraft führen uns zum Sieg.« Gegen Ende August lagen Hunderttausende dieser Plakate gedruckt bereit, falls ein Krieg ausbrechen sollte. In den ersten Kriegsmonaten fanden sie weite Verbreitung bei einem britischen Publikum, das überwiegend teilnahmslos blieb oder sich bevormundet fühlte.

Das dritte Plakat, das zur selben Zeit gedruckt wurde, hielt man für den potenziell demoralisierenden Ernstfall des zu erwartenden Luftangriffs zurück. Als jedoch der Blitzkrieg im September 1940, mehr als ein Jahr nach Kriegsbeginn, tatsächlich ausbrach, führten Papierknappheit und die bisherige Missachtung der ersten beiden Plakate dazu, dass alle drei eingestampft wurden. Außerhalb des Informationsministeriums bekam praktisch niemand das dritte Plakat zu Gesicht.

In dem ruhigen Marktflecken Alnwick nahmen im Jahr 2000 die Secondhand-Buchhändler Mary und Stuart Manley eine Kiste gebrauchter Bücher in Empfang, die sie kürzlich bei einer Auktion erworben hatten. Beim Ausleeren fanden sie ein zerknittertes rotes Blatt Papier am Boden der Kiste. Sie entfalteten es und lasen die fünf Wörter des »verlorenen« Plakats aus dem Informationsministerium: »Keep calm and carry on« – »Bewahren Sie Ruhe und machen Sie weiter«.

Die Manleys fanden das Plakat so gut, dass sie es rahmten und in ihrem Laden aufhängten, wo es die Aufmerksamkeit von Kunden erregte. 2005 verkauften sie wöchentlich 3000 Kopien, aber erst 2008 ging der Satz in der Weltöffentlichkeit richtig ab. Eine weltweite Rezession griff um sich, und viele nahmen die unbezwingbare, stoische Haltung ein, mit der die Briten früher durch schwierige Zeiten gekommen waren. »Keep calm and carry on« kam da gerade recht. Man schrieb die Botschaft auf Becher, Mousepads, Schlüsselanhänger und alles, was sich sonst noch als Merchandising-Artikel eignete. Selbst Toilettenpapier blieb nicht verschont. Abgewandelt fand sich die Botschaft in Werbesprüchen für so unterschiedliche Produkte wie indische Restaurants (»Keep calm and curry on«) und Kondome (»Keep calm and carry one«). Nahezu jede Kombination von »Keep calm and [Verb] [Substantiv]« schien Widerhall zu finden. Fast jede.

Diese schlichte Idee machte sich der Onlinehändler Michael Fowler zunutze. Im Jahr 2010 verkaufte Fowlers Firma, Solid Gold Bomb, T-Shirts mit etwa 1000 verschiedenen Designs, als Fowler auf die Idee kam, die Effizienz seines Auftragsdurchlaufs zu erhöhen. Statt gewaltige Mengen bedruckter T-Shirts auf Vorrat zu produzieren, wollte er zu Druck auf Nachfrage (Print-on-Demand) übergehen. Auf diese Weise könnte er viel mehr Designs bewerben, die dann erst auf Nachfrage gedruckt würden. Sobald der Druckprozess rationalisiert war, schrieb er Computerprogramme, die automatisch neue Designs entwarfen. Nahezu über Nacht explodierte die Angebotspalette von Solid Gold Bomb von 1000 Artikeln auf über 10 Millionen. Einer dieser Algorithmen, 2012 entstanden, verarbeitete eine Liste von Verben und Substantiven nach der einfachen Formel »Keep calm and [Verb aus der Liste] [Substantiv aus der Liste]«. Die auf diese Weise erzeugten Sätze wurden automatisch auf syntaktische Fehler geprüft und dann auf Amazon für 20 Dollar zum Verkauf angeboten. Zu Spitzenzeiten verkaufte Solid Gold Bomb 400 T-Shirts pro Tag mit Slogans wie »Keep calm and kick ass« oder »Keep calm and laugh a lot«. Dummerweise bot das Programm auf der weltgrößten Verkaufsplattform auch einige T-Shirts an mit Slogans wie »Keep calm and kick her« (Bleib ruhig und tritt sie) oder »Keep calm and rape a lot« (Ruhe bewahren und kräftig vergewaltigen).

Überraschenderweise blieben die Slogans über ein Jahr lang unbemerkt. Dann wurde Fowlers Seite eines Tages im März 2013 mit Morddrohungen und Vorwürfen wegen Frauenfeindlichkeit überzogen. Trotz einer schnellen Reaktion und der Herausnahme der Seiten – der Schaden war da. Amazon sperrte Solid Gold Bombs Seiten, die Verkäufe fielen auf nahe null, und trotz eines verzweifelten mehrmonatigen Überlebenskampfs ging die Firma schließlich unter. Der von Fowler ersonnene Algorithmus, der sich zu Anfang wie eine richtig gute Idee ausnahm, kostete schließlich ihn und seine Angestellten den Lebensunterhalt.

Auch Amazon kam nicht unbeschadet aus der Sache heraus. Einen Tag nachdem Solid Gold Bomb sich offiziell für den bösen Fehler entschuldigt hatte, bot Amazon immer noch T-Shirts an, mit Slogans wie »Keep calm and grope a lot« (Ruhig bleiben und ordentlich betatschen) und »Keep calm and knife her« (Bleib ruhig und ersteche/nagel sie). Ein Boykott des Handelsriesen wurde organisiert, dem sich sogar der frühere stellvertretende Premierminister Lord Prescott via Twitter anschloss: »Amazon: erst Steuerflucht in Großbritannien, jetzt auch noch Profit mit häuslicher Gewalt.« Angesichts der starken Abhängigkeit des Technikriesen von computergesteuerten Verfahren überrascht es wenig, dass dieser Reinfall nur einer von vielen war, der dem weltgrößten Handelsunternehmen widerfuhr.

***

Schon 2011 war Amazon wegen seiner automatisierten Preispolitik Gegenstand von Kontroversen über Algorithmen geworden. Am 8. April dieses Jahres bat Michael Eisen, ein Bioinformatiker in Berkeley, einen seiner Mitarbeiter, ein neues Exemplar des evolutionsbiologischen Klassikers *The Making of a Fly* für das Labor anzuschaffen; allerdings war das Buch vergriffen. Beim einer Amazon-Recherche stellte der Mitarbeiter zu seiner Freude fest, dass zwei Exemplare des Buches zum Verkauf angeboten wurden. Bei genauerem Hinsehen stellte er jedoch fest, dass eines der Bücher, bei *profnath* im Angebot, 1 730 045,91 Dollar kosten sollte. Das zweite Buch, bei *bordeebook*, gab es für über 2 Millionen Dollar. Niemand konnte das Buch so nötig brauchen, dass Eisen diese Ausgabe hätte rechtfertigen können, also beschloss er stattdessen, die Angebote zu beobachten, um zu sehen, ob der Preis herunterginge. Am nächsten Tag sahen die Angebote noch schlimmer aus: Beide Exemplare wurden nun für knapp 2,8 Millionen Dollar angeboten. Am Tag darauf war der Preis auf 3,5 Millionen Dollar gestiegen.

Eisen kam schnell auf die Methode hinter diesem Wahnsinn. *Profnath* setzte täglich seinen Preis auf 0,9983 des Preises von *bordeebook* fest. Am selben Tag, aber später, suchte *bordeebook* die Angebote von *profnath* auf und setzte seinen Preis auf das 1,27-fache des *profnath*-Preises hoch. Tag für Tag wuchs so *bordeebooks* Bepreisung proportional zu seinem gegenwärtigen Preis und damit exponentiell; *profnath* hinkte nur leicht hinterher. Ein Mensch als Verkäufer hätte bei einer Preiskontrolle schnell festgestellt, dass die Kosten jedes sinnvolle Maß überstiegen. Die dynamische Bepreisung wurde aber unglücklicherweise nicht von einem Menschen vorgenommen, sondern von einem der vielen Algorithmen, die Amazon zur Festlegung von Preisen seinen Händlern anbietet. Offenbar hatte niemand daran gedacht, diesen Algorithmen eine Preisdeckelung einzubauen, oder falls doch, entschieden sich die Händler, diese nicht zu benutzen.

Nichtsdestotrotz war *profnaths* grenzwertige Preisstrategie nicht ganz sinnfrei. Sie stellte sicher, dass ihr Buch das preiswerteste war und somit in der Suchliste an erster Stelle geführt wurde, ohne dabei auf allzu viel Gewinn zu verzichten. Warum aber sollte *bordeebook* mit einem Algorithmus arbeiten, der ihr Buch fortwährend zu teuer machte, während es doch ohne Bestellungen nur Platz im Lager beanspruchte? Das ergibt offenbar keinen Sinn, es sei denn, *bordeebook* hatte das Buch von vornherein nicht auf Lager. Eisen vermutete, dass *bordeebook* auf das Vertrauen und die Verlässlichkeit baute, die seine guten Bewertungen erwarten ließen. Sollte tatsächlich jemand das Buch bei ihnen bestellen, würden sie schnell ein Exemplar bei *profnath* kaufen und es ihrem Kunden senden. Der Preisunterschied ließ Luft für Porto und einen kleinen Profit.

Zehn Tage, nachdem Eisen zum ersten Mal auf die exorbitanten Preise aufmerksam geworden war, hatten sie sich weiter aufgeschaukelt und die 23-Millionen-Dollar-Marke erreicht. Leider bemerkte jemand bei *profnath* den lachhaften Preis, den sie forderten, und verdarb Eisen den Spaß, indem er den Preis auf 106,23 Dollar zurücksetzte. Am nächsten Tag lag *bordeebooks* Preis bei 134,97 Dollar, ungefähr das 1,27-fache von *profnaths* Preis, und die Spirale ging wieder von vorn los. Der Preis erreichte im August wieder ein Maximum, diesmal bei rund 500 000 Dollar, wo er unbemerkt drei Monate lang blieb. Offenbar hatte jemand seine Hausaufgaben gemacht und einen Preisdeckel eingeführt, wenn auch keinen sehr realistischen. Als ich dies schrieb, konnte man etwa 40 Angebote für das Buch finden, die mit einem realistischeren Preis von etwa 7 Dollar starteten.

Trotz des unverschämt hohen Preisschilds ist *The Making of a Fly* nicht die teuerste Ware, die jemals bei Amazon gelistet oder verkauft wurde. Im Januar 2010 fand der Ingenieur Brian Klug die Kopie einer Windows 98-CD-ROM namens »Cells« im Angebot von Amazon, die nahezu 3 Milliarden Dollar kosten sollte (plus 3,99 Dollar Versandkosten). Der hohe Preis war vermutlich das Resultat einer weiteren Preisspirale, wobei eine zweite

Kopie dieser CD-ROM bei einem anderen Anbieter die vergleichsweise bescheidene Höchstmarke von 250 000 Dollar erreicht hatte. Klug gab seine Kreditkartendaten ein und schloss den Kaufvorgang ab. Wenige Tage später sandte ihm Amazon eine Entschuldigung, dass sie seine Bestellung nicht liefern könnten. Enttäuscht, aber wahrscheinlich auch erleichtert, beantwortete Klug die E-Mail auf die geringe Chance hin, dass Amazon ihm noch den einprozentigen Nachlass für die Benutzung der Amazon-Kreditkarte erstatten würde.

Flash Crash

Algorithmische Preisspiralen wie die, die Amazon trafen, bewegen sich nicht immer nach oben. Wenn Sie jemals in Aktien investiert haben oder Ersparnisse in einem Sparvertrag hatten, der an den Aktienmarkt gekoppelt war, werden Sie den bekannten Spruch gehört haben: »Der Wert Ihrer Anlage kann zunehmen, aber auch sinken.« Transaktionen am Aktienmarkt werden zunehmend über automatische Handelssysteme abgewickelt. Computer können Veränderungen im Markt in einem Bruchteil der Zeit, die ihre menschlichen Konkurrenten brauchen würden, erkennen und darauf reagieren. Taucht eine umfangreiche Verkaufsorder für ein bestimmtes Finanzprodukt auf dem Bildschirm auf, kann das bedeuten, dass der Preis des Produktes nachgeben wird und dass Händler hoffen, ihre Anteile daran zu einem guten Preis loszuwerden, bevor dieser weiter fällt. In der Zeit, die ein Mensch braucht, die Nachricht zu lesen und den Verkaufsknopf zu drücken, haben die schnellen Algorithmen des Hochfrequenzhandels ihre Anteile bereits verkauft, und der Preis ist noch weiter gefallen. Menschliche Händler kommen da einfach nicht mit. Man schätzt, dass 70 Prozent des Wall-Street-Handels mittlerweile von solchen Black-Box-Maschinen abgewickelt werden. Deswegen suchen die großen Broker und Banken ihr Personal hauptsächlich unter Physikern und Mathematikern statt unter Börsenmaklern, um sie beim Schreiben und – vielleicht noch wichtiger – Verstehen dieser Handelsalgorithmen zu unterstützen.

Am 6. Mai 2010, nach einem eher flauen Morgen am Markt, startete Teilzeithändler Navinder Singh Sarao von seinem Schlafzimmer in London aus den maßgeschneiderten Algorithmus, den er gerade abgeändert hatte. Das Programm sollte viel Geld damit verdienen, den Markt zu täuschen: Es würde andere Händler auf einen vorgetäuschten Trend reagieren lassen, den es gar nicht gab. Sein Programm war dazu ausgelegt, schnell Verkaufsorders für ein Finanzprodukt namens E-mini-Futures (Termingeschäfte) zu platzieren, diese Aufträge jedoch gleich wieder zurückzunehmen, bevor irgendjemand sie kaufen konnte.

Futures zu einem Preis anzubieten, der ein bisschen höher als der aktuelle Höchstpreis lag, stellte sicher, dass niemand, nicht einmal ein Hochfrequenzalgorithmus, in die Versuchung geriet, auf sein Angebot einzugehen, bevor sein eigener Algorithmus es zurückziehen konnte. Das Programm arbeitete traumhaft gut. Die schnellen Maschinenhändler bemerkten, dass riesige Mengen Verkaufsorders eingingen, und entschieden, ihre eigenen E-minis zu verkaufen, bevor der Preis fiel – was ja unausweichlich passieren würde, wenn der Markt durch so viele Verkäufe gesättigt wäre. Sobald der Preis der Papiere an einem Punkt angekommen war, der Sarao gefiel, schaltete er sein Programm ab und kaufte die nunmehr billigen Papiere auf. Da sie nun bemerkten, dass weitere Verkäufe ausblieben, fassten die Händlermaschinen wieder Zutrauen zu den Papieren und kauften sie zurück, wodurch sich ihr Preis wieder erholte – und Sarao einen fetten Reibach machte.

Schätzungen zufolge hat ihm sein Täuschungsmanöver 40 Millionen Dollar eingebracht. Sein Algorithmus war äußerst erfolgreich – vielleicht zu erfolgreich. Die Hochfrequenzalgorithmen reagierten sofort auf den gewaltigen Verkaufsumfang im Futures-Markt. Innerhalb von nur 14 Sekunden handelten sie mit über 27 000 E-minis, was allein rund 50 Prozent des täglichen Handelsvolumens ausmachte. Dann begannen sie, auch andere Arten Futures zu verkaufen, um weiteren Verlusten vorzubeugen. Das Verkaufsfeuer fraß sich zum Aktienmarkt durch und griff auf den gesamten Markt über. Innerhalb von fünf Minuten fiel der Dow Jones um 700 Punkte und erhöhte den Tagesverlust auf nahezu 1000 Punkte – der größte Tagesverlust in der Geschichte des Index – und vernichtete 1 Billion Dollar Aktienwert. Vielleicht haben die schnellen Algorithmen den Crash nicht verursacht, aber ihr unkontrolliertes schnelles Handeln hat ihn mit Sicherheit verstärkt. Als der Markt erst einmal am Boden lag und das Zutrauen der Algorithmen wieder zurückkehrte, sorgten sie jedoch auch dafür, dass sich die meisten Aktienkurse wieder auf ihre Eröffnungswerte erholten.

Sarao entging der Justiz fast fünf Jahre lang, während die US-Regulierungsbehörde einen ganzen Strauß anderer Faktoren für den sogenannten »Flash Crash« verantwortlich machte. 2015 wurde er jedoch verhaftet und wegen seines Anteils an dem Börsensturz von 2010 an die USA ausgeliefert. Er bekannte sich schuldig, den Markt widerrechtlich manipuliert zu haben. Im Januar 2020 wurde Sarao verurteilt, kam aber mit einem Jahr Hausarrest ohne Gefängnisstrafe davon, weil er mit den Anklägern kooperiert und ihnen Informationen geliefert hatte.

Trendgeschwafel

Saraos von zu Hause aus durchgeführte Marktmanipulation zeigt, wie leicht sich Algorithmen zu üblen Zwecken einsetzen lassen. Zu häufig stellen wir sie uns einfach als objektive Befehlsfolgen vor, die leidenschaftslos ausgeführt werden können, und vergessen dabei, dass alle Programme aus einem bestimmten Grund entwickelt wurden. Nur weil die Regeln selbst festgelegt sind und teilnahmslos befolgt werden können, heißt das nicht, dass der Zweck, dem sie dienen, vorurteilsfrei ist, selbst wenn Unparteilichkeit zu den ursprünglichen Intentionen des Entwicklers gehörte.

Twitter, das häufig als Bastion der Transparenz unter den sozialen Medien dargestellt wird, nutzt einen ziemlich geradlinigen Algorithmus, um festzustellen, welche Themen im Trend liegen. Er sucht nach Spitzen in der Häufigkeit von Hashtags, statt Themen nur aufgrund des Nachrichtenumfangs zu begünstigen. Das ist offensichtlich sinnvoll: Nach beschleunigtem statt nur häufigem Auftauchen zu suchen, lässt bedeutsame Tweets, wie den Aufruf zum Blutspenden (#DonDuSang – Blutspende) oder das Angebot von Unterkünften (#porteouverte – offenes Haus) nach den Terrorangriffen in Paris 2015, schnell wichtig werden. Wäre nur hohes Aufkommen das Auswahlkriterium, würden wir nie von etwas anderem erfahren als Harry Styles (#harrystyles) und Game of Thrones (#GoT).

Leider sorgen ebendiese Auswahlregeln auch dafür, dass sich langsam entwickelnde soziale Fragen nur selten die Bedeutung erlangen, die sie verdient hätten. In der Zeit der Occupy-Bewegung im September und Oktober 2011 wurde der Hashtag #occupywallstreet am Ursprung der Bewegung, in New York, nie zum führenden Trend, obwohl er der beliebteste Hashtag in dieser Zeit war. Auch wenn sie insgesamt geringeren Umfang hatten, erregten flüchtige Geschichten wie der Tod von Steve Jobs (#ThankYouSteve) oder Kim Kardashians Hochzeit (#KimKWedding) die Aufmerksamkeit in der Weise, die nötig ist, um in den Rankings für Twitter-Trends nach oben zu kommen. Man sollte immer daran denken, dass ursprünglich pragmatische Algorithmen durchaus Voreingenommenheit eingebaut haben können, die beeinflusst, welcher Teil der Weltbühne ausgeleuchtet wird.

Noch mehr Anlass zur Sorge geben vielleicht Situationen, in denen die Ergebnisse scheinbar wertfreier Programme zu menschlichen Eingriffen führen. Im Mai 2016 wurde Facebooks »Trend«-gesteuerte Nachrichtenspalte in einem Hauptartikel auf der Technologieseite Gizmodo anti-konservativer Vorurteile beschuldigt. Gizmodo führte einen früheren Nachrichten-redakteur von Facebook als Zeugen an, der behauptete, Storys über Vertreter des rechten Flügels, wie Mitt Romney, Rand Paul und andere, würden bei Facebook aus der Liste wichtiger Themen von Hand entfernt. Selbst als konservative Geschichten ganz natürlich bei Facebook hochkamen, wurde noch behauptet, sie würden es nicht auf die Trendliste schaffen. In anderen Fällen sollten Geschichten angeblich künstlich in die Trendliste eingefügt worden sein, auch dann, wenn sie das aufgrund mangelnder Popularität nicht verdient hatten.

Als Antwort auf die Vorwürfe politischer Voreingenommenheit entschloss sich Facebook, seine Trendnachrichten-Redaktion zu feuern und »das Produkt stärker zu automatisieren«. Mit der größeren Gewichtung algorithmischer Macht gegenüber menschlicher Kontrolle hoffte Facebook, sich die allgemeine Wahrnehmung von Algorithmen als objektive, unparteiische Instrumente zunutze machen zu können. Doch schon Stunden nach dieser Umstellung brachten die Trendnachrichten eine Fake-Story des rechten Flügels, worin berichtet wurde, die »heimliche Liberale« Megyn Kelly, Frontfrau bei Fox News, sei wegen ihrer angeblichen Unterstützung von Hillary Clinton gefeuert worden. Das sollte nur die erste einer Reihe von gefälschten Nachrichten sein, die Facebooks Nachrichtenseite für die nächsten zwei Jahre prägten. Dagegen erschienen die früheren Vorwürfe anti-konservativer Voreingenommenheit noch ausgesprochen milde. Aus Gründen der Glaubwürdigkeit zog Facebook schließlich im Juni 2018 der gesamten Trendnachrichtenseite den Stecker.

***

Wir vertrauen angeblich unparteiischen Algorithmen, weil wir offensichtlichen menschlichen Ungereimtheiten und Voreingenommenheiten misstrauen. Doch obwohl Computer Algorithmen auf objektive Weise nach vordefinierten Regeln einsetzen können, sind die Regeln selbst doch menschengemacht. Die Vorstellung, wir könnten uns der Neutralität der Trendnachrichten sicher sein, weil Facebook, einer der weltgrößten Technologiekonzerne, die Kontrolle an einen seiner eigenen Algorithmen abgegeben hat, ist nicht wirklich stichhaltig.

Ebenso wie Solid Gold Bombs beleidigende T-Shirts und Amazons Preisspiralen zeigen auch Facebooks Schwierigkeiten, dass mehr, nicht weniger menschliche Kontrolle nötig ist. Je komplexer Algorithmen werden, desto unvorhersagbarer werden ihre Ergebnisse; umso sorgfältiger müssen sie überwacht werden. Überprüfung liegt jedoch nicht allein in der Verantwortung der Technologiegiganten. Mit dem Eindringen von Optimierungsalgorithmen in immer mehr Bereiche unseres Alltags müssen auch wir Endnutzer und Nutznießer solcher Erleichterungen unseren Teil der Verantwortung übernehmen, um die Richtigkeit der Ergebnisse sicherzustellen. Vertrauen wir der Quelle der Nachrichten, die wir lesen? Erscheint die vom Navi angegebene Route sinnvoll? Halten wir den Preis, den wir zahlen sollen, für angemessen? Auch wenn uns Algorithmen Informationen geben können, die wichtige Entscheidungen erleichtern, gibt es letztendlich keinen Ersatz für unser scharfsinniges, voreingenommenes, irrationales, unergründliches, aber letztlich menschliches Urteil.

Bei der Untersuchung der Instrumente für den Kampf gegen Infektionskrankheiten im nächsten Kapitel werden wir sehen, dass diese Aussage dort genauso gilt: Auch wenn die Fortschritte der modernen Medizin für die Eindämmung infektiöser Krankheiten weit gediehen sind, zeigt die Mathematik, dass die einfachen Handlungen und Entscheidungen, die wir als Individuen treffen, immer noch zu den wirkungsvollsten Maßnahmen gehören, um eine Epidemie in Schach zu halten.

7

Anfällig, ansteckend, erledigt

**Wir haben es selbst in der Hand,
Krankheiten einzudämmen**

Gegen Ende der Weihnachtsferien 2014 wurde der laut Eigen-
werbung »schönste Platz auf Erden« für viele Familien zu einem
Ort erbärmlichen Elends. Hunderttausende Eltern und Kinder
suchten das kalifornische Disneyland während der Ferien auf
und hofften auf unvergessliche Erinnerungen. Stattdessen kamen einige mit einem Andenken zurück, das sie gar nicht ge-
wollt hatten: mit einer hochinfektiösen Krankheit.

Der vier Monate alte Mobius Loop war einer dieser Besucher.
Seine Eltern, Ariel und Chris, waren bekennende Disneyland-
Fans; sie hatten im Jahr davor sogar dort geheiratet. Als ausgebildete Krankenschwester war sich Ariel der Gefahren durch
infektiöse Krankheiten für das sich entwickelnde Immunsystem ihres frühgeborenen Sohnes wohl bewusst. Sie ließ ihr Neu-
geborenes fast ausschließlich zu Hause. Außerdem bestand sie
darauf, dass vor Mobius' ersten Impfungen jeder Besucher der
Familie selbst auf dem neusten Stand war, was die Impfungen
gegen Grippe, Tetanus, Diphtherie und Keuchhusten anging.

Mitte Januar 2015, nach Mobius' ersten Impfungen und mit

den teuren Jahreskarten im Portemonnaie, beschlossen Ariel und Chris, auch Mobius sollte in Disneyland seine »magische Erfahrung« machen. Nachdem sie einen Tag lang bei Paraden zugesehen und überlebensgroße Comicfiguren getroffen hatten, fuhren die Loops wieder nach Hause, ganz begeistert, wie sehr Mobius sein erstes Disney-Abenteuer genossen hatte.

Zwei Wochen später, nach einer Nacht, in der sie sich verzweifelt bemühten, ihren Sohn zum Einschlafen zu bringen, entdeckte Ariel erhabene rote Flecken auf Mobius' Brust und Hinterkopf. Sie maß seine Temperatur und stellte fest, dass er 39 Grad Fieber hatte. Da sie das Fieber nicht senken konnte, rief sie ihren Arzt an, der sie aufforderte, das Kind umgehend in die Notaufnahme zu bringen. Schon am Eingang erwartete sie eine Seuchenkontrolleinheit in voller Montur. Ariel und Chris bekamen selbst Schutzmasken und -anzüge und wurden durch einen Hintereingang in eine Isolierstation mit Unterdruck gelotst. Drinnen untersuchten die Ärzte Mobius gründlich, bevor sie Ariel baten, Mobius festzuhalten, damit sie ihm Blut für einen entscheidenden Test abnehmen konnten. Obwohl kein Mitglied der Notaufnahme jemals zuvor einen solchen Fall gesehen hatte, hatten alle denselben Verdacht: Masern.

Dank der Wirksamkeit von Impfprogrammen, die in den 1960er-Jahren anliefen, haben nur wenige Bewohner der westlichen Welt, viele Ärzte inbegriffen, jemals aus erster Hand mitbekommen, wie ernst die Symptome von Masern sein können. Wenn man jedoch in Entwicklungsländer wie Nigeria reist, wo jährlich regelmäßig Zehntausende Masernfälle gemeldet werden, bekommt man ein klareres Bild der Krankheit. Zu ihren Komplikationen zählen Lungenentzündung, Enzephalitis (Entzündung des Gehirns), Erblindung und sogar Tod.

Im Jahr 2000 wurden Masern in den USA offiziell für ausgerottet erklärt.[107] Dieser Status bedeutete, dass die Masernerreger nicht mehr in der Bevölkerung zirkulierten und neu auftretende Ausbrüche durch Rückkehrer von Fernreisen ausgelöst wurden. In den neun Jahren von 2000 bis 2008 gab es lediglich

557 bestätigte Fälle von Masern in den USA. Doch allein im Jahr 2014 waren es schon 667 Fälle. Gegen Ende des Jahres verbreitete sich der Ausbruch, der die Loops und Dutzende weitere Familien erfasste und seinen Ursprung in Disneyland hatte, mit großer Geschwindigkeit im ganzen Land. Als er endlich zum Erliegen kam, hatte er 170 Menschen in 21 Bundesstaaten erfasst. Das Aufflackern in Disneyland gehört zu einem allgemeinen Trend immer größerer Ausbrüche. Die Zahl der Maserninfektionen steigt in den USA und Europa wieder an und stellt gerade für anfällige Personen ein Risiko dar.

***

Krankheiten haben Menschen heimgesucht, seit sich unsere Homininenlinie in der Evolution von Schimpansen und Bonobos abgespalten hat. Bei so manchen geschichtlichen Entwicklungen bleibt die Mitwirkung einer ansteckenden Krankheit unerwähnt. Malaria und Tuberkulose zum Beispiel haben laut neuerer Forschung bedeutende Teile der antiken ägyptischen Bevölkerung im Verlauf von 5000 Jahren betroffen. In den Jahren 541 und 542 hat die weltweite Seuche, die als »Justinianische Pest« bekannt ist, schätzungsweise 15 bis 25 Prozent der Bevölkerung umgebracht. Im Gefolge der Invasion von Cortés in Mexiko wurde die im Jahr 1519 etwa 30 Millionen starke Bevölkerung dort innerhalb von 50 Jahren auf 3 Millionen reduziert. Die Ärzte der Azteken waren gegen die bislang unbekannten Krankheiten der westlichen Eroberer machtlos. Diese Liste ließe sich noch weiter fortsetzen.

Selbst heute, in einer Epoche medizinischen Fortschritts, sind Krankheitserreger so raffiniert, dass die moderne Medizin sie nicht ganz aus dem Alltag verbannen kann. Die meisten Menschen bekommen alljährlich eine Erkältung. Auch wenn Sie selbst noch nie eine Grippe hatten, kennen Sie sicherlich jemanden, der sie hatte. Seltener macht man in den Industrienationen Bekanntschaft mit Cholera oder Tuberkulose, doch in großen Teilen Afrikas und Asiens sind diese pandemischen Krankheiten keineswegs ungewöhnlich. Interessanterweise werden selbst in Gegenden, wo die Krankheitsprävalenz hoch ist, nicht alle Menschen erfasst. Zu unserer morbiden Faszination in Bezug auf Krankheiten gehört ihr scheinbar blindes Zuschlagen, das manchen unsagbaren Schrecken bringt, während es andere in derselben Gemeinde völlig unbehelligt lässt.

Es gibt jedoch ein wenig bekanntes, aber sehr erfolgreiches Wissenschaftsgebiet, das im Hintergrund an den Rätseln infektiöser Krankheiten forscht. Bei vorbeugenden Maßnahmen, um die Ausbreitung von HIV in Schach zu halten und die Ebola-Krise unter Kontrolle zu bringen, spielt die mathematische Epidemiologie eine entscheidende Rolle. Vom Aufzeigen der Risiken, die uns die wachsende Anti-Impf-Bewegung bringt, bis hin zur Bekämpfung von Pandemien wie Covid-19 steht die Mathematik im Zentrum der lebensnotwendigen Maßnahmen, mit denen wir Krankheiten endgültig von der Erde verbannen können.

Die Pockenplage

Mitte des 18. Jahrhunderts waren die Pocken weltweit verbreitet. Allein für Europa schätzt man die Zahl der damaligen Todesfälle durch diese Krankheit auf jährlich 400 000 – das waren an die 20 Prozent aller Todesfälle. Die Hälfte der Überlebenden war blind und entstellt. Edward Jenner, Arzt im ländlichen Gloucestershire, konnte bezeugen, wovon seine Patienten fest überzeugt waren: Wer Melkerin wurde, war vor den Pocken geschützt. Jenner folgerte daraus, dass die Kuhpocken, eine harmlose Erkrankung, der die meisten Melkerinnen ausgesetzt waren, eine gewisse Immunität gegen Pocken hervorbrachte.

Um diese Hypothese zu überprüfen, führte Jenner 1796 ein bahnbrechendes Experiment in der Krankheitsprophylaxe durch, das man heutzutage als vollkommen unethisch ansehen würde.[108] Er entnahm einer Pustel im Arm einer Melkerin, die Kuhpocken hatte, etwas Eiter und rieb ihn in einen Schnitt im Arm eines achtjährigen Jungen namens James Phipps. Sehr schnell entwickelte der Junge Pusteln und Fieber, war aber nach zehn Tagen wieder auf den Beinen und gesund wie vor der Behandlung. Als hätte es nicht schon gereicht, von Jenner infiziert zu werden, musste sich Phipps zwei Monate später wieder für eine Übertragung zur Verfügung stellen, dieses Mal mit den gefährlicheren Pocken. Als Phipps nach einigen Tagen noch immer keine Pockensymptome zeigte, folgerte Jenner, dass der Junge immun gegen Pocken war. Jenner nannte dieses Schutzverfahren »Vakzination« (englisch *vaccination*, nach dem lateinischen *vacca* für Kuh). Im Jahr 1801 brachte Jenner seine Hoffnungen zu Papier, dass »das Ergebnis dieser neuen Praxis letztlich die Ausrottung der Pocken, der bedrohlichsten Plage der Menschheit, sein wird«. Sein Traum wurde schließlich, nach einer konzertierten Impfkampagne der WHO 200 Jahre später im Jahr 1977 Wirklichkeit.

Die Geschichte von Jenners Entwicklung der Impfpraxis verbindet unauflöslich die Pocken mit der Geschichte der modernen Krankheitsbekämpfung. Auch die mathematische Epidemiologie hat ihre Wurzeln in dem Versuch, die Pocken einzudämmen. Aber ihre Ursprünge reichen noch weiter zurück.

***

Lange bevor Jenner seine Idee der Impfung entwickelte, hatten die Menschen in Indien und China in dem verzweifelten Versuch, sich vor dem vermehrten Auftreten von Pocken zu schützen, die »Variolation« praktiziert. Im Gegensatz zur Vakzination setzt man sich bei der Variolation einer kleinen Menge der echten Krankheitserreger aus. Bei den Pocken zog man die zerstäubte Pustelkruste durch die Nase ein oder strich sich Eiter in einen Schnitt im Arm. Damit sollte eine mildere Form der Pocken ausgelöst werden, die zwar unangenehm, aber weit weniger gefährlich sein und dem Patienten lebenslangen Schutz vor den ernsten Symptomen der voll entwickelten Krankheit bieten sollte. Diese Praxis breitete sich rasch in den Nahen Osten aus und gelangte von dort Anfang des 18. Jahrhunderts nach Europa, wo die Pocken grassierten.

Trotz ihrer scheinbaren Wirksamkeit hatte die Variolation Kritiker. In einigen Fällen bewahrte das Verfahren die Patienten nicht vor einer neuerlichen, schwereren Pockeninfektion, wenn die Immunität nachließ. Noch verheerender für den Ruf dieser Methode waren vielleicht die 2 Prozent Todesfälle infolge der Behandlung. Der Tod des vierjährigen Octavius, Sohn des englischen Königs Georg III., war ein solcher Fall, der große Beachtung fand und der Behandlung nicht gerade zu besserem Ansehen in der Öffentlichkeit verhalf. Obwohl die 2 Prozent Sterblichkeit immer noch wesentlich unter der 20- bis 30-prozentigen Todesrate lag, die mit der unkontrollierten Verbreitung der Krankheit einherging, argumentierten die Kritiker, dass sich viele Patienten, die mit der Variolation behandelt wurden, vielleicht niemals mit Pocken infiziert hätten und eine flächendeckende Behandlung daher ein unnötiges Risiko darstellte. Außerdem stellte man fest, dass Patienten mit Variolation die einmal ausgebrochene Krankheit genauso effektiv weitergaben wie die Opfer, die sich auf natürliche Weise infiziert hatten. Da es keine kontrollierten medizinischen Versuchsreihen gab, ließen sich die Wirksamkeit der Variolation und der über ihr schwebende Schatten des Verdachts nicht so leicht quantifizieren.

Das war exakt die Art Volksgesundheitsproblem, die die Aufmerksamkeit des Schweizers Daniel Bernoulli erregte, eines der großen, wenig bekannten wissenschaftlichen Helden des 18. Jahrhunderts. Nur eine unter vielen mathematischen Errungenschaften stellen Bernoullis Studien in der Aerodynamik dar, die erklären, wie Flügel den Auftrieb erzeugen, der nötig ist, um Flugzeuge in der Luft zu halten. Vor seinem Abschluss in Mathematik hatte Bernoulli jedoch Medizin studiert. Seine späteren Untersuchungen zur Flüssigkeitsdynamik ließen ihn aufgrund seiner medizinischen Kenntnisse ein erstes Verfahren entwickeln, mit dem man den Blutdruck messen konnte. Indem er eine Flüssigkeit führende Leitung mit einer Röhre durchstach, konnte er den Druck der Flüssigkeit in der Leitung an der Höhe ablesen, bis zu der diese in der Röhre anstieg. Das unangenehme Verfahren, das sich aus diesen Erkenntnissen ergab, bestand darin, einen Glaszylinder direkt in die Arterie eines Patienten einzuführen. Die Methode wurde mehr als 170 Jahre lang nicht durch eine weniger invasive ersetzt.[109] Bernoullis breite akademische Bildung verhalf ihm auch zur Erfindung einer mathematischen Methode, mit der man die Wirksamkeit der Variolation bestimmen konnte, eine Frage, bei der traditionell ausgebildete Ärzte nur mutmaßen konnten.

Bernoulli entwickelte eine Gleichung zur Berechnung des Anteils der Menschen einer bestimmten Altersklasse, die noch nie mit Pocken infiziert worden waren und daher immer noch anfällig für die Krankheit waren.[110] Er eichte seine Gleichung mithilfe der Sterblichkeitstabellen, die Edmond Halley (berühmt für die Sichtung seines Kometen) zusammengestellt hatte; ihnen konnte man den Bruchteil an Geburten entnehmen, die ein bestimmtes Alter erreichten. Daraus konnte Bernoulli sowohl den Anteil der Menschen errechnen, die die Krankheit gehabt hatten und gesundet waren, als auch derjenigen, die nicht überlebt hatten. Mithilfe einer weiteren Gleichung war Bernoulli in der Lage, die Anzahl Leben zu bestimmen, die aufgrund einer Variolation gerettet werden konnten, wenn diese routinemäßig in der Bevölkerung durchgeführt würde. Er schloss daraus, dass bei flächendeckender Variolation nahezu 50 Prozent aller Kinder älter als 25 Jahre würden, was, wenn auch nach heutigen Standards niederschmetternd wenig, damals eine deutliche Verbesserung gegenüber den 43 Prozent darstellte, die sich bei unbehandelter Ausbreitung der Pocken ergab. Noch bemerkenswerter war vielleicht sein Nachweis, dass diese einfache medizinische Maßnahme die mittlere Lebenserwartung um mehr als drei Jahre anheben konnte. Damit war für Bernoulli die Notwendigkeit staatlichen Eingreifens klar. Er schloss seine Untersuchung mit den Worten: »Ich wünsche mir einfach, dass in einer Frage, die so eng mit dem Wohlergehen der Menschheit zusammenhängt, keine Entscheidung ohne das Wissen gefällt wird, das aus einer kleinen Analyse und Rechnung hervorgeht.«

Auch heute hat sich der Zweck der mathematischen Epidemiologie noch nicht weit von Bernoullis ursprünglichen Zielen entfernt. Schon mithilfe grundlegender mathematischer Modelle kann man den Verlauf von Krankheiten und die Auswirkung möglicher Eingriffe auf ihre Weiterverbreitung vorhersagen. Mit noch komplexeren Modellen lassen sich Fragen nach der wirkungsvollsten Verteilung begrenzter Ressourcen beantworten oder unerwartete Folgen von Eingriffen der öffentlichen Gesundheitsvorsorge herausarbeiten.

Das SIR-Modell

Gegen Ende des 19. Jahrhunderts führten mangelhafte sanitäre Einrichtungen und Überbevölkerung in Indien (damals noch britische Kolonie) zu einer Reihe von Epidemien, darunter Cholera, Lepra und Malaria, die über das Land schwappten und Millionen Menschen töteten.[111] Der Ausbruch einer vierten Krankheit, deren Name allein Hunderte Jahre lang Angst und Schrecken verbreitete, gab dann den Anstoß zu einer der wichtigsten Entwicklungen in der Geschichte der Epidemiologie.

Niemand kann genau sagen, wie die Krankheit im August 1896 nach Bombay (heute Mumbai) kam, nur über die Verwüstung, die sie anrichtete, besteht kein Zweifel.[112] Die wahrscheinlichste Erklärung ist, dass ein Handelsschiff mit einigen unerwünschten Passagieren in der britischen Kronkolonie Hongkong in See stach. Zwei Wochen später lief es in den Bombay Port Trust ein. Während sich die schwitzenden Seeleute bei 30 Grad Hitze mit dem Löschen der Ladung abmühten, stahlen sich die unerwünschten Passagiere unbemerkt davon und eilten in die Elendsviertel der Stadt. Diese blinden Passagiere führten ihrerseits unerwünschte Fracht mit sich, die zunächst Bombay und am Ende ganz Indien ins Chaos stürzte. Die Unerwünschten waren Ratten mit Flöhen im Gepäck, die für die Verbreitung des Bakteriums *Yersinia pestis* verantwortlich sind – der Pest.

Die ersten Pestfälle in Bombay stellten sich im Bezirk Mandvi, rund um den Hafen, ein. Die Krankheit verbreitete sich ungebremst über die ganze Stadt und tötete Ende des Jahres 1896 jeden Monat 8000 Menschen. Anfang 1897 hatte sich die Pest bis nahe Poona (heute Pune) ausgebreitet und verbreitete sich von dort über ganz Indien. Strenge Eindämmungsmaßnahmen hatten die Pest bis Mai 1897 scheinbar zum Erliegen gebracht. Und doch suchte die Krankheit innerhalb der nächsten dreißig Jahre Indien in regelmäßigen Abständen heim und tötete mehr als zwölf Millionen Einwohner.

***

Der junge schottische Militärarzt Anderson McKendrick kam 1901, gerade zu Beginn eines neuerlichen Seuchenausbruchs, nach Indien. Er sollte fast 20 Jahre dort bleiben, Forschungsarbeit betreiben (zur Erinnerung: In Kapitel 1 lernten wir McKendrick als den ersten Wissenschaftler kennen, der nachwies, dass sich Bakterien nach dem logistischen Wachstumsmodell vermehrten), Gesundheitsprogramme einführen und tiefere Einsichten in Zoonosen gewinnen – Krankheiten wie die Schweinegrippe, die zwischen Tier und Mensch übertragen werden. Aufgrund seines Könnens, sowohl in der Forschung als auch in der Praxis, stieg er schließlich zum Leiter des Pasteur-Instituts in Kasauli auf. Ironischerweise erkrankte er während dieser Zeit an Brucellose (Mittelmeerfieber) – einer schwächenden Erkrankung, die hauptsächlich durch nicht pasteurisierte Milch übertragen wird. McKendrick verbrachte deswegen mehrere Erholungsaufenthalte im heimischen Schottland.

Nach Schottland zurückgekehrt, übernahm McKendrick den Posten des Superintendenten am Labor des Royal College of Physicians in Edinburgh. Dort traf er auf den jungen und talentierten Biochemiker William Kermack. Kurz darauf wurde Kermack Opfer einer verheerenden Explosion, durch die er dauerhaft erblindete. Trotz dieses Handicaps erblühte die Zusammenarbeit mit McKendrick. Angeregt durch die Daten über Pestepidemien in Bombay, die McKendrick während seines Aufenthalts dort gesammelt hatte, führten sie die einflussreichste Einzelstudie in der Geschichte der mathematischen Epidemiologie durch.[113]

Gemeinsam entwickelten sie eines der ersten und wichtigsten mathematischen Modelle der Krankheitsausbreitung. Für das Modell teilten sie die Bevölkerung in drei grundlegende Kategorien hinsichtlich ihres Krankenstandes ein. Gesunde, die die Krankheit noch nicht bekommen hatten, wurden, ein wenig unheilvoll, als »susceptible« (anfällig) bezeichnet. Die bereits Erkrankten, die die Ansteckung an die Gesunden weitergeben konnten, wurden zu »infectives« (ansteckend, infektiös). Die dritte Gruppe nannten sie beschönigend »removed« (herausgenommen). Dazu gehörten die Menschen, die erkrankt und daraus immunisiert hervorgegangen waren, ebenso wie diejenigen, die der Krankheit erlegen, also gestorben waren. In beiden Fällen konnten sie die Krankheit nicht weitergeben. Die klassische mathematische Darstellung der Krankheitsausbreitung wird als SIR-Modell (Susceptible-Infective-Removed) bezeichnet.

In ihrer Veröffentlichung wiesen Kermack und McKendrick die Brauchbarkeit des SIR-Modells nach, indem sie zeigten, dass Anstieg und Abklingen der Fallzahlen für die Pestepidemie des Jahres 1905 in Bombay mit ihrem Modell genau simuliert werden konnte. Während der 90 Jahre nach seiner Erfindung hat das SIR-Modell (und Varianten davon) große Erfolge in der Beschreibung aller möglichen Infektionskrankheiten vorweisen können. Vom Denguefieber in Lateinamerika über die Schweinepest in den Niederlanden bis zum Norovirus in Belgien kann uns das SIR-Modell wichtige Lektionen für die Vorbeugung mitgeben.

Präsentismus, Prognosen und die Pest

In den letzten Jahren hat das Zunehmen von Zeitarbeit und Scheinselbstständigkeit – Kennzeichen der aufstrebenden »Gig Economy« – dazu geführt, dass Menschen auch dann arbeiten, wenn sie krank sind (eine Form des Präsentismus). Während übermäßiger Krankenstand ausgiebig erforscht wurde, beginnt man die Kosten des Präsentismus erst allmählich zu verstehen. Aus Studien mit mathematischen Modellen und Arbeitsplatzdaten wurden einige überraschende Erkenntnisse gezogen. Maßnahmen, die den Krankenstand reduzieren sollen, wie Lohnkürzung im Krankheitsfall, führen dazu, dass Menschen vermehrt zu Arbeit kommen, ganz gleich, wie krank sie sich fühlen, was unbeabsichtigt wiederum zu noch mehr Erkrankungen und einer Verringerung der Effektivität führt.

Der Präsentismus stellt vorwiegend im Gesundheits- und Erziehungswesen ein Problem dar. Ausgerechnet Krankenpfleger, Ärzte und Lehrer fühlen sich für die vielen Menschen, die sie betreuen, derart verantwortlich, dass sie häufig auch dann zur Arbeit kommen, wenn sie angeschlagen sind. Das wohl größte Problem mit Präsentismus hat jedoch das Gastgewerbe. Allein in den USA gingen laut einer Studie in den vier Jahren von 2009 bis 2012 mehr als tausend Fälle von Magen-Darm-Erkrankungen durch Noroviren auf verunreinigte Lebensmittel zurück.[114] Mehr als 21 000 Menschen erkrankten daran und 70 Prozent der Fälle konnten mit erkrankten Servicekräften in Zusammenhang gebracht werden.

Fünf Jahre nach Abschluss dieser Studie wurde die Restaurantkette Chipotle Mexican Grill ein berühmtes Opfer der abträglichen Folgen von Präsentismus. Von 2013 bis 2015 war Chipotle die führende Restaurantmarke für mexikanisches Essen in den USA. Obwohl dort im Krankheitsfall weiterbezahlt wurde, berichteten Beschäftigte quer durch die USA über Restaurantmanager, die sie gedrängt hätten, auch krank zur Arbeit zu kommen, weil sie sonst ihren Job verlören.

Am 14. Juli 2017 ging Paul Cornell los, um sich einen Burrito in der Chipotle-Filiale in Sterling, Virginia, zu besorgen. Trotz Bauchkrämpfen und Übelkeit war an diesem Abend dort ein namentlich nicht genannter Verkäufer zur Arbeit erschienen. 24 Stunden später lag Cornell im Krankenhaus am Tropf und litt an den extrem starken Bauchschmerzen, der Übelkeit, dem Durchfall und Erbrechen, die mit einer voll entwickelten Norovirus-Infektion einhergehen. 135 weitere Angestellte und Kunden fingen sich das Virus in diesem Restaurant ein. In den fünf Tagen nach dem Ausbruch stürzte Chipotles Aktienkurs ab und vernichtete mehr als 1 Milliarde Dollar an Marktwert, was zur Folge hatte, dass die Aktionäre eine Sammelklage gegen die Restaurantkette anstrengten. Ende des Jahres 2017 schaffte es Chipotle nicht einmal mehr in die obere Hälfte der Liste Amerikas beliebtester mexikanischer Ketten.

Das SIR-Modell zeigt, wie wichtig es ist, nicht zur Arbeit zu gehen, wenn man sich krank fühlt. Wer zu Hause bleibt und sich auskuriert, wechselt sofort von der Gruppe der Infektiösen in die Klasse »Removed«. Das Modell verdeutlicht, dass diese einfache Handlung das Ausmaß eines Ausbruchs reduzieren kann, indem es die Möglichkeiten der Krankheit, auf die »Susceptibles« überzugreifen, verringert. Darüber hinaus vergrößert man seine Chancen, schnell wieder gesund zu werden, indem man nicht trotz der Krankheit arbeitet. Das SIR-Modell weist nach, wie wir alle durch weniger, weil vermeidbare Restaurant-, Schul- und Krankenstationsschließungen profitieren würden, wenn sich jeder Infizierte an diese Regel hielte.

***

Vielleicht noch mehr als für seine beschreibenden Fähigkeiten wird das SIR-Modell für seine prognostische Kraft gerühmt. Statt immer nur auf vergangene Epidemien zurückzublicken, erlaubte das SIR-Modell Kermack und McKendrick den Blick in die Zukunft: die Voraussage der explosiven Dynamik von Krankheitsausbrüchen und das Verständnis der manchmal mysteriösen Muster der Krankheitsausbreitung. Tatsächlich nutzten sie ihr Modell sogar, um eine der am heißesten umstrittenen Fragen der Epidemiologie jener Zeit anzugehen. Die Debatte konzentrierte sich auf die Frage: »Was ist die Ursache für das Abklingen einer Epidemie?« Ist es vielleicht so, dass eine Krankheit schlicht jeden in der Bevölkerung befällt? Dass die Krankheit sich einfach nicht weiter verbreiten kann, weil jeder Anfällige bereits infiziert ist? Oder wird vielleicht der Erreger im Lauf der Zeit immer schwächer, bis er gesunde Individuen nicht mehr anstecken kann?

In ihrer einflussreichen Arbeit konnten die beiden schottischen Wissenschaftler zeigen, dass keins von beidem notwendigerweise zutreffen muss. Wenn sie sich den Zustand der Population am Ende einer simulierten Epidemie ansahen, erkannten sie, dass immer noch anfällige Personen übrig waren. Das steht vielleicht im Gegensatz zu unserer Intuition (die sich aus Kinofilmen und Schreckensmeldungen speist), derzufolge eine Infektion erst dann ausstirbt, wenn es keine Menschen mehr gibt, die sie infizieren kann. In Wirklichkeit wird, wenn Infizierte sich erholen oder sterben, der Kontakt zwischen den verbleibenden Infektiösen und den »Susceptibles« so selten, dass die Infizierten gar keine Chance haben, die Krankheit weiterzugeben, bevor sie selbst ausscheiden (weil sie entweder immun werden oder sterben). Letztendlich, so sagt das SIR-Modell voraus, stirbt eine Epidemie nicht deshalb aus, weil es zu wenig potenzielle Krankheitsempfänger gibt, sondern zu wenig Infizierte.[115]

Für die kleine Gemeinde der Wissenschaftler, die in den 1920er-Jahren an Epidemiemodellen forschten, war Kermacks und McKendricks SIR-Modell ein herausragender Beitrag. Es führte die Untersuchung der Krankheitsausbreitung weit über die Stadien der bisherigen, rein deskriptiven Studien hinaus und erlaubte weitreichende Vorhersagen. Andererseits waren die Einblicke durch die engen Vorgaben begrenzt, auf denen das Modell beruhte: auf zahlreiche Annahmen, die die Situationen, in denen man nützliche Vorhersagen treffen konnte, stark beschränkten. Zu diesen Annahmen gehörten eine konstante Übertragungsrate zwischen Mensch und Mensch, dass Infizierte sofort selbst wieder infektiös waren und dass die Populationsgröße konstant blieb. Für die Beschreibung mancher Krankheiten mochten diese Annahmen zutreffen, für die Mehrzahl jedoch nicht.

So verletzen zum Beispiel ausgerechnet die Pestdaten aus Bombay, die Kermack und McKendrick zur »Verifizierung« ihres Modells heranzogen, viele dieser Annahmen. Erstens wurde die Bombay-Pest nicht vornehmlich von Mensch zu Mensch übertragen, sondern von Ratten verbreitet, die Flöhe mit dem Pestbakterium trugen. Das Modell ging außerdem von einer konstanten Übertragungsrate zwischen infektiösen Krankheitsträgern und ihren anfälligen Opfern aus. In Wirklichkeit hatten die Pestepidemien in Bombay eine starke jahreszeitliche Komponente (wie die virale Verbreitung der Ice Bucket Challenge): Die Flohdichte und damit der Bakterienüberschuss lagen zwischen Januar und März dramatisch höher als in den restlichen Monaten, was zu einem Anstieg der Übertragungsrate führte.

Dennoch sollten spätere Mathematikergenerationen das wegweisende SIR-Modell übernehmen, seine restriktiven Annahmen lockern und das Feld der Krankheiten ausdehnen, bei denen die Mathematik mit Einsichten helfen konnte.

***

Die erste Anpassung, die man am SIR-Modell vornahm, bestand darin, auch Krankheiten zuzulassen, die nicht zur Immunisierung der Betroffenen führte. Bei einem dieser Krankheitsverläufe, der typisch für einige sexuell übertragbare Krankheiten wie die Gonorrhoe ist, gibt es überhaupt keine »Removed«-Anteile in der Population. Man kann sich an Gonorrhoe jederzeit wieder neu anstecken. Da auch niemand an der Infektion stirbt, wird niemand jemals aus dem Krankheitsaufkommen »herausgenommen«. Derartige Modelle werden typischerweise SIS abgekürzt, was das Verlaufsmuster eines Erkrankten von infizierbar über infektiös zurück zu infizierbar nachahmt. Da die Gruppe der Infizierbaren niemals ausgeschöpft, sondern immer wieder durch solche, die sich von der Krankheit erholt haben, aufgefüllt wird, sagt das SIS-Modell voraus, dass Infektionen sogar in isolierten Populationen ohne Geburten und Todesfälle selbsterhaltend oder »endemisch« werden können. Der endemische Charakter der Gonorrhoe hat sie in England zur zweithäufigsten sexuell übertragenen Infektion gemacht, mit über 44 000 angezeigten Fällen im Jahr 2017.

Tatsächlich müssen weitere Anpassungen am Grundmodell vorgenommen werden, um sexuell übertragene Krankheiten wie die Gonorrhoe richtig zu beschreiben. Die Krankheitsausbreitung verläuft nicht so einfach wie bei einer Erkältung, bei der jeder jeden anstecken kann. Bei sexuell übertragbaren Krankheiten infizieren Infektiöse nur Menschen mit den gleichen sexuellen Präferenzen. Da die Mehrzahl der sexuellen Kontakte heterosexueller Natur ist, teilt das offensichtlichste Modell die Bevölkerung in Frauen und Männer auf und lässt Ansteckung lediglich zwischen Mitgliedern dieser beiden Gruppen zu. In Modellen, die diese Zweiteilung heterosexueller Interaktionen in Betracht ziehen, breiten sich Krankheiten langsamer aus als in Modellen, die zulassen, dass jeder die Krankheit an jeden, unabhängig von Geschlecht und sexueller Orientierung weitergeben kann. Allerdings stecken solche Modelle sexuell übertragener Krankheiten auch voller potenzieller Fehler.

HPV – mehr als nur das Krebsvirus

Mein fünfter Geburtstag lag noch nicht lange zurück, als bei meiner Mutter im Alter von 40 Jahren Gebärmutterhalskrebs diagnostiziert wurde. Sie ließ Runde um Runde anstrengender und schwächender Chemo- und Strahlentherapien über sich ergehen. Zum Glück erfuhr sie zum Ende des grausamen Prozesses, sie sei in vollständiger Remission (Rückbildung). Mich überraschte es, später zu erfahren, dass Gebärmutterhalskrebs eine der wenigen Krebsarten ist, die hauptsächlich durch ein Virus verursacht wird – ein Virus, das man sich typischerweise durch Geschlechtsverkehr einfängt. Ich fand die Vorstellung kaum auszuhalten, dass mein Vater möglicherweise das Virus in sich getragen hatte, das den Krebs meiner Mutter verursachte. Er sorgte sich so hingebungsvoll um sie, als der Krebs erneut auftrat. Allein seine Willensstärke hielt die Familie zusammen, als sie wenige Wochen vor ihrem 45. Geburtstag starb. Auch wenn er es nicht wusste, warum ausgerechnet er?

Tatsächlich wird die ganz überwiegende Anzahl von Infektionen durch das krebserzeugende HPV (humanes Papilloma-Virus) beim Geschlechtsverkehr übertragen. Mehr als 60 Prozent aller Gebärmutterhalskrebserkrankungen lassen sich auf zwei HPV-Stämme zurückführen.[116] HPV ist Träger der weltweit am häufigsten sexuell übertragenen Erkrankung.[117] Männer können das Virus unbegrenzt lange tragen und an ihre Sexualpartner weitergeben und so dazu beitragen, dass Gebärmutterhalskrebs der vierthäufigste Krebs bei Frauen ist. Etwa eine halbe Million Neuerkrankungen und eine Viertelmillion Todesfälle weltweit werden jährlich erfasst.

Im Jahr 2006 wurden die ersten revolutionären Impfstoffe gegen HPV von der US-Gesundheitsbehörde zugelassen. Angesichts der hohen Krankheitsrate erhoffte man sich verständlicherweise einiges von der Lizenzierung des Impfstoffs. Untersuchungen zufolge, die man in Großbritannien etwa zu der Zeit anstellte, als der Impfstoff auf den Markt kam, bestand die kostengünstigste Strategie in der Impfung heranwachsender Mädchen im Alter von 12 und 13 Jahren, die wahrscheinlich die späteren Leidtragenden von Gebärmutterhalskrebserkrankungen sein würden.[118] Ähnliche Studien in anderen Ländern, die die heterosexuelle Übertragung der Krankheit mathematisch modellierten, bestätigten, dass es am besten wäre, lediglich Frauen zu impfen.[119]

Diese ersten Studien zeigten letztlich jedoch lediglich, dass jedes mathematische Modell nur so gut ist wie die Annahmen, die ihm zugrunde liegen, und die Daten, mit denen es arbeitet. Die Mehrheit der Analysen unterschlug nämlich eine wichtige Eigenschaft von HPV in den Modellannahmen: dass die HPV-Stämme, gegen die die Impfung schützte, auch eine Reihe von Erkrankungen außerhalb der Gebärmutter bei Frauen wie bei Männern hervorrufen können.[120]

Wenn Sie jemals eine Warze hatten, dann waren Sie Träger von wenigstens einem von fünf HPV-Stämmen. 80 Prozent aller Menschen in Großbritannien werden während ihres Lebens wenigstens einmal von einem HP-Virus befallen. Neben der Verursachung von Gebärmutterhalskrebs sind die HPV-Stämme 16 und 18 für 50 Prozent der Peniskarzinome, 80 Prozent der Darmkrebs-, 20 Prozent der Mundkrebs- und 30 Prozent der Halskrebserkrankungen ursächlich.[121] Bekannt ist die Antwort auf die Frage an Michael Douglas, als er sich von seinem Halskrebs erholte, ob er es bedaure, im Leben zu viel geraucht und getrunken zu haben. Ehrlich gab er den Reportern des *Guardian* gegenüber zu, er bedauere das nicht, weil sein Krebs auf HPV zurückgehe, den er sich bei oralem Verkehr eingefangen habe. Sowohl in den USA als auch in Großbritannien betreffen die meisten der durch HPV verursachten Krebsfälle nicht den Gebärmutterhals.[122] Bezeichnenderweise verursachen die HPV-Stämme 6 und 11 auch neun von zehn Warzen im Anogenitalbereich.[123] In den USA entfallen ungefähr 60 Prozent der Kosten des Gesundheitssystems, die mit anderen als Gebärmutterhals-HPV-Infektionen zu tun haben, auf die Behandlung solcher Warzen.[124] Gebärmutterhalskrebs ist ein wichtiger Teil der HPV-Story, aber nicht die ganze Geschichte.

Als der Impfstoff 2008 erstmals auf den Markt kam, erhielt Harald zur Hausen den Nobelpreis für Medizin »für seine Entdeckung, dass das menschliche Papilloma-Virus Gebärmutterhalskrebs verursacht«. Der Zusammenhang mit anderen Krebsarten und Erkrankungen wurde vom Nobelpreiskomitee und weitgehend auch vom Rest der Welt außer Acht gelassen. Die einzige Studie in Großbritannien, die nicht-zervikale Krebsarten in Betracht zog, kam nicht zu gesicherten Ergebnissen, weil zu jener Zeit die Gesundheitskosten dieser Erkrankungen und die Auswirkungen der Impfung dagegen nicht richtig verstanden waren. Die meisten Modelle legten nahe, dass mit der Impfung eines ausreichend großen Frauenanteils auch das Auftreten von mit HPV zusammenhängenden Erkrankungen bei nicht geimpften Männern zurückgehen würde. In der Öffentlichkeit, die HPV wohl nur als Auslöser von Gebärmutterhalskrebs – derjenige Krebs, der sich wie eine infektiöse Krankheit ausbreitet –, kannte, wurde die Entscheidung, nur Mädchen zu impfen, widerspruchslos hingenommen. Warum sollte man Jungen impfen, wo sie doch nicht unter der Haupterkrankung litten?

Man stelle sich den öffentlichen Aufschrei vor, wenn ein Impfstoff gegen das AIDS-auslösende HIV entwickelt würde, aber nur Frauen eine kostenlose Impfung bekämen, in der Hoffnung, dass die Männer durch die Immunität der Frauen geschützt würden. Ganz abgesehen von den Problemen mit dem beschränkten Umfang einer Impfung und der Unwirksamkeit des Impfstoffs würden die Kritiker vielleicht zuallererst den Schutz homosexueller Männer herausstellen – sollte man diese etwa schutzlos dem tödlichen Virus ausliefern? Dasselbe Argument gilt auch im Fall von HPV. Indem sie homosexuelle Beziehungen in ihren mathematischen Modellen vernachlässigten, hatten die frühen Studien die Auswirkungen von gleichgeschlechtlichen Verbindungen ignoriert. Modelle auf der Basis sexueller Netzwerke einschließlich homosexueller Beziehungen zeigen eine höhere Verbreitungsrate als solche, die lediglich heterosexuelle Beziehungen in Betracht ziehen.[125] Das Auftreten von HPV unter Männern, die gleichgeschlechtlichen Sex haben, ist signifikant höher als in der übrigen Bevölkerung.[126] In den USA kommen Analkarzinome in dieser Gruppe 15 Mal häufiger vor. Mit 35 von 100 000 Männern ist die Inzidenz mit der Gebärmutterhalskrebsrate bei Frauen vergleichbar, *bevor* die Impfung eingeführt wurde, und sie liegt signifikant höher als die gegenwärtige Gebärmutterhalskrebsrate in den USA.[127] Stellt man die Modelle neu ein, sodass sie homosexuelle Beziehungen, neue Erkenntnisse zum Schutz gegen nicht-zervikale Krebsarten und neueste Informationen darüber, wie lange der Impfschutz anhält, berücksichtigen, stellt die Impfung von Jungen wie von Mädchen eine kosteneffektive Option dar.

Im April 2018 bot der britische Gesundheitsdienst die HPV-Impfung für homosexuelle Männer zwischen 15 und 45 endlich an. Im Juli desselben Jahres empfahl eine neue Kosten-Nutzen-Analyse, dass alle Jungen in Großbritannien die Impfung bereits im selben Alter wie die Mädchen bekommen sollten.[128] So werden gottlob meine Tochter und mein Sohn den gleichen Schutz gegen Ansteckung und Verbreitung des Virus, der ihre Großmutter tötete, bekommen können. Das beweist mal wieder, dass die Schlussfolgerungen aus sogar den ausgeklügeltsten mathematischen Modellen nur so stark sind wie ihre schwächsten Annahmen.

Die nächste Pandemie

Ein weiterer Störfaktor bei HPV-Infektionen sind Virenträger ohne Symptome. Menschen können das Virus in sich tragen und andere infizieren, ohne dabei selbst zu erkranken. Aus diesem Grund nimmt man üblicherweise weitere Anpassungen am SIR-Modell vor, um die Erkrankungen noch realistischer abzubilden: Man schließt auch diejenige Patientengruppe mit ein, die die Krankheit weitergeben kann aber selbst symptomlos bleibt. Diese sogenannte »Carrier«-Klasse (reine Überträger) macht aus dem SIR-Modell ein SCIR-Modell und ist für die richtige Darstellung der Übertragung vieler Krankheiten, einschließlich der derzeit gefährlichsten, von großer Bedeutung.

Einige Patienten machen wenige Wochen nach der Infektion mit HIV einen kurzen Zeitraum mit grippeähnlichen Symptomen durch. Die Stärke dieser Symptome variiert deutlich; manche Virusträger bemerken gar nichts Ungewöhnliches. Obwohl es keine äußerlich sichtbaren Symptome gibt, schädigt das Virus allmählich das Immunsystem und macht die Betroffenen für opportunistische Infektionen wie Tuberkulose oder gewisse Krebsarten anfällig, die Patienten mit gesundem Immunsystem vielleicht nichts ausgemacht hätten. In den späteren Stadien der HIV-Infektion spricht man von AIDS (*acquired immune deficiency syndrome* oder erworbenes Immunschwächesyndrom). Der Grund, warum HIV/AIDS zu einer Pandemie, einer weltumspannenden Krankheit, die sich immer noch ausbreitet, geworden ist, liegt in ihrer langen Inkubationszeit. Überträger, die nicht wissen, dass sie das Virus haben, verbreiten die Krankheit wesentlich rascher als Menschen, die wissen, dass sie HIV-positiv sind. Jahr für Jahr, seit 30 oder mehr Jahren, ist HIV eine der weltweit häufigsten Todesursachen, was infektiöse Krankheiten angeht.

Man glaubt, dass HIV Anfang des 20. Jahrhunderts von nicht menschlichen Primaten in Zentralafrika auf den Menschen übergegangen ist. Eine Möglichkeit ist, dass sich Menschen durch infizierte Primaten, die als »Bushmeat« gefangen wurden, mit einer mutierten Variante des *Simianen Immundefizienz-Virus* (SIV) infizierten, das die Artgrenze übersprang und sich durch den Austausch von Körperflüssigkeiten von Mensch zu Mensch übertragen konnte. Zoonosen, also Infektionskrankheiten, die Artgrenzen überspringen können, wie die ursprünglichen HIV-Stämme, galten lange als die potenziell größten Bedrohungen der öffentlichen Gesundheit.

Sichtbar wurde das im Winter 2019 mit dem Auftreten des neuen Coronavirus. Wie eine HIV-Infektion beginnt auch Covid-19 häufig mit einer symptomlosen Anfangsphase, was die Identifizierung und Isolierung infizierter Personen und damit eine Kontrolle der Ausbreitung der Erkrankung erschwert. Derzeit liegt vieles über SARS-CoV-2 noch im Ungewissen, und der genaue Ursprung des Virus wird kontrovers diskutiert. Die gängigsten Theorien gehen allerdings davon aus, dass SARS-CoV-2 von Tieren auf den Menschen übergegangen ist, wobei es seinen Ursprung wohl in Fledermäusen hat und über Wildtiere wie zum Beispiel Schleichkatzen erstmals in der chinesischen Stadt Wuhan auf einen Menschen übergesprungen ist – ein Ausbreitungsmuster, das den tödlicheren Erkrankungen der jüngeren Vergangenheit ähnelt.

Patient null

Eines Nachmittags gegen Ende des Jahres 2013 spielte der zweijährige Emile Ouamouno mit anderen Kindern in der entlegenen Ortschaft Meliandou in Guinea. Einer der beliebtesten Spielorte der Kinder war ein riesiger hohler Kolabaum am Dorfrand: das perfekte Versteck. Die tiefe, dunkle Baumhöhle stellte auch den idealen Schlafplatz für eine Population von insektenfressenden Bulldoggfledermäusen dar. Beim Spielen im Baum berührte Emile entweder Fledermauskot oder eine der Fledermäuse selbst. Am 2. Dezember fiel Emiles Mutter auf, dass ihr sonst so energiegeladenes Kind müde und lethargisch wirkte. Nachdem sie seine fieberheiße Stirn gefühlt hatte, legte sie ihn zur Erholung ins Bett. Doch schon bald erbrach er sich und bekam schwarzen Durchfall. Vier Tage später starb er.

Da sie sich so intensiv um ihn gekümmert hatte, zog sich auch Emiles Mutter die Krankheit zu und starb eine Woche später. Emiles Schwester Philomène traf es als Nächste, danach, zu Neujahr, ihre Großmutter. Die Hebamme des Dorfes, die die Kranken gepflegt hatte, trug die Krankheit, ohne es zu wissen, weiter in Nachbardörfer und schließlich ins Krankenhaus der nächstgelegenen Stadt, Guéckédou, wo sie medizinische Hilfe suchte. Von dort, nur einem von vielen Verbreitungswegen, trug ein medizinischer Helfer, der die Hebamme behandelt hatte, zur weiteren Ausbreitung bei. So gelangte das Virus in ein Krankenhaus in Macenta, 90 Kilometer östlich gelegen, und infizierte einen Arzt. Dieser wiederum steckte seinen Bruder im 85 Kilometer entfernten Kissidougou im Norden an, und so verbreitete sich die Krankheit weiter.

Am 18. März schließlich bereiteten die Fallzahl und die Größe des Verbreitungsgebiets ernsthafte Sorgen. Offizielle der Gesundheitsbehörde erklärten öffentlich den Ausbruch eines bislang nicht identifizierten Durchfallfiebers, das »blitzartig zuschlägt«. Zwei Wochen später, als sie die Krankheit identifizierten, nannten *Ärzte ohne Grenzen* das Ausmaß der Verbreitung »beispiellos«. Damit wurde Emile Ouamouno, ein ansonsten nicht bemerkenswertes Kind, zu jemandem, den die Welt nicht vergessen würde: zum berüchtigten »Patient null«, Opfer der ersten Tier-zu-Mensch-Übertragung des größten, absolut unkontrollierten Ebola-Ausbruchs aller Zeiten.

Dass wir das Fortschreiten dieses Krankheitsausbruchs überhaupt so gut kennen, verdanken wir der großen Detailfülle, die Wissenschaftler und Gesundheitsprofis bei der Analyse zusammengetragen haben. Mithilfe eines Verfahrens namens Contact Tracing (Umgebungsuntersuchung) können Epidemiologen den Ausbreitungsweg über viele Generationen infizierter Individuen bis hin zum Erstopfer zurückverfolgen – zu Patient null, Emile. Indem sie die Infizierten alle Menschen auflisten lassen, zu denen sie während und nach der Inkubationszeit der Krankheit (bereits infiziert, aber noch symptomlos) Kontakt hatten, können die Wissenschaftler sich ein Bild vom Netzwerk der Kontakte machen. Indem man das Vorgehen bei den Individuen des Netzwerks wiederholt, kann man die Ausbreitung häufig auf eine einzige Quelle zurückführen. Durch Contact Tracing erfährt man nicht nur etwas über das komplexe Muster der Ausbreitung, sodass man Vorkehrungen gegen künftige Ausbrüche treffen kann; man kann dadurch auch aktuell Maßnahmen zur Kontrolle der Weiterverbreitung treffen. Es können sich wirkungsvolle Strategien daraus ergeben, die Krankheit in ihren frühen Stadien einzudämmen. Jeder, der mit einem Infizierten während dessen Inkubationszeit direkten Kontakt hatte, wird so lange unter Quarantäne gestellt, bis klar ist, ob er frei von der Krankheit oder infiziert ist. Wer infiziert ist, wird so lange isoliert, bis er die Krankheit wahrscheinlich nicht mehr weitergeben kann.

***

In der Regel sind Kontaktnetzwerke jedoch unvollständig und viele Krankheitsträger den Behörden nicht bekannt. Tatsächlich wissen viele Menschen aufgrund der Inkubationszeit gar nicht, dass sie erkrankt sind – sie sind infiziert, haben aber keine Symptome. Bei Ebola kann die Inkubationszeit bis zu 21 Tage betragen; im Durchschnitt liegt sie bei zwölf Tagen. Im Oktober 2014 war dann klar, dass die Epidemie in Westafrika globale Dimensionen annehmen könnte. Vorgeblich zum Schutz der Bevölkerung kündigte die britische Regierung an, ein erweitertes Ebola-Screening der Passagiere aus Hochrisikoländern an fünf größeren Flughäfen und dem Eurostar-Bahnhof in London durchzuführen.

Im Rahmen eines ähnlichen Programms in Kanada während der SARS-Epidemie im Jahr 2004 wurden nahezu eine halbe Million Fahrgäste untersucht, von denen niemand das SARS-Symptom erhöhter Temperatur zeigte. Das Programm kostete die kanadische Regierung 15 Millionen Dollar. Im Nachhinein erwies sich das SARS-Screening als nutzlose Maßnahme, die vielleicht die kanadische Öffentlichkeit in Sicherheit gewiegt hatte, aber als Interventionsstrategie wirkungslos war.

Vor dem Hintergrund dieser Kosten und dem Beigeschmack einer übertrieben heftigen Reaktion entwickelte ein Mathematiker-Team der London School of Hygiene & Tropical Medicine ein einfaches mathematisches Modell unter Einbeziehung der Inkubationszeit.[129] Bei Berücksichtigung der mittleren Inkubationszeit von zwölf Tagen für Ebola und 6,5 Stunden Flugzeit von Sierra Leone nach London kamen die Mathematiker auf nur etwa 7 Prozent der mit Ebola infizierten Fluggäste, die durch die teuren neuen Maßnahmen entdeckt würden. Sie schlugen stattdessen vor, das Geld besser für die sich entwickelnde humanitäre Katastrophe in Westafrika einzusetzen, wo es den Kern des Problems treffen und damit das Risiko der Übertragung nach Großbritannien verringern würde. Dies ist ein Beispiel für erstklassige mathematische Unterstützung – einfach, maßgebend und evidenzbasiert. Statt zu mutmaßen, wie effektiv die Screening-Maßnahmen sein könnten, kann eine einfache mathematische Simulation der Lage zu wichtigen Einsichten führen und der Politik Entscheidungshilfen an die Hand geben.

R_0 und die exponentielle Explosion

Der Übertragungsweg, über den man Emile Ouamouno als Ebola-Patient null identifizieren konnte, war keineswegs einzigartig. Die Krankheit breitete sich von ihrem Epizentrum in Meliandou über viele verschiedene Wege aus. Tatsächlich pflanzte sie sich im Anfangsstadium über zahlreiche unterschiedliche Kanäle fort, so ähnlich wie Meme oder die viralen Marketingkampagnen, die in Kapitel 1 beschrieben wurden. Ein Mensch infizierte drei weitere, die ihrerseits wieder andere infizierten, die noch mehr Menschen infizierten, und auf diese Weise kam es zu einer explosionsartigen Ausbreitung. Ob sich ein Ausbruch zu einer echten Gefahr auswächst oder schnell vergessen ist, kann durch eine einzige Zahl beschrieben werden, die für den jeweiligen Ausbruch charakteristisch ist: die Basisreproduktionszahl (auch Grundvermehrungsrate genannt).

Man stelle sich eine Bevölkerung vor, die in ihrer Gesamtheit für eine bestimmte Erkrankung anfällig ist – im Dezember 2019, als die SARS-CoV-2 Epidemie begann, war sogar die ganze Welt betroffen. Die durchschnittliche Zahl zuvor nicht infizierter Individuen, die durch einen einzigen neu eingeführten Krankheitsüberträger infiziert werden, nennt man Basisreproduktionszahl, häufig R_0 abgekürzt und »R-null« gesprochen. Hat die Krankheit eine R_0 von weniger als 1, dann wird die Krankheit schnell abflauen, da jede infizierte Person die Krankheit durchschnittlich an weniger als eine Person weitergibt. Der Ausbruch kann seine Ausbreitung nicht aufrechterhalten. Falls R_0 größer als 1 ist, verläuft der Ausbruch exponentiell.

Das Vorläufervirus zu SARS-CoV-2, SARS, hatte eine Basisreproduktionszahl von 2. Die erste erkrankte Person ist Patient null. Er oder sie überträgt die Krankheit auf zwei weitere, die ihrerseits wieder jeweils zwei weitere Personen infizieren. Wie wir in Kapitel 1 gesehen haben, illustriert Abbildung 23 das exponentielle Wachstum, das die Anfangsphase der Infektion charakterisiert. Könnte sich die Ausbreitung auf diese Weise fortsetzen, wären schon nach zehn Infektionsgenerationen mehr als 1000 Menschen infiziert. Zehn Schritte weiter, und die Opferzahl würde auf über eine Million steigen.

Genau wie bei der Verbreitung einer viralen Idee, der Weitergabe eines Kettenbriefs, dem Wachstum einer Bakterienkolonie oder einer Bevölkerungsexplosion überlebt das von der Basisreproduktionszahl vorausgesagte exponentielle Wachstum in der Regel nur selten die ersten Generationen. Ausbrüche haben letztlich einen Höhepunkt und sterben dann wegen der abnehmenden Häufigkeit der Kontakte zwischen Infizierten und Anfälligen ab. Am Ende, selbst wenn kein Infektiöser mehr übrig und der Krankheitsausbruch offiziell zu Ende ist, bleiben einige Infizierbare übrig. Damals, in den 1920er-Jahren, entwickelten Kermack und McKendrick eine Formel, die anhand der Basis-

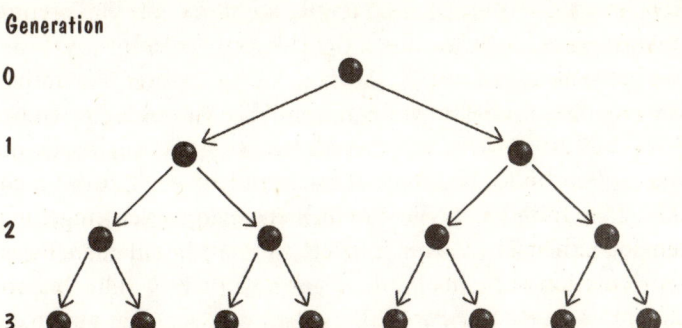

Abbildung 23: *Exponentielle Ausbreitung einer Krankheit mit einer Basisreproduktionszahl R_0 von 2. Das ursprünglich infizierte Individuum wird als nullte Generation definiert. In der vierten Generation werden 16 neue Individuen infiziert.*

reproduktionszahl voraussagte, wie viele weiterhin infizierbare Individuen nach Beendigung des Ausbruchs noch übrig blieben. Frühe Schätzungen der Basisreproduktionszahl von SARS-CoV-2 lagen zwischen 1,5 und 4. Optimistisch betrachtet, mit einer geschätzten R_0 von etwa 1,5 käme Kermacks und McKendricks Formel auf etwa 58 Prozent der Bevölkerung, die ohne Intervention von Covid-19 betroffen sein könnte. Pessimistisch betrachtet, also bei einer Schätzung für R_0 von 4, sagt das Modell voraus, dass nur 2 Prozent der Älteren die Krankheit ohne Behandlung unbeschadet überleben würden.

Die Basisreproduktionszahl ermöglicht eine universell einsetzbare Beschreibung eines Ausbruchs, weil sie alle Feinheiten der Krankheitsübertragung in einer einzigen Zahl zusammenfasst. Von der Art, wie die Infektion sich im Körper ausbreitet, über den Übertragungsweg bis hin zur Gesellschaftsstruktur, in der sie sich verbreitet, erfasst R_0 alle wichtigen Merkmale eines Ausbruchs und gibt uns die Möglichkeit, adäquat zu reagieren. Typischerweise besteht R_0 aus drei Komponenten: der Größe der Population, der Infektionsrate und der Gesundungs- beziehungsweise Todesrate. Werden die beiden ersten Faktoren größer, steigt auch R_0, während sie bei Zunahme der Gesundungsrate kleiner wird. Je größer die Bevölkerungszahl und je schneller sich die Krankheit zwischen den Individuen verbreitet, desto wahrscheinlicher wird ein Ausbruch. Je schneller ein Patient sich erholt (oder stirbt), desto weniger Zeit hat er, die Krankheit weiterzugeben, sodass die Wahrscheinlichkeit eines Ausbruchs sinkt. Bei vielen Humaninfektionen können wir nur die beiden ersten Faktoren beeinflussen. Obwohl Antibiotika oder antivirale Medikamente den Krankheitsverlauf abkürzen können, hängt die Gesundungs- und Sterberate von Eigenschaften ab, die im Krankheitserreger selbst begründet liegen. Eine mit R_0 eng verwandte Größe ist die *effektive* Reproduktionszahl (auch R_e abgekürzt) – die mittlere Anzahl Infektionen, die ein infektiöses Individuum zu einem bestimmten Zeitpunkt des fortschreitenden Ausbruchs verursacht. Wenn es gelingt, R_e durch geeignete Maßnahmen unter einen Wert von 1 zu senken, ebbt die Krankheit ab.

Obwohl eminent wichtig für die Krankheitsbekämpfung, verrät R_0 nichts darüber, wie gefährlich die Erkrankung für ein einzelnes Individuum ist.

Den Anteil der Infizierten, die letztlich an der Infektion sterben, an der Gesamtzahl der Erkrankten nennt man Falltodesrate oder auch Fallsterblichkeit. Eine extrem infektiöse Krankheit, wie die Masern, mit einer R_0 zwischen 12 und 18, hat eine relativ niedrige Falltodesrate im Vergleich zu den 50 bis 70 Prozent der Ebola-Patienten, die letztlich der Krankheit erliegen. Folglich werden die Masern als weniger ernst angesehen als Ebola, obwohl Ebola eine viel kleinere R_0 von um die 1,5 hat.

Frühe Schätzungen der Falltodesrate von Covid-19 lagen zwischen 0,25 und 3,5 Prozent. Aber es ist wichtig, im Hinterkopf zu behalten, dass die Falltodesrate keine biologische Konstante ist. Sie hängt von den sozialen Gegebenheiten, der individuellen Reaktion auf die Krankheit und von demografischen Faktoren ab. Beispielsweise scheinen die Falltodesraten für Covid-19 stark mit dem Alter der Patienten zu variieren, wobei Ältere am stärksten betroffen sind.

Es mag überraschen, dass Krankheiten mit hohen Sterberaten eher weniger infektiös sind. Wenn eine Krankheit zu viele Opfer in zu kurzer Zeit tötet, verringert sie ihre Chancen, weitergegeben zu werden. Krankheiten, die die meisten Befallenen töten und sich zudem schnell ausbreiten, sind äußerst selten; meistens trifft man sie in Katastrophenfilmen an. Obwohl eine hohe Sterberate die Angst, die mit einem Ausbruch einhergeht, ganz wesentlich erhöht, können Krankheiten mit hohem R_0, aber geringerer Fallsterblichkeit (man denke an Covid-19 im Vergleich zu Ebola) wegen der hohen Zahl an Infizierten unter dem Strich noch mehr Menschen umbringen.

Die Mathematik macht klare Ansagen: Sobald man beschlossen hat, dass eine Krankheit bekämpft werden muss, sagen die Sterberaten wenig Nützliches darüber aus, wie man die Ausbreitung verlangsamen kann. Die drei Faktoren jedoch, die R_0 zusammenfasst, geben Anhaltspunkte für wichtige Interventionen, die eine tödliche Krankheit stoppen können, bevor sie sich ungezügelt verbreitet.

Kontrolle übernehmen

Eine der effektivsten Möglichkeiten, die Verbreitung einer Krankheit einzudämmen, ist die Impfung. Indem man die Menschen unmittelbar von »anfällig« in »resistent« überführt und damit den infektiösen Status überspringt, reduziert das im Endeffekt die Größe der infizierbaren Population. Impfen ist jedoch eine typisch vorbeugende Maßnahme, um die Wahrscheinlichkeit eines Krankheitsausbruchs zu verringern. Wie wir alle bei der SARS-CoV-2 Pandemie beobachten konnten, ist es häufig unpraktikabel, einen wirkungsvollen Impfstoff in einem vernünftigen Zeitrahmen zu entwickeln und zu testen, wenn ein Ausbruch erst einmal voll im Gange ist.

Eine alternative Strategie, die man bei Tierseuchen einsetzt und die die effektive Reproduktionszahl genauso verringert, ist die Keulung. Als Großbritannien 2001 im Griff der Maul- und Klauenseuche war, entschloss man sich zum Keulen. Indem man die infizierten Tiere schlachtete, wurde die bis zu drei Wochen lange Infektionszeit auf wenige Tage reduziert, wodurch sich R_e drastisch verringerte. Bei diesem Ausbruch reichte Keulung aber nicht aus, um die Krankheit unter Kontrolle zu bekommen. Einige Infizierte schlüpften unweigerlich durch die Kontrollen und riefen dadurch Infektionen bei anderen Tieren in der Nähe hervor. Als Gegenoffensive führte die Regierung eine »Ringkeulung« ein, bei der Tiere im Umkreis von drei Kilometern einer befallenen Farm geschlachtet wurden. Auf den ersten Blick scheint das Töten nicht-infizierter Tiere eine sinnlose Angelegenheit zu sein. Weil es jedoch die Populationsgröße anfälliger Tiere lokal verringert – einer der Faktoren, die zur Reproduktionszahl beitragen –, folgt aus der Mathematik, dass diese Maßnahme die Ausbreitung der Krankheit verlangsamt.

Bei Ausbrüchen von Humankrankheiten in nicht geimpften Bevölkerungen kommt Keulen eindeutig nicht infrage. Dagegen können Quarantäne und Isolation sich als äußerst effiziente Möglichkeiten erweisen, die Übertragungsrate und damit die Reproduktionszahl zu reduzieren. Indem man infektiöse Patienten isoliert, verringert man die Ausbreitungsrate, und Gesunde unter Quarantäne zu stellen verkleinert die tatsächlich anfällige Population. Beide Maßnahmen tragen zur Verringerung der Reproduktionszahl bei. So bekam man durch strikte Quarantänemaßnahmen den letzten Pockenausbruch in Europa (Jugoslawien 1972) schnell unter Kontrolle. An die 10 000 potenziell infektiöse Personen wurden in Hotels kaserniert, unter Bewachung eigens dafür abgestellter Truppen, bis die Gefahr neuer Infektionen gebannt war.

In weniger extremen Fällen können einfache Anwendungen mathematischer Modelle die optimale Dauer einer etwaigen Isolation infizierter Patienten nahelegen.[130] Aus ihnen kann sich auch ergeben, ob man einen Teil der nicht-infizierten Bevölkerung unter Quarantäne stellt oder nicht, wobei man die Kosten dieser Maßnahme gegen das Risiko eines sich verschlimmernden Ausbruchs der Krankheit abwägen muss. Diese Art mathematischer Modellierung hat ihren Wert in Situationen, in denen es unpraktikabel oder unethisch wäre, Feldstudien zur Krankheitsausbreitung durchzuführen. Zum Beispiel wäre es unmenschlich, während eines Krankheitsausbruchs einem Teil der Bevölkerung lebensrettende Interventionen einer medizinischen Studie wegen zu verwehren. Genauso wäre es in der realen Welt unpraktikabel, einen Großteil der Bevölkerung für längere Zeit unter Quarantäne zu stellen. Beim Durchlauf einer mathematischen Simulation spielen solche Erwägungen keine Rolle. Man kann Modelle testen, in denen alle in Quarantäne kommen oder niemand oder irgendetwas dazwischen, um die ökonomischen Auswirkungen einer derart verschärften Isolation gegen deren Auswirkungen auf die Ausbreitung der Krankheit abzuwägen.

Darin zeigt sich die wahre Schönheit der mathematischen Epidemiologie: die Möglichkeit, Szenarien durchzuspielen, die in der realen Welt nicht möglich wären; und zuweilen ergeben sich dabei sogar überraschende und der Intuition zuwiderlaufende Ergebnisse. So hat die Mathematik zum Beispiel gezeigt, dass für Krankheiten wie die Windpocken Isolation und Quarantäne die falsche Strategie sein können. Würde man kranke und gesunde Kinder trennen, führte das zweifellos zu vermehrtem Schul- und Arbeitsausfall, und das nur, um den Ausbruch einer gemeinhin als eher harmlos geltenden Krankheit zu verhindern. Noch schlimmer ist aber vielleicht, dass man mit der Kasernierung gesunder Kinder den Zeitpunkt einer Erkrankung dieser Kinder auf ein späteres Lebensalter verschiebt, wenn die Komplikationen einer Windpockenerkrankung wesentlich schlimmer sein können. Solche intuitiv uneinsichtigen Auswirkungen einer scheinbar angemessenen Strategie wie der Isolation wären ohne mathematische Simulation dieser Eingriffe vielleicht nie richtig verstanden worden.

Während Quarantäne und Isolation unerwartete Konsequenzen bei manchen Krankheiten zeitigen, funktionieren sie bei anderen schlicht überhaupt nicht. Mathematische Modelle der Krankheitsausbreitung zeigen, dass der Erfolgsgrad einer Quarantänestrategie vom Zeitpunkt der höchsten Infektiosität (Ansteckungsgefahr) abhängt.[131] Eine in den Anfangsstadien, wenn die Patienten noch keine Symptome zeigen, besonders ansteckende Krankheit kann sich schnell auf die Mehrheit der zu erwartenden Opfer ausbreiten, bevor man sie isolieren kann. Zum Glück erfolgt die Mehrzahl der Infektionen bei Ebola – einer Krankheit, bei der viele andere Kontrollmöglichkeiten verwehrt sind – erst dann, wenn Patienten bereits Symptome zeigen und isoliert werden können.

Tatsächlich ist der infektiöse Zeitraum bei Ebola so extrem lang, dass selbst nach dem Tod eines Opfers sein Virengehalt noch hoch bleibt, das heißt, Verstorbene können weiterhin Personen infizieren, die mit der Leiche in Kontakt kommen. Ausgerechnet das Begräbnis einer Heilerin in Sierra Leone war einer der Hauptausbruchsorte bei der frühen Ausbreitung der Krankheit. Mit der rapiden Zunahme der Fälle in Guinea wurden die Menschen immer verzweifelter. Ebola-Patienten aus Guinea gingen nach Sierra Leone, erhofften sich Rettung von der Medizinfrau, von deren Heilkräften sie gehört hatten. Wenig verwunderlich wurde die Heilerin kurz darauf selbst krank und starb. Ihre Bestattung zog Hunderte Trauernde an, die alle die üblichen Bestattungsrituale vollzogen, wozu Waschen und Berühren des Leichnams gehörten. Dieses einzelne Ereignis ließ sich direkt mit 350 Ebola-Toten in Verbindung bringen und förderte die Ausbreitung der Krankheit über ganz Sierra Leone.

Im Jahr 2014, ungefähr zur Zeit des Höhepunktes der Ebola-Epidemie, kam eine mathematische Modellierung zu dem Schluss, dass nahezu 22 Prozent aller neu auftretenden Ebola-Fälle auf verstorbene Opfer zurückzuführen waren.[132] Aus derselben Studie ergab sich, dass der Verzicht auf traditionelle Praktiken wie Beerdigungsrituale die Reproduktionszahl so weit verringern würde, dass die Krankheit sich nicht weiter ausbreiten könnte. Eine der wichtigsten Maßnahmen, die die westafrikanischen Regierungen und in der Region tätige Hilfsorganisationen durchsetzten, waren Beschränkungen der traditionellen Begräbnisrituale, die zugleich sicherstellten, dass Ebola-Opfer sicher und würdig bestattet wurden. Mit Aufklärungskampagnen über Alternativen zu den traditionellen Praktiken im Verein mit Reisebeschränkungen auch für scheinbar gesunde Personen brachte man den Ebola-Ausbruch schließlich zum Erliegen. Am 9. Juni 2016, nahezu zweieinhalb Jahre nach Emile Ouamounos Infektion, wurde der westafrikanische Ebola-Ausbruch schließlich für beendet erklärt.

Herdenimmunität

Mathematische Modelle der Epidemiologie können nicht nur helfen, Infektionskrankheiten zu bekämpfen, sie sind auch von Nutzen, wenn es um das Verständnis der ungewöhnlichen Merkmale unterschiedlicher Krankheitslandschaften geht. Zum Beispiel gibt es bei Mumps und Röteln eine Reihe interessanter Fragen: Warum suchen uns diese Krankheiten in regelmäßigen Abständen heim und befallen vornehmlich Kinder? Haben sie vielleicht eine besondere Vorliebe für eine schwer fassbare Eigenschaft der Kindheit? Und warum haben sie so lange in unserer Gesellschaft überlebt? Warten sie vielleicht wie Schläfer jahrelang zwischen den Ausbrüchen auf den richtigen Zeitpunkt, um unsere Schwächsten zu treffen?

Der Grund für das typische periodische Ausbruchsmuster

dieser Kinderkrankheiten liegt in der Abhängigkeit der effektiven Reproduktionszahl vom anfälligen Bevölkerungsanteil. Eine Krankheit wie Scharlach verschwindet nach einem größeren Ausbruch in der ungeschützten Kinderpopulation keineswegs. Sie bleibt virulent, aber ihre Reproduktionszahl schwankt um den Wert 1. Die Krankheit erhält sich so gerade eben selbst. Im Lauf der Zeit altert die Bevölkerung, und eine neue ungeschützte Kindergeneration wird geboren. Mit dem Anwachsen des ungeschützten Bevölkerungsanteils steigt die Reproduktionszahl immer weiter an und erhöht damit die Wahrscheinlichkeit eines erneuten Krankheitsausbruchs. Wenn dieser dann tatsächlich eintritt, sind die Opfer in der Regel am ungeschützten jüngeren Ende der Alterspyramide angesiedelt, weil die älteren Bevölkerungsteile die Krankheit schon durchgemacht haben und deshalb immun sind. Diejenigen, die nicht im Kindesalter infiziert wurden, genießen typischerweise ein wenig Schutz durch die Tatsache, dass sie weniger mit der Altersgruppe der Infizierten zu tun haben.

Die Idee, dass eine große Population immunisierter Individuen die Ausbreitung einer Krankheit verlangsamen oder sogar stoppen kann, so wie bei den Ruhephasen zwischen den Ausbrüchen von Kinderkrankheiten, ist ein mathematisches Konzept, bekannt unter dem Namen »Herdenimmunität«. Erstaunlicherweise muss nicht jedes Individuum gegen die Krankheit immun sein, damit die Bevölkerung als Ganzes geschützt ist. Mit der Reduzierung der Reproduktionszahl auf Werte unter 1 können die Übertragungswege gekappt und kann die Krankheit gestoppt werden.

Grob vereinfacht gesagt bedeutet Herdenimmunität, dass immungeschwächte Personen, die Älteren, Schwangere und andere Hochrisikopatienten vom Schutz durch die Immunität der übrigen Menschen profitieren können.

Die britische Regierung schien in den Anfangstagen des Covid-19-Ausbruchs mit dem Gedanken der Herdenimmunität als Gegenmaßnahme zu spielen. Wenn es aber keinen Impfstoff gibt, kann man Immunität nur dadurch erlangen, dass man die Krankheit durchmacht und gesundet. In Anbetracht der Fallsterblichkeit bei Covid-19 würde das den Tod vieler Tausend Menschen bedeuten. Daher überrascht es nicht, dass die britische Regierung schnell wieder von diesem Vorschlag Abstand nahm.

Der Schwellenwert für die Mindestgröße des immunisierten Bevölkerungsanteils, der nötig ist, um die Anfälligen zu schützen, variiert mit der Infektiosität der Krankheit. Der Schlüssel für diese Größe liegt in der Basisreproduktionszahl.

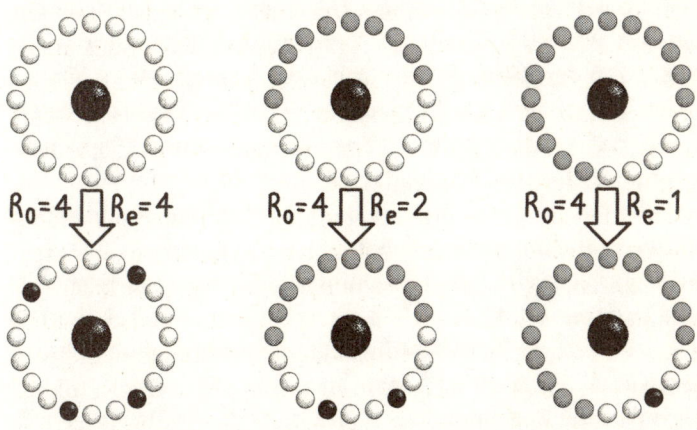

Abbildung 24: *Ein einzelnes infektiöses Individuum (schwarz) trifft im Verlauf der Wochen, während deren es infektiös ist, auf 20 anfällige (weiß) oder geimpfte (grau) Individuen. Wenn niemand geimpft ist (linke Spalte), infiziert ein infektiöses Individuum vier weitere; die Basisreproduktionszahl R_0 ist 4. Ist die Hälfte der Bevölkerung geimpft (mittlere Spalte), werden nur zwei anfällige Personen infiziert; die effektive Reproduktionszahl R_e verringert sich auf 2. Wenn schließlich drei Viertel der Bevölkerung geimpft sind (rechte Spalte), wird im Mittel nur eine weitere Person infiziert; R_e ist damit auf den kritischen Wert 1 gedrückt.*

Schauen wir uns zum Beispiel eine mit dem Grippevirus infizierte Person an. Wenn sie in der Woche, während deren sie infektiös ist, 20 anfällige Personen trifft und vier davon sich anstecken, hat die Basisreproduktionszahl den Wert 4. Jedes anfällige Individuum wird mit Wahrscheinlichkeit 1/5 (4 von 20) angesteckt. Das illustriert, wie die Reproduktionszahl von der Größe der anfälligen Bevölkerung abhängt. Wenn unser Grippepatient nur zehn Leute getroffen hätte (wie in der mittleren Spalte von Abbildung 24), hätte er bei derselben Übertragungswahrscheinlichkeit lediglich zwei von ihnen angesteckt und damit die effektive Reproduktionszahl von 4 auf 2 halbiert.

Die effektivste Möglichkeit, die Größe der anfälligen Population zu verringern, ist Impfen. Die Frage, wie viele Menschen geimpft werden müssen, um Herdenimmunität zu erreichen, hängt von der Reduktion der effektiven Reproduktionszahl auf einen Wert unter 1 ab. Würden drei Viertel der Bevölkerung geimpft, dann wäre von den 20 Kontakten, die unser Grippepatient innerhalb einer Woche hat, nur noch ein Viertel (also fünf) anfällig (wie in der rechten Spalte von Abbildung 24). Im Mittel würde nur einer von ihnen infiziert. Es ist kein Zufall, dass die kritische Schwelle, um Herdenimmunität für eine Krankheit mit Basisreproduktionszahl 4 zu erreichen, bei drei Vierteln (also $1 - 1/4$) der Bevölkerung liegt, die geimpft werden müssten. Ganz allgemein darf man höchstens den Anteil $1/R_0$ der Bevölkerung ungeimpft lassen und muss die restlichen $1 - 1/R_0$ schützen, wenn man Herdenimmunität erreichen will. Bei den Pocken, deren R_0 um die 4 liegt, kann man es sich leisten, 25 Prozent der Bevölkerung ungeschützt zu lassen. 80 Prozent gegen Pocken Geimpfte (5 Prozent über den kritischen 75 Prozent) reichten 1977 aus, eine der größten Errungenschaften unser Spezies zu vollenden – eine Krankheit völlig vom Antlitz der Erde zu tilgen. Das ist bislang bei keiner anderen Krankheit gelungen.

Die schwächenden und gefährlichen Folgen einer Pockeninfektion allein machten sie zu einem lohnenden Ziel für die

Ausrottung. Ihre niedrige kritische Immunisierungsschwelle machte sie zudem zu einem leichten Ziel. Gegen viele Krankheiten kann man sich schwerer schützen, weil sie sich leichter verbreiten. Bei Windpocken, mit einem R_0 von schätzungsweise 10, müsste man 9/10 der Bevölkerung immunisieren, damit die übrigen effektiv geschützt wären und die Krankheit ausgerottet würde. Bei den Masern, mit der bei Weitem höchsten Infektiosität der von Mensch zu Mensch übertragenen Krankheiten (ihr R_0 wird auf 12 bis 18 geschätzt), müssten zwischen 92 und 95 Prozent der Bevölkerung geimpft werden. Eine Untersuchung, die den Ausbruch simulierte, der 2015 in Disneyland begann – bei dem auch Mobius Loop angesteckt wurde –, ergab bei denen, die den Krankheitserregern ausgesetzt waren, Impfquoten von 50 Prozent, weit unterhalb der Schwelle, die man für Herdenimmunität braucht.[133]

Mr MMR

Seit der Einführung der kombinierten Impfung gegen Masern, Mumps und Röteln (MMR) in England im Jahr 1988 ist die Impfquote bei Masern ständig gestiegen. Im Jahr 1996 erreichte sie ein Allzeithoch von 91,8 Prozent – nahe der kritischen Schwelle für die Ausrottung der Masern. Dann, 1998, geschah etwas, das den Impfprozess um Jahre zurückwarf.

Diese Katastrophe für die Volksgesundheit wurde aber nicht durch erkrankte Tiere oder gar Fehler in der Gesundheitspolitik verursacht, sondern durch eine düstere Fünf-Seiten-Veröffentlichung in dem angesehenen Medizinjournal *The Lancet*.[134] In dieser Arbeit stellte der Hauptautor, Andrew Wakefield, einen Zusammenhang zwischen der MMR-Impfung und der Autismus-Spektrum-Störung (ASS) her. Auf seine »Ergebnisse« gestützt, rief Wakefield seine eigene Anti-MMR-Kampagne ins Leben und sagte auf einer Pressekonferenz: »Ich kann die weitere Verabreichung dieser Kombination dreier Impfstoffe nicht unterstützen, solange diese Frage nicht geklärt ist.« Die meisten Mainstream-Medien konnten dieser Versuchung nicht widerstehen.

In der *Daily Mail* wurden Artikel darüber unter anderem überschrieben mit »MMR hat meine Tochter getötet«, »Angst vor MMR-Impfung wird bestätigt« und »MMR sicher? Von wegen! Ein Skandal, der immer schlimmer wird«. In den Jahren nach Wakefields Artikel verbreitete sich die Geschichte lawinenartig und wurde zur größten britischen Wissenschaftsstory des Jahres 2002. Während sie die Ängste beunruhigter Eltern nährte, erwähnte die Darstellung in den Medien typischerweise nicht, dass Wakefields Studie an gerade einmal zwölf Kindern durchgeführt worden war, viel zu wenig, um daraus sinnvolle Schlussfolgerungen für die Allgemeinheit zu ziehen. Jeder Ansatz von Kritik an der Untersuchung ging in den Warnrufen der meisten Nachrichtenblätter unter. In der Folge verweigerten mehr und mehr Eltern die Erlaubnis zum Impfen ihrer Kinder. In den zehn Jahren nach Veröffentlichung des anrüchigen *Lancet*-Artikels sollte die Quote der MMR-Geimpften von über 90 auf unter 80 Prozent fallen. Offiziell bestätigte Masernfälle stiegen von 56 im Jahr 1998 auf über 1300 zehn Jahre später. Mumpserkrankungen, die während der 1990er-Jahre weniger verbreitet waren, schossen plötzlich in die Höhe.

Während das Auftreten von Masern, Mumps und Röteln weiter zunahm, machte sich 2001 der Investigativjournalist Brian Deer daran, Wakefields Arbeit als Betrug zu entlarven. Deer berichtete, Wakefield habe vor dem Einreichen seines Artikels von Anwälten, die den Impfstoffherstellern etwas anhängen wollten, 400 000 Pfund erhalten. Deer brachte auch Dokumente ans Tageslicht, die, so behauptete er, zeigten, dass Wakefield Patente für einen Impfstoff angemeldet hatte, der mit dem MMR-Vakzin konkurrierte. Vor allem aber behauptete Deer, nachweisen zu können, dass Wakefield Daten in seiner Veröffentlichung manipuliert hatte, um die Verbindung zu Autismus vorzutäuschen. Deers Indizien für Wakefields wissenschaftlichen Betrug und extreme Interessenkonflikte führten schließlich zum peinlichen Widerruf der Veröffentlichung durch die *Lancet*-Herausgeber. 2010 erhielt Wakefield Berufsverbot als Arzt. In den 20 Jahren seit Wakefields ursprünglicher Veröffentlichung haben mindestens 14 umfassende Studien an Hunderttausenden Kindern weltweit keine Anzeichen für eine Beziehung zwischen MMR und Autismus gefunden. Leider dauert Wakefields Einfluss trotzdem immer noch an.

***

Obwohl die Impfquote in Großbritannien wieder auf Werte vor der Gegenkampagne zurückgekehrt ist, sinkt sie in den Industrieländern insgesamt, und Masernfälle nehmen zu. In Europa gab es 2018 mehr als 60 000 Masernerkrankungen, von denen 72 tödlich verliefen – doppelt so viele wie im Vorjahr. Das ist hauptsächlich dem Aufkommen einer wachsenden Anti-Impf-Bewegung geschuldet. Die Weltgesundheitsorganisation zählte 2019 die sogenannte »Impfzögerlichkeit« zu den zehn schlimmsten Gesundheitsrisiken weltweit. Die *Washington Post* schreibt, wie viele andere auch, den Anstieg der Impfgegnerzahlen direkt Wakefield zu und nennt ihn den »Gründer der modernen Anti-Impf-Bewegung«. Die Glaubenssätze dieser Bewegung haben sich jedoch über Wakefields mittlerweile widerlegte Erkenntnisse hinaus beträchtlich erweitert. Sie reichen von der Behauptung, Impfstoffe würden gefährliche Mengen giftiger Chemikalien enthalten, bis zu Vorwürfen, dass sie Kinder in Wirklichkeit mit den Krankheiten infizierten, gegen die sie schützen sollen. Tatsächlich entstehen giftige Chemikalien wie Formaldehyd in größeren Mengen in unserem eigenen Stoffwechsel als die winzigen Spuren, die man in Impfstoffen findet. Und extrem selten rufen Impfstoffe die Krankheit hervor, gegen die sie schützen sollen, vor allem bei ansonsten gesunden Individuen.

Trotz zahlreicher überzeugender Widerlegungen ihrer Behauptungen hat es die Anti-Impf-Rhetorik durch den Zuspruch von Berühmtheiten wie Jim Carrey, Charlie Sheen und Donald Trump zu einigem Ansehen gebracht. Wakefield selbst schwang sich zu unglaublichem Prominentenstatus auf, als er sich 2018 Seite an Seite mit dem früheren Supermodel Elle Macpherson zeigte.

Zusätzlich zum Aufkommen von Promi-Aktivismus sind die sozialen Medien erstarkt, wodurch diese Leute ihre Ansichten ungefiltert direkt an ihre Fans weitergeben können. Mit dem Schwinden des Vertrauens in die Mainstream-Medien wenden sich die Menschen verstärkt diesen Echoräumen zu, in denen sie sich rückversichern. Der Aufstieg dieser alternativen Plattformen hat der Anti-Impf-Bewegung zu Wachstum verholfen, unbehelligt und unbestritten durch evidenzbasierte Wissenschaft. Wakefield selbst beschrieb das Aufkommen sozialer Medien sogar als »wunderbare Entwicklung« – wohl für seine eigenen Zwecke.

***

Jeder kann die Wahrscheinlichkeit beeinflussen, sich eine infektiöse Krankheit einzufangen: Urlaub in exotischen Ländern machen oder nicht, die Entscheidung treffen, mit wem man die Kinder spielen lässt oder nicht, sich in überfüllte öffentliche Verkehrsmittel begeben oder nicht. Sind wir bereits krank, eröffnen sich weitere Möglichkeiten, die Ansteckungsgefahr für andere zu beeinflussen: das lang erwartete Wiedersehen mit alten Freunden absagen oder nicht, die Kinder zur Schule schicken oder nicht, beim Husten den Mund bedecken oder nicht. Die wichtige Entscheidung, ob man sich und die, für die man verantwortlich ist, impfen lässt, kann man nur im Voraus treffen. Sie beeinflusst nicht nur unser Risiko, sich anzustecken, sondern auch, Krankheiten weiterzugeben.

Manche dieser Entscheidungen verursachen keine Kosten, was die Entscheidung erleichtert. Sich in ein Taschentuch zu schnäuzen, kostet nichts. Die simple Handlung, sich häufig und gründlich die Hände zu waschen, verringert nachweislich die effektive Reproduktionszahl von Atemwegserkrankungen wie der Grippe um ganze ¾. Bei manchen Erkrankungen könnte das reichen, um unter den Schwellenwert von R_0 zu kommen, unterhalb dessen eine Infektionskrankheit nicht ausbrechen kann.

Andere Entscheidungen stellen uns vor größere Probleme. Es ist immer verführerisch, die Kinder zur Schule zu schicken, obwohl wir wissen, dass sich damit die Anzahl potenziell infektiöser Kontakte und damit die Wahrscheinlichkeit für den Ausbruch einer Epidemie erhöhen. Im Kern geht es immer darum, die mit unseren Entscheidungen verbundenen Risiken und Konsequenzen zu verstehen.

Die mathematische Epidemiologie stellt uns ein Rüstzeug zur Verfügung, solche Entscheidungen zu beurteilen und zu verstehen. Sie erklärt, warum es für alle besser ist, nicht zur Arbeit oder zur Schule zu gehen, wenn man krank ist. Sie sagt uns, wann und warum Händewaschen Krankheitsausbrüche verhindern kann, indem es die Ansteckungsgefahr herabsetzt. Manchmal macht sie auch entgegen unserer Intuition klar, dass es nicht immer die schrecklichsten Krankheiten sind, vor denen wir uns am meisten fürchten sollten.

In einem größeren Rahmen stellt die mathematische Epidemiologie Strategien bereit, mit Krankheitsausbrüchen umzugehen und Vorkehrungen zu treffen, sie zu vermeiden. In Verbindung mit zuverlässigen wissenschaftlichen Erkenntnissen zeigt sie, dass Impfen uns kein Kopfzerbrechen bereiten sollte. Es schützt nicht nur uns selbst, sondern auch unsere Familie, unsere Freunde, Nachbarn und Kollegen. Laut Zahlen der WHO werden durch Impfstoffe jährlich weltweit Millionen Todesfälle vermieden, und es könnten weitere Millionen sein, wenn man die globale Impfquote verbessern würde.[135] Impfen ist die beste Möglichkeit, den Ausbruch tödlicher Krankheiten zu verhindern, und die einzige Chance, ihren zerstörerischen Auswirkungen ein Ende zu bereiten. Die mathematische Epidemiologie ist ein Hoffnungsschimmer, ein Schlüssel zum Verständnis, wie wir diese monumentalen Aufgaben in Zukunft bewältigen können.

Epilog

Emanzipation der Mathematik

Mathematik hat unsere Geschichte mitgestaltet: durch unsere Vorfahren, die das Zahlenspiel der Evolution gewannen, und durch die Krankheiten, die unsere Spezies heimgesucht und geformt haben. Unsere Biologie spiegelt die konstanten, unveränderlichen Gesetze der Mathematik wider. Zugleich hat sich unsere mathematische Ästhetik gewandelt, um der eigenen Physiologie Rechnung zu tragen, und unser mathematisches Verständnis hat sich gemeinsam mit uns über Jahrmillionen zu seinem heutigen Stand entwickelt.

Heutzutage ist fast alles, was wir tun, von Mathematik durchdrungen. Sie ist unverzichtbar für Kommunikation und Navigation. Sie hat Kauf- und Verkaufsvorgänge vollständig verändert und Arbeit und Freizeit revolutioniert. In nahezu allen Gerichtssälen und Krankenhausabteilungen ist ihr Einfluss spürbar, ebenso wie im Büro und zu Hause.

Täglich wird von Mathematik Gebrauch gemacht, um bislang unvorstellbare Aufgaben zu bewältigen. Ausgeklügelte Algorithmen erlauben es, sekundenschnell Antworten auf fast alle Fragen zu finden. Die mathematische Leistungsfähigkeit des Internet verbindet Menschen weltweit nahezu ohne Verzögerung. Aufseiten der Gerechtigkeit hilft die Mathematik,

Kriminelle mithilfe der forensischen Archäologie ausfindig zu machen.

Wir dürfen jedoch nicht vergessen, dass die Mathematik nur so gut ist wie die Personen oder die Gesellschaften, die sie handhaben. Schließlich ist es dieselbe Mathematik, die half, dem Kunstfälscher Han van Meegeren auf die Schliche zu kommen, die auch die Atombombe hervorgebracht hat. Auf jeden Fall sollten wir uns bemühen, die mathematischen Werkzeuge, denen wir uns so häufig anvertrauen, in ihrer Gänze zu verstehen. Was mit Empfehlungen für neue Freunde und personalisierter Werbung beginnt, könnte mit dem Verbreiten von Falschnachrichten oder der Auflösung der Privatsphäre enden.

In dem Maß, wie Mathematik ein zunehmend beherrschender Teil des Alltags wird, vervielfältigen sich auch die Möglichkeiten für unerwartete Katastrophen. So häufig, wie wir die wunderbaren Errungenschaften der Mathematik willkommen geheißen haben, die uns bis dato undenkbare Leistungen ermöglichten, so oft haben wir auch die schrecklichen Konsequenzen mathematischer Irrtümer erleben müssen. Sorgfältiger Umgang mit Mathematik hat die Menschheit auf den Mond gebracht, aber sorgloser Umgang mit Mathematik hat auch den viele Millionen teuren Mars Orbiter zerstört. Richtig genutzt kann Mathematik ein machtvolles Instrument der Verbrechensbekämpfung sein, wird sie jedoch von skrupellosen Rechtsverdrehern missbraucht, kann sie Unschuldige ihre Freiheit kosten. Im besten Fall ist Mathematik die Medizintechnologie der ersten Wahl, die Leben rettet, doch im schlimmsten Fall beendet sie Leben durch falsch berechnete Dosierungen. Wir müssen aus mathematischen Irrtümern lernen, damit sie in Zukunft nicht mehr vorkommen, oder noch besser: damit sie sich gar nicht erst wiederholen *können*.

Mithilfe mathematischer Modellierung können wir einen Blick in die Zukunft werfen. Mathematische Modelle beschreiben nicht einfach die Welt, wie sie ist – das sind die Vorgaben, von denen sie ausgehen –, sie lassen auch ein gewisses Maß an

Hellseherei zu. So können wir mit der mathematischen Epidemiologie die zukünftige Entwicklung einer Krankheit voraussehen und geeignete Gegenmaßnahmen treffen, statt immer nur einer Entwicklung hinterherzulaufen. Optimal Stopping verschafft uns die Möglichkeit, die beste Wahl zu treffen, wenn wir nicht alle Möglichkeiten absehen können. Die personalisierte Genanalyse könnte das Verständnis für künftige Krankheitsrisiken revolutionieren, doch nur, wenn es gelingt, die Mathematik zu standardisieren, mit der wir die Resultate interpretieren.

Die Mathematik war immer, ist immer noch und wird auch in Zukunft ein nahezu unsichtbarer Strom sein, der all unserem Tun zugrunde liegt. Doch sollten wir aufpassen, nicht von ihm weggeschwemmt zu werden, indem wir sein Ausbreitungsgebiet überdehnen. Es gibt Gebiete, in denen Mathematik nichts zu suchen hat, Aktivitäten, bei denen menschliche Kontrolle und Aufsicht zweifellos unverzichtbar sind. Auch wenn einige der kompliziertesten geistigen Aufgaben an einen Algorithmus abgegeben werden können, lassen sich Herzensangelegenheiten niemals auf einen simplen Satz Regeln reduzieren. Kein Computercode und keine Gleichung kann jemals die wahre Komplexität der *conditio humana* nachbilden.

Dennoch kann ein wenig mehr mathematische Kenntnis in unserer zunehmend quantitativen Gesellschaft dazu beitragen, uns die Macht der Zahlen zunutze zu machen. Einfache Regeln erlauben es, die beste Wahl zu treffen und die schlimmsten Fehler zu vermeiden. Ein wenig Umdenken in Bezug auf unsere sich rapide verändernde Umwelt hilft, angesichts der beschleunigten Veränderung Ruhe zu bewahren (»keep calm …«) oder uns an die zunehmend automatisierte Wirklichkeit anzupassen. Grundlegende Modelle von Aktion, Reaktion und Interaktion können uns auf die Zukunft vorbereiten, bevor sie eintritt. Die Geschichten von anderer Leute Erfahrungen gehören meines Erachtens zu den einfachsten und wirkungsvollsten Modellen überhaupt. Sie lassen uns aus den Fehlern der Vorgänger ler-

nen, sodass wir, bevor wir zu numerischen Expeditionen auf-
brechen, sicher sind, dass wir die gleiche Sprache sprechen,
unsere Uhren synchronisiert und überprüft haben, ob genug
Benzin im Tank ist.

Der Kampf um mathematische Ertüchtigung ist mit dem
Mut, die scheinbare Autorität derjenigen, die über die Waffen
verfügen, infrage zu stellen und so die Illusion von Gewissheit
zu erschüttern, schon zur Hälfte gewonnen. Wenn wir uns mit
absoluten und relativen Risiken, falschem Studiendesign und
tendenziösen Stichproben auskennen, können wir die Statistiken, die uns die Schlagzeilen entgegenschreien, die »Studien«,
die uns von Anzeigen aufgedrängt werden, oder die Halbwahr-
heiten, die aus dem Mund von Politikern strömen, mit Skepsis
betrachten. Indem wir Ökologische Fehlschlüsse und damit zu-
sammenhängende Ereignisse erkennen, können wir Vorwände
enttarnen und uns weniger von mathematischen Argumenten
täuschen lassen, sei es vor Gericht, in der Schule oder im Krankenhaus.

Wir müssen sicherstellen, dass nicht immer derjenige mit der
schockierendsten Statistik den Disput gewinnt, indem wir eine
Erklärung der Mathematik hinter den Zahlen verlangen. Medizinische Scharlatane dürfen uns nicht potenziell lebenserhal-
tende Behandlungen vorenthalten, wenn ihre alternativen Therapien nicht mehr sind als ein Rückschritt zum Mittelmaß. Wir
dürfen nicht zulassen, dass Impfgegner uns an der Nützlichkeit
von Impfungen zweifeln lassen, wenn die Mathematik beweist,
dass sie Leben retten und eine Krankheit ausrotten können.

Es wird Zeit, dass wir die Dinge wieder selbst in die Hand
nehmen, denn manchmal ist Mathematik wirklich eine Sache
auf Leben und Tod.

Danksagung

Der wichtigste Impuls für *Warum Mathematik (fast) alles ist* als Buch über all die unvermuteten Situationen, in denen Mathematik unser Alltagsleben beeinflusst, rührt von einer betrunkenen Unterhaltung in der Kneipe her, als ich meinen Agenten, Chris Wellbelove, zum ersten Mal persönlich traf. Chris hat sich die Entwürfe eines jeden Exposés und Kapitels angeschaut, die ich ihm geschickt habe, und darüber hinaus so viel mehr getan. Ich schulde ihm großen Dank dafür, dass er es mit mir riskiert und mich erfolgreich durch den Prozess geführt hat, mein erstes Buch zu konzipieren und zu schreiben.

Von dem Tag an, an dem ich bei Quercus unterschrieb, stand meine Lektorin, Katy Follain, hinter mir. Sie hat zahlreiche Entwürfe des Buches geprüft und Vorschläge gemacht, die das Buch unermesslich verbessert haben. Ebenso hatte meine US-amerikanische Lektorin, Sarah Goldberg, einen großen Einfluss auf die Richtung, die das Buch genommen hat. Die Tatsache, dass sich Katy und Sarah die Zeit nahmen und sich zusammensetzten, um mir ein schlüssiges Feedback zu geben, macht mich nur noch dankbarer. Dank ihnen und all den anderen, die bei Quercus und Scribner unermüdlich im Hintergrund gearbeitet haben, um dieses Buch zu ermöglichen.

Großen Dank schulde ich auch all jenen Menschen, die ich kontaktiert habe, während ich dieses Buch schrieb, und die sich freundlicherweise bereitfanden, ihre Geschichten mit mir zu teilen. Ihre Erzählungen von mathematischen Katastrophen und Triumphen sind das Gewebe, das dieses Buch zusammenhält. Dieses Buch zu schreiben wäre einfach nicht möglich gewesen ohne die Zeit und die Großzügigkeit, mit der sie sich bereit erklärt haben, meine lange Liste scheinbar irrelevanter Fragen zu beantworten.

Ich danke auch dem Institute for Mathematical Innovation der University of Bath, das mich während einer vorübergehenden internen Versetzung unterstützt hat. Das war sehr hilfreich und erlaubte es mir, das Buch, das ich mir vorstellte, mit der nötigen Sorgfalt anzufertigen. Ganz allgemein haben mich viele Kollegen im weiteren universitären Bereich, mit denen ich über das Buch gesprochen habe, sehr ermutigt und unterstützt. Meine Alma Mater, das Somerville College in Oxford, stellte mir zudem einen Raum zur Verfügung, wo ich bei Bedarf außerhalb des Hauses arbeiten konnte, und dafür bin ich dankbar.

Zu Beginn des Schreibprozesses, als ich erkannte, dass ich klare Köpfe brauchte, die meine Arbeit kritisierten, wandte ich mich an meine früheren Promotionskollegen und engen Freunde Gabriel Rosser und Aaron Smith. Ohne recht zu wissen, worauf sie sich einließen, willigten sie ein, sich frühe Entwürfe des Manuskripts anzuschauen, obwohl beide kleine Kinder zu Hause hatten und sich mit vielen anderen Komplikationen des Lebens herumschlagen mussten. Ich bin ihnen außerordentlich dankbar für die Verbesserungen, die ihre Kommentare für das Buch bedeuteten.

Mein guter Freund und Kollege Chris Guiver war so nett, mich in der Zeit, in der ich an diesem Buch schrieb, mehr als ein Jahr lang einmal die Woche in seinem Haus logieren zu lassen. Er war ein ausgezeichneter Resonanzboden für meine Ideen und hat mit mir bis tief in die Nacht über das Buch, über die

Wissenschaft und über das Leben im Allgemeinen diskutiert. Chris, du weißt wahrscheinlich gar nicht, wie viel deine Großzügigkeit mir bedeutet hat. Ich danke dir!

Meine Eltern, Tim und Mary, waren all die Zeit hindurch meine standhaftesten Unterstützer. Sie haben das ganze Buch zweimal gelesen. Sie sind mein intelligentes Laienpublikum. Mehr noch als ihre einfühlsamen Kommentare und ihr gründliches Korrekturlesen verdanke ich ihnen jedoch meine Erziehung und meine Werte. Ihr habt mich durch Hochs und Tiefs hindurch unterstützt. Ich werden euch nie genug danken können.

Meines Schwester Lucy hat mir dabei geholfen, die Fäden meiner ersten Ideen zu etwas zu verknüpfen, das einem zusammenhängenden Exposé ähnelte. Es ist keine Übertreibung, wenn ich sage, dass dieses Buch nicht existieren würde ohne die Zeit und Mühe, die sie investierte, um meinen Text einfühlsam zu kritisieren und mich zu Beginn auf den richtigen Weg zu führen.

Eine vielleicht weniger greifbare Dankesschuld gebührt dem breiteren Kreis meiner Familie, die sich unter anderem nie beschwerte, wenn ich mitten in einer Familienfeier einschlief, weil ich die Nacht zuvor lange aufgeblieben war, um an dem Buch zu arbeiten. Die Bedeutung dieser Ruhepause lässt sich gar nicht überschätzen.

Und schließlich komme ich zu den Menschen, die wahrscheinlich am ärgsten unter diesem Buch gelitten haben: meine Familie. Meine Frau Caroline hat das Projekt mit allen Kräften gefördert und sogar an den genetischen Abschnitten des Buches herumgespielt, wenn ich sie ließ. Sie hat nicht nur einen Nachwuchsautor unterstützt, sondern war darüber hinaus auch eine knallharte Mutter und Vollzeit-CEO. Meine Bewunderung für dich ist grenzenlos. Und *last, but not least* danke ich Em und Will; sie haben dafür gesorgt, dass ich die Bodenhaftung nicht verlor. Alle Sorgen verflüchtigen sich, wenn ich nach Hause komme; dann gibt es nichts mehr außer euch beiden. Selbst wenn kein einziges Exemplar von diesem Buch verkauft wird, weiß ich, dass es euch völlig egal ist.

Anmerkungen

Einleitung

1   Pollock, K. H. (1991): »Modeling Capture, Recapture, and Removal Statistics for Estimation of Demographic Parameters for Fish and Wildlife Populations: Past, Present, and Future«, in: *Journal of the American Statistical Association*, *86*(413), 225 (https://doi.org/10.2307/2289733).

2   Doscher, M. L. & Woodward, J. A. (1983): »Estimating the size of subpopulations of heroin users: applications of log-linear models to capture/recapture sampling«, in: *The International Journal of the Addictions*, *18*(2), 167 – 182.
    Hartnoll, R.; Mitcheson, M.; Lewis, R. & Bryer, S. (1985): »Estimating the prevalence of opioid dependence«, in: *The Lancet*, *325*(8422), 203 – 205 (https://doi.org/10.1016/S0140–6736(85)92036–7).
    Woodward, J. A.; Retka, R. L. & Ng, L. (1984): »Construct Validity of Heroin Abuse Estimators«, in: *International Journal of the Addictions*, *19*(1), 93 – 117 (https://doi.org/10.3109/10826088409055819).

3   Spagat, M. (2012): *Estimating the Human Costs of War. The Sample Survey Approach*. Oxford University Press (https://doi.org/10.1093/oxfordhb/9780195392777.013.0014).

Kapitel 1

4   Botina, S. G.; Lysenko, A. M. & Sukhodolets, V. V. (2005): »Elucidation of the Taxonomic Status of Industrial Strains of Thermophilic Lactic Acid Bacteria by Sequencing of 16S rRNA Genes«, in: *Microbiology*, *74*(4), 448 – 452 (https://doi.org/10.1007/s11021-005-0087-7).

5   Cárdenas, A. M.; Andreacchio, K. A. & Edelstein, P. H. (2014): »Prevalence and detection of mixed-population enterococcal bacteremia«, in: *Journal of Clinical Microbiology*, *52*(7), 2604 – 2608 (https://doi.org/10.1128/ JCM.00802–14).
Lam, M. M. C.; Seemann, T.; Tobias, N. J.; Chen, H.; Haring, V.; Moore, R. J.; … Stinear, T. P. (2013): »Comparative analysis of the complete genome of an epidemic hospital sequence type 203 clone of vancomycin-resistant *Enterococcus faecium*«, in: *BMC Genomics*, *14*, 595 (https://doi.org/10.1186/ 1471-2164-14-595).

6   Von Halban, H.; Joliot, F. & Kowarski, L. (1939): »Number of Neutrons Liberated in the Nuclear Fission of Uranium«, in: *Nature*, *143*(3625), 680 (https://doi.org/10.1038/143680a0).

7   Webb, J. (2003): »Are the laws of nature changing with time?«, in: *Physics World*, *16*(4), 33 – 38 (https://doi.org/10.1088/2058–7058/ 16/4/38).

8   Bernstein, J. (2008): *Nuclear weapons. What you need to know*. Cambridge University Press.

9   International Atomic Energy Agency (1996): »Ten years after Chernobyl: what do we really know?«, in: *Proceedings of the IAEA/WHO/EC International conference. One Decade after Chernobyl – Summing Up the Consequences*. Vienna : International Atomic Energy Agency.

10 Greenblatt, D. J. (1985): »Elimination Half-Life of Drugs: Value and Limitations«, in: *Annual Review of Medicine*, *36*(1), 421 – 427 (https://doi.org/ 10.1146/annurev.me.36.020185.002225).Hastings, I. M.; Watkins, W. M. & White, N. J. (2002): »The evolution of drug-resistant malaria: the role of drug elimination half-life«, in: *Philosophical Transactions of the Royal Society of London. Series B: Biological Sciences*, *357*(1420), 505 – 519 https://doi.org/10.1098/rstb.2001.1036).

11 Leike, A. (2002): »Demonstration of the exponential decay law using beer froth«, in: *European Journal of Physics*, *23*(1), 21 – 26 (https://doi.org/ 10.1088/0143–0807/23/1/304).
Fisher, N. (2004): »The physics of your pint: head of beer exhibits exponential decay«, in: *Physics Education*, *39*(1), 34 – 35 (https://doi.org/ 10.1088/0031–9120/39/1/F11).

12 Rutherford, E. & Soddy, F. (1902): LXIV. The cause and nature of radio-activity. Part II. *The London, Edinburgh, and Dublin Philosophical Magazine*

and Journal of Science, 4(23), 569 – 585. https://doi.org/10.1080/
14786440209462881. Rutherford, E. & Soddy, F. (1902): »LXIV. The cause
and nature of radioactivity. Part II«, in: *The London, Edinburgh, and Dublin
Philosophical Magazine and Journal of Science, 4*(21), 370 – 396 (https://doi.
org/10.1080/14786440209462856).

13 Bonani, G.; Ivy, S.; Wölfli, W.; Broshi, M.; Carmi, I. & Strugnell, J. (1992):
»Radiocarbon Dating of Fourteen Dead Sea Scrolls«, in: *Radiocarbon,
34*(03), 843 – 849 – (https://doi.org/10.1017/S0033822200064158).
Carmi, I. (2000): »Radiocarbon Dating of the Dead Sea Scrolls«, in:
L. Schiffman, E. Tov & J. VanderKam (Hg.): *The Dead Sea Scrolls. Fifty Years
after their Discovery. 1947 – 1997* (S. 881).
Bonani, G.; Broshi, M. & Carmi, I.: »14 Radiocarbon Dating of the Dead
Sea Scrolls«, in: *Atiqot,* Israel Antiquities Authority.

14 Starr, C.; Taggart, R.; Evers, C. A. & Starr, L. (2019): *Biology. The unity and
diversity of life*, Cengage Learning.

15 Bonani, G.; Ivy, S. D.; Hajdas, I.; Niklaus, T. R. & Suter, M. (1994): »Ams
14C Age Determinations of Tissue, Bone and Grass Samples from the Ötz-
tal Ice Man«, in: *Radiocarbon, 36*(02), 247 – 250 (https://doi.org/10.1017/
S0033822200040534).

16 Keisch, B.; Feller, R. L.; Levine, A. S. & Edwards, R. R. (1967): »Dating and
authenticating works of art by measurement of natural alpha emitters«, in:
Science 155(3767), 1238 – 1242 (https://doi.org/10.1126/science.155.3767.
1238).

17 Kenna, K. P.; van Doormaal, P. T. C.; Dekker, A. M.; Ticozzi, N.; Kenna, B. J.;
Diekstra, F. P.; … Landers, J. E. (2016): »NEK1 variants confer susceptibility
to amyotrophic lateral sclerosis«, in: *Nature Genetics, 48*(9), 1037 – 1042
(https://doi.org/10.1038/ng.3626).

18 Vinge, V. (1986): *Marooned in realtime*. Bluejay Books/St. Martin's Press.
(deutsch: *Gestrandet in der Realzeit.* Heyne 2018).Vinge, V. (1992): *A fire
upon the deep.* Tor books. (deutsch: *Ein Feuer auf der Tiefe.* Heyne 2018).
Vinge, V. (1993): »The coming technological singularity: How to survive in
the post-human era«, in: *NASA. Lewis Research Center, Vision 21: Inter-
disciplinary Science and Engineering in the Era of Cyberspace.* 11 – 22
(https://ntrs.nasa.gov/search.jsp?R=19940022856).

19 Kurzweil, R. (1999): *The Age of Spiritual Machines. When Computers Exceed
Human Intelligence.* Viking (deutsch: *Homo S@piens. Leben im 21. Jahrhundert – was bleibt vom Menschen?*. Kiepenheuer und Witsch, Köln, 1999)

20 Kurzweil, R. (2004): »The Law of Accelerating Returns«, in: *Alan Turing:
Life and Legacy of a Great Thinker* (S. 381 – 416). Springer (https://doi.org/
10.1007/978-3-662-05642-4_16).

21 Gregory, S. G.; Barlow, K. F.; McLay, K. E.; Kaul, R.; Swarbreck, D.; Dunham,
A.; … Bentley, D. R. (2006): »The DNA sequence and biological annotation

of human chromosome 1«, in: *Nature*, *441*(7091), 315 – 321 (https://doi.
org/10.1038/nature04727).

International Human Genome Sequencing Consortium (2001): »Initial
sequencing and analysis of the human genome«, in: *Nature*, *409*(6822),
860 – 921 (https://doi.org/10.1038/35057062).

Pennisi, E. (2001): »The human genome«, in: *Science*, *291*(5507),
1177 – 1180 (https://doi.org/10.1126/SCIENCE.291.5507.1177).

22 Malthus, T. R. (Ed. Thomas R., & Gilbert, G., 2008): *An essay on the prin-
ciple of population*. Oxford University Press. (deutsch: *Das Bevölkerungs-
gesetz*. dtv 1977).

23 McKendrick, A. G.; & Pai, M. K. (1912): »The Rate of Multiplication of
Micro-organisms: A Mathematical Study«, in: *Proceedings of the Royal
Society of Edinburgh*, *31*, 649 – 653 (https://doi.org/10.1017/
S0370164600025426).

24 Davidson, J. (1938): »On the ecology of the growth of the sheep population
in South Australia«, in: *Trans. Roy. Soc. S. A.*, *62*(1), 11 – 148.
Davidson, J. (1938): »On the growth of the sheep population in Tasmania«,
in: *Trans. Roy. Soc. S. A.*, *62*(2), 342 – 346.

25 Jeffries, S.; Huber, H.; Calambokidis, J. & Laake, J. (2003): »Trends and
Status of Harbor Seals in Washington State: 1978 – 1999«, in: *The Journal of
Wildlife Management*, *67*(1), 207 (https://doi.org/10.2307/3803076).

26 Flynn, M. N. & Pereira, W. R. L. S. (2013): »Ecotoxicology and environmental contamination«, in: *Ecotoxicology and Environmental Contamination*,
8(1), 75 – 85.

27 Wilson, E. O. (2002): *The future of life* (1st ed.). Knopf, Alfred A. (deutsch:
Die Zukunft des Lebens. Siedler 2002).

28 Raftery, A. E.; Alkema, L. & Gerland, P. (2014): »Bayesian Population Projections for the United Nations«, in: *Statistical Science. A Review Journal of
the Institute of Mathematical Statistics*, *29*(1), 58 – 68 (https://doi.org/
10.1214/13-STS419).
Raftery, A. E.; Li, N.; Ševčíková, H.; Gerland, P. & Heilig, G. K. (2012):
»Bayesian probabilistic population projections for all countries«, in: *Proceedings of the National Academy of Sciences of the United States of America*,
109(35), 13915 – 13921 (https://doi.org/10.1073/pnas.1211452109).
United Nations Department of Economic and Social Affairs Population
Division (2017): »World Population Prospects: The 2017 Revision, Key
Findings and Advance Tables«, *ESA/P/WP/2*.

29 Block, R. A.; Zakay, D. & Hancock, P. A. (1999): »Developmental
Changes in Human Duration Judgments. A Meta-Analytic Review«, in:
Developmental Review, *19*(1), 183 – 211 (https://doi.org/10.1006/DREV.
1998.0475).

30 Mangan, P.; Bolinskey, P. & Rutherford, A. (1997). Underestimation of time

during aging: the result of age-related dopaminergic changes. In *Annual Meeting of the Society for Neuroscience.*

31 Craik, F. I. M.; & Hay, J. F. (1999): »Aging and judgments of duration: Effects of task complexity and method of estimation«, in: *Perception & Psychophysics, 61*(3), 549–560 (https://doi.org/10.3758/BF03211972).

32 Church, R. M. (1984): »Properties of the Internal Clock«, in: *Annals of the New York Academy of Sciences, 423*(1), 566–582 (https://doi.org/10.1111/j.1749–6632.1984.tb23459.x).
Craik, F. I. M. & Hay, J. F. (1999): »Aging and judgments of duration: Effects of task complexity and method of estimation«, in: *Perception & Psychophysics, 61*(3), 549–560 (https://doi.org/10.3758/BF03211972).
Gibbon, J.; Church, R. M. & Meck, W. H. (1984): »Scalar Timing in Memory«, in: *Annals of the New York Academy of Sciences, 423* (1 Timing and Ti), 52–77 (https://doi.org/10.1111/j.1749–6632.1984.tb23417.x).

33 Pennisi, E. (2001): »The human genome«, in: *Science (New York, N. Y.), 291*(5507), 1177–1180 (https://doi.org/10.1126/SCIENCE.291.5507.1177).

34 Stetson, C.; Fiesta, M. P. & Eagleman, D. M. (2007): »Does Time Really Slow Down during a Frightening Event?«, in: *PLoS ONE, 2*(12), e1295 (https://doi.org/10.1371/journal.pone.0001295).

Kapitel 2

35 Farrer, L. A.; Cupples, L. A.; Haines, J. L.; Hyman, B.; Kukull, W. A.; Mayeux, R.; … Duijn, C. M. van. (1997): »Effects of Age, Sex, and Ethnicity on the Association Between Apolipoprotein E Genotype and Alzheimer Disease«, in: *JAMA, 278*(16), 1349 (https://doi.org/10.1001/jama.1997.03550160069041).
Gaugler, J.; James, B.; Johnson, T.; Scholz, K. & Weuve, J. (2016): 2016 Alzheimer's disease facts and figures«, in: *Alzheimer's & Dementia, 12*(4), 459–509 (https://doi.org/10.1016/J.JALZ.2016.03.001).
Genin, E.; Hannequin, D.; Wallon, D.; Sleegers, K.; Hiltunen, M.; Combarros, O.; … Campion, D. (2011): »APOE and Alzheimer disease: a major gene with semi-dominant inheritance«, in: *Molecular Psychiatry, 16*(9), 903–907 (https://doi.org/10.1038/mp.2011.52).
Jewell, N. P. (2004): *Statistics for epidemiology.* Chapman & Hall/CRC.
Macpherson, M.; Naughton, B.; Hsu, A. and Mountain, J. (2007): »Estimating Genotype-Specific Incidence for One or Several Loci«, 23andMe.
Risch, N. (1990): »Linkage strategies for genetically complex traits. I. Multilocus models«, in: *American Journal of Human Genetics, 46*(2), 222–228.

36 Kalf, R. R. J.; Mihaescu, R.; Kundu, S.; de Knijff, P.; Green, R. C. & Janssens,

A. C. J. W. (2014): »Variations in predicted risks in personal genome testing for common complex diseases«, in: *Genetics in Medicine*, *16*(1), 85 – 91 (https://doi.org/10.1038/gim.2013.80).

37 Quetelet, L. A. J. (1994): »A Treatise on Man and the Development of His Faculties«, in: *Obesity Research*, *2*(1), 72 – 85 (https://doi.org/10.1002/j.1550–8528.1994.tb00047.x).

38 Keys, A.; Fidanza, F.; Karvonen, M. J.; Kimura, N. & Taylor, H. L. (1972): »Indices of relative weight and obesity«, in: *Journal of Chronic Diseases*, *25*(6 – 7), 329 – 343 (https://doi.org/10.1016/0021–9681(72)90027–6).

39 Tomiyama, A. J.; Hunger, J. M.; Nguyen-Cuu, J. & Wells, C. (2016): »Misclassification of cardiometabolic health when using body mass index categories in NHANES 2005 – 2012«, in: *International Journal of Obesity*, *40*(5), 883 – 886 (https://doi.org/10.1038/ijo.2016.17).

40 McCrea, R. L.; Berger, Y. G. & King, M. B. (2012): »Body mass index and common mental disorders: Exploring the shape of the association and its moderation by age, gender and education«, in: *International Journal of Obesity*, *36*(3), 414 – 421 (https://doi.org/10.1038/ijo.2011.65).

41 Sendelbach, S. & Funk, M. (2013): »Alarm fatigue: A patient safety concern«, in: *AACN Advanced Critical Care*, *24*(4), 378 – 386; quiz 387 – 388 (https://doi.org/10.1097/NCI.0b013e3182a903f9).
Lawless, S. T. (1994): »Crying wolf: False alarms in a pediatric intensive care unit«, in: *Critical Care Medicine*, *22*(6), 981 – 985.

42 Mäkivirta, A.; Koski, E.; Kari, A. & Sukuvaara, T. (1991): »The median filter as a preprocessor for a patient monitor limit alarm system in intensive care«, in: *Computer Methods and Programs in Biomedicine*, *34*(2 – 3), 139 – 144 (https://doi.org/10.1016/0169–2607(91)90039-V).

43 Imhoff, M.; Kuhls, S.; Gather, U. & Fried, R. (2009): »Smart alarms from medical devices in the OR and ICU«, in: *Best Practice & Research Clinical Anaesthesiology*, *23*(1), 39 – 50 (https://doi.org/10.1016/J.BPA.2008.07.008).

44 Hofvind, S.; Geller, B. M.; Skelly, J. & Vacek, P. M. (2012): »Sensitivity and specificity of mammographic screening as practised in Vermont and Norway«, in: *The British Journal of Radiology*, 85(1020), e1226–32 (https://doi.org/10.1259/bjr/15168178).

45 Gigerenzer, G.; Gaissmaier, W.; Kurz-Milcke, E.; Schwartz, L. M. & Woloshin, S. (2007): »Helping doctors and patients make sense of health statistics«, in: *Psychological Science in the Public Interest*, *8*(2), 53 – 96 (https://doi.org/10.1111/j.1539–6053.2008.00033.x).

46 Gray, J. A. M.; Patnick, J. & Blanks, R. G. (2008): »Maximising benefit and minimising harm of screening«, in: BMJ (Clinical Research Ed.), 336(7642), 480 – 483 (https://doi.org/10.1136/bmj.39470.643218.94).

47 Gigerenzer, G.; Gaissmaier, W.; Kurz-Milcke, E.; Schwartz, L. M. & Woloshin, S. (2007): »Helping doctors and patients make sense of health statis-

tics«, in: Psychological Science in the Public Interest, 8(2), 53 – 96 (https://doi.org/10.1111/j.1539–6053.2008.00033.x).

48 Cornett, J. K. & Kirn, T. J. (2013): »Laboratory diagnosis of HIV in adults: A review of current methods«, in: Clinical Infectious Diseases, 57(5), 712 – 718 (https://doi.org/10.1093/cid/cit281).

49 Bougard, D.; Brandel, J.-P.; Bélondrade, M.; Béringue, V.; Segarra, C.; Fleury, H.; … Coste, J. (2016): »Detection of prions in the plasma of presymptomatic and symptomatic patients with variant Creutzfeldt-Jakob disease«, in: Science Translational Medicine, 8(370), 370ra182 (https://doi.org/10.1126/scitranslmed.aag1257).

50 Sigel, C. S. & Grenache, D. G. (2007): »Detection of unexpected isoforms of human chorionic gonadotropin by qualitative tests«, in: Clinical Chemistry, 53(5), 989 – 990(https://doi.org/10.1373/clinchem.2007.085399).

51 Daniilidis, A.; Pantelis, A.; Makris, V.; Balaouras, D. & Vrachnis, N. (2014): »A unique case of ruptured ectopic pregnancy in a patient with negative pregnancy test – a case report and brief review of the literature«, in: Hippokratia, 18(3), 282 – 284.

Kapitel 3

52 Schneps, L. & Colmez, C. (2013): *Math on trial. How numbers get used and abused in the courtroom*, Basic Books. (deutsch: *Wahrscheinlich Mord. Mathematik im Zeugenstand*. Hanser 2013).

53 Jean Mawhin (2005): »Henri Poincaré. A Life in the Service of Science«, in: *Notices of the American Mathematical Society*, *52*(9), 1036 – 1044.

54 Ramseyer, J. M.; & Rasmusen, E. B. (2001): »Why is the Japanese Conviction Rate so High?«, in: *The Journal of Legal Studies*, *30*(1), 53 – 88 (https://doi.org/10.1086/468111).

55 Meadow, R. (Ed.) (1989): *ABC of child abuse* (First edition). British Medical Journal Publishing Group.

56 Brugha, T.; Cooper, S.; McManus, S.; Purdon, S.; Smith, J.; Scott, F.; … Tyrer, F. (2012): »Estimating the Prevalence of Autism Spectrum Conditions in Adults – Extending the 2007 Adult Psychiatric Morbidity Survey«, NHS Digital.

57 Ehlers, S. & Gillberg, C. (1993): »The Epidemiology of Asperger Syndrome«, in: *Journal of Child Psychology and Psychiatry*, *34*(8), (https://doi.org/10.1111/j.1469–7610.1993.tb02094.x).

58 Fleming, P. J.; Blair, P. S. P.; Bacon, C. & Berry, P. J. (2000): *Sudden unexpected deaths in infancy. The CESDI SUDI studies 1993 – 1996*. The Stationery Office.
Leach, C. E. A.; Blair, P. S.; Fleming, P. J.; Smith, I. J.; Platt, M. W.; Berry, P. J.;

... Group, the C. S. R. (1999): »Epidemiology of SIDS and Explained Sudden Infant Deaths«, in: *Pediatrics*, *104*(4), e43 (https://doi.org/10.1542/PEDS.104.4.E43).

59 Summers, A. M.; Summers, C. W.; Drucker, D. B.; Hajeer, A. H.; Barson, A. & Hutchinson, I. V. (2000): »Association of IL-10 genotype with sudden infant death syndrome«, in: *Human Immunology*, *61*(12), 1270 – 1273 (https://doi.org/10.1016/S0198–8859(00)00183-X).

60 Brownstein, C. A.; Poduri, A.; Goldstein, R. D. & Holm, I. A. (2018): »The Genetics of Sudden Infant Death Syndrome«, in: *SIDS Sudden Infant and Early Childhood Death. The Past, the Present and the Future.*
Dashash, M.; Pravica, V.; Hutchinson, I. V.; Barson, A. J. & Drucker, D. B. (2006): »Association of Sudden Infant Death Syndrome With VEGF and IL-6 Gene Polymorphisms«, in: *Human Immunology*, *67*(8), 627 – 633 (https://doi.org/10.1016/J.HUMIMM.2006.05.002).

61 Ma, Y. Z. (2015): »Simpson's paradox in GDP and per capita GDP growths«, in: *Empirical Economics*, *49*(4), 1301 – 1315 (https://doi.org/10.1007/s00181-015-0921-3).

62 Nurmi, H. (1998): »Voting paradoxes and referenda«, in: *Social Choice and Welfare*, *15*(3), 333 – 350 (https://doi.org/10.1007/s003550050109).

63 Abramson, N. S.; Kelsey, S. F.; Safar, P. & Sutton-Tyrrell, K. (1992): »Simpson's paradox and clinical trials: What you find is not necessarily what you prove«, in: *Annals of Emergency Medicine*, *21*(12), 1480 – 1482 (https://doi.org/10.1016/S0196–0644(05)80066–6).

64 Yerushalmy, J. (1971): »The relationship of parents' cigarette smoking to outcome of pregnancy – implications as to the problem of inferring causation from observed associations«, in: *American Journal of Epidemiology*, *93*(6), 443 – 456 (https://doi.org/10.1093/oxfordjournals.aje.a121278).

65 Wilcox, A. J. (2001): »On the importance – and the unimportance – of birthweight«, in: *International Journal of Epidemiology*, *30*(6), 1233 – 1241 (https://doi.org/10.1093/ije/30. 6. 1233).

66 Dawid, A. P. (2005): »Bayes's Theorem and Weighing Evidence by Juries«, in: Richard Swinburne (Ed.), *Bayes's Theorem*. British Academy (https://doi.org/10.5871/bacad/9780197263419.003.0004).
Hill, R. (2004): »Multiple sudden infant deaths – coincidence or beyond coincidence?«, in: *Paediatric and Perinatal Epidemiology*, *18*(5), 320 – 326 (https://doi.org/10.1111/j.1365–3016.2004.00560.x).

67 Schneps, L. & Colmez, C. (2013): *Math on trial* (deutsch: *Wahrscheinlich Mord), a. a. O.*).

68 Jepson, R. G.; Williams, G. & Craig, J. C. (2012): »Cranberries for preventing urinary tract infections«, in: *Cochrane Database of Systematic Reviews*, (10) https://doi.org/10.1002/14651858.CD001321.pub5.

69 Hemilä, H.; Chalker, E. & Douglas, B. (2007): »Vitamin C for preventing and treating the common cold«, in: *Cochrane Database of Systematic Reviews*, (3) (https://doi.org/10.1002/14651858.CD000980.pub3).

Kapitel 4

70 American Society of News Editors (2019): »ASNE Statement of Principles«. Abgerufen am 16.3.2019 (https://www.asne.org/content.asp?pl=24&sl= 171&contentid=171).International Federation of Journalists (2019): »Principles on Conduct of Journalism – IFJ«. Abgerufen am 16.3.2019 (https://www.ifj.org/who/rules-and-policy/principles-on-conduct-of-journalism.html).
Associated Press Media Editors (2019): »Statement of Ethical Principles – APME«. Abgerufen am 16.3.2019 (https://www.apme.com/page/Ethics-Statement?&hhsearchterms=%22ethics%22).
Society of Professional Journalists (2019): »SPJ Code of Ethics«. Abgerufen am 16.3.2019 (https://www.spj.org/ethicscode.asp).

71 Troyer, K.; Gilboy, T. & Koeneman, B. (2001): »A nine STR locus match between two apparently unrelated individuals using AmpFlSTR® Profiler Plus and Cofiler«, in: *Genetic Identity Conference Proceedings, 12th International Symposium on Human Identification* (https://www.promega.ee/~/media/files/resources/conference_proceedings/ishi_12/poster_abstracts/troyer.pdf).

72 Curran, J. (2010): »Are DNA profiles as rare as we think? Or can we trust DNA statistics?«, in: *Significance*, *7*(2), 62 – 66 (https://doi.org/10.1111/j.1740–9713.2010.00420.x).

73 Ramirez, E.; Brill, J.; Ohlhausen, M. K.; Wright, J. D.; Terrell, M. & Clark, D. S. (2014): »In the matter of L'Oréal USA Inc., a corporation. Docket No. C«. (https://www.ftc.gov/system/files/documents/cases/140627lorealcmpt.pdf).

74 Squire, P. (1988): »Why the 1936 Literary Digest Poll Failed«, in: *Public Opinion Quarterly*, *52*(1), 125 (https://doi.org/10.1086/269085).

75 Simon, J. L. (2003): *The art of empirical investigation*. Transaction Publishers.

76 Literary Digest (1936): »Landon, 1,293,669; Roosevelt, 972,897: Final Returns in ›The Digest's‹ Poll of Ten Million Voter«, in: *Literary Digest, 122*, 5 – 6.

77 Cantril, H. (1937): »How Accurate Were the Polls?«, in: *Public Opinion Quarterly*, *1*(1), 97 (https://doi.org/10.1086/265040).
Lusinchi, D. (2012): »›President‹ Landon and the 1936 Literary Digest Poll«, in: *Social Science History*, *36*(01), 23 – 54 (https://doi.org/10.1017/S014555320001035X).

78 Squire, P. (1988): »Why the 1936 Literary Digest Poll Failed«, in: *Public Opinion Quarterly*, *52*(1), 125 (https://doi.org/10.1086/269085).

79 Blog-Post von polarizingthevacuum, 8. September 2016. Abgerufen am 21.3.2019 (https://polarizingthevacuum.wordpress.com/2016/09/08/rod-liddle-said-do-the-math-so-i-did/#comments).

80 Federal Bureau of Investigation (2015): »Crime in the United States: FBI – Expanded Homicide Data Table 6« (https://ucr.fbi.gov/crime-in-the-u.s/2015/crime-in-the-u. s.-2015/tables/expanded_homicide_data_table_6_murder_race_and_sex_of_vicitm_by_race_and_sex_of_offender_2015.xls).

81 U. S. Census Bureau (2015): »American FactFinder – Results« (https://factfinder.census.gov/bkmk/table/1.0/en/ACS/15_5YR/DP05/0100000US).

82 Swaine, J.; Laughland, O.; Lartey, J. & McCarthy, C. (2016): »The Counted: People killed by police in the US« (https://www.theguardian.com/us-news/series/counted-us-police-killings).

83 Tran, M. (2015, October 8): »FBI chief: ›unacceptable‹ that Guardian has better data on police violence«, in: *The Guardian* (https://www.theguardian.com/us-news/2015/oct/08/fbi-chief-says-ridiculous-guardian-washington-post-better-information-police-shootings).

84 Federal Bureau of Investigation (2015): »Crime in the United States: Full-time Law Enforcement Employees« (https://ucr.fbi.gov/crime-in-the-u.s/2015/crime-in-the-u. s.-2015/tables/table-74).

85 World Cancer Research Fund & American Institute for Cancer Research (2007): »Second Expert Report«. World Cancer Research Fund International (http://discovery.ucl.ac.uk/4841/1/4841.pdf).

86 Newton-Cheh, C.; Larson, M. G.; Vasan, R. S.; Levy, D.; Bloch, K. D.; Surti, A.; … Wang, T. J. (2009): »Association of common variants in NPPA and NPPB with circulating natriuretic peptides and blood pressure«, in: *Nature Genetics*, *41*(3), 348 – 353 (https://doi.org/10.1038/ng.328).

87 Garcia-Retamero, R. & Galesic, M. (2010): »How to reduce the effect of framing on messages about health«, in: *Journal of General Internal Medicine*, *25*(12), 1323 – 1329 (https://doi.org/10.1007/s11606-010-1484-9).

88 Sedrakyan, A. & Shih, C. (2007): »Improving Depiction of Benefits and Harms«, in: *Medical Care*, *45*(10 Suppl 2), 23 – 28 (https://doi.org/10.1097/MLR.0b013e3180642f69).

89 Fisher, B.; Costantino, J. P.; Wickerham, D. L.; Redmond, C. K.; Kavanah, M.; Cronin, W. M.; … Wolmark, N. (1998): »Tamoxifen for Prevention of Breast Cancer: Report of the National Surgical Adjuvant Breast and Bowel Project P-1 Study«, in: *Journal of the National Cancer Institute*, *90*(18), 1371 – 1388 (https://doi.org/10.1093/jnci/90.18.1371).

90 Passerini, G.; Macchi, L. and Bagassi, M. (2012): »A methodological approach to ratio bias«, in: *Judgment and Decision Making*, *7*(5).

91 Denes-Raj, V. & Epstein, S. (1994): »Conflict between intuitive and rational

processing: When people behave against their better judgment«, in: *Journal of Personality and Social Psychology*, *66*(5), (https://doi.org/10.1037/0022–3514.66.5.819).

92 Faigel, H. C. (1991): »The Effect of Beta Blockade on Stress-Induced Cognitive Dysfunction in Adolescents«, in: *Clinical Pediatrics*, *30*(7), 441 – 445 (https://doi.org/10.1177/000992289103000706).

93 Hróbjartsson, A., & Gøtzsche, P. C. (2010): »Placebo interventions for all clinical conditions«, in: *Cochrane Database of Systematic Reviews*, (1) (https://doi.org/10.1002/14651858.CD003974.pub3).

94 Lott, J. R. (2000): *More guns, less crime. Understanding crime and gun control laws* (2nd ed.). University of Chicago Press.
Lott, Jr., J. R. & Mustard, D. B. (1997): »Crime, Deterrence, and Right to Carry Concealed Handguns«, in: *The Journal of Legal Studies*, *26*(1), 1 – 68 (https://doi.org/10.1086/467988).
Plassmann, F. & Tideman, T. N. (2001): »Does the Right to Carry Concealed Handguns Deter Countable Crimes? Only a Count Analysis Can Say«, in: *The Journal of Law and Economics*, *44*(S2), 771 – 798 (https://doi.org/10.1086/323311).
Bartley, W. A. & Cohen, M. A. (1998): »The effect of concealed weapons laws. An extreme bound analysis«, in: *Economic Inquiry*, *36*(2), 258 – 265 (https://doi.org/10.1111/j.1465–7295.1998.tb01711.x).
Moody, C. E. (2001): »Testing for the Effects of Concealed Weapons Laws. Specification Errors and Robustness«, in: *The Journal of Law and Economics*, *44*(S2), 799 – 813 (https://doi.org/10.1086/323313).

95 Levitt, S. D. (2004): »Understanding Why Crime Fell in the 1990s. Four Factors that Explain the Decline and Six that Do Not«, in: *Journal of Economic Perspectives*, *18*(1), 163 – 190 (https://doi.org/10.1257/08953300477356 3485).

96 Grambsch, P. (2008): »Regression to the Mean, Murder Rates, and Shall-Issue Laws«, in: *The American Statistician*, *62*(4), 289 – 295 (https://doi.org/10.1198/000313008X362446).

Kapitel 5

97 Weber-Wulff, D. (1992): »Rounding error changes parliament makeup«, in: *The Risks Digest*, 13(37).

98 McCullough, B. D. & Vinod, H. D. (1999): »The numerical reliability of econometric software«, in: *Journal of Economic Literature*, 37(2), 633 – 665 (https://doi.org/10.1257/jel.37.2.633).

99 Technisch unterscheiden sich die US-amerikanischen Einheiten etwas von ihren Verwandten in Großbritannien. Die Unterschiede sind jedoch so ge-

ringfügig, dass sie für die Zwecke dieses Buches nicht ins Gewicht fallen. Wir verwenden deshalb für beide Maßsysteme die Bezeichnung »imperial«.

100 Wolpe, H. (1992): »Patriot missile defense: software problem led to system failure at Dhahran, Saudi Arabia«. United States General Accounting Office, Washington D.C. (https://www.gao.gov/products/IMTEC-92–26).

Kapitel 6

101 Jaffe, A.M. (2006): »The millennium grand challenge in mathematics«, in: *Notices of the AMS* 53.6.

102 Perelman, G. (2002): »The entropy formula for the Ricci flow and its geometric applications« (http://arxiv.org/abs/math/0211159).
Perelman, G. (2003): »Finite extinction time for the solutions to the Ricci flow on certain three-manifolds« (http://arxiv.org/abs/math/0307245).
Perelman, G. (2003): »Ricci flow with surgery on three-manifolds« (http://arxiv.org/abs/math/0303109).

103 Cook, W. (2012): *In Pursuit of the Traveling Salesman. Mathematics at the Limits of Computation.* Princeton University Press.

104 Dijkstra, E.W. (1959): »A note on two problems in connexion with graphs«, in: *Numerische Mathematik*, 1(1), 269–71.

105 Die eulersche Zahl e tauchte erstmals im 17. Jahrhundert auf, als der Schweizer Mathematiker Jakob Bernoulli (ein Onkel des Biologie-Mathematikers Daniel Bernoulli, dessen epidemiologische Beiträge in Kapitel 7 erwähnt werden) Untersuchungen zum Zinseszins anstellte. Auf Zinseszins sind wir in Kapitel 1 gestoßen; es bedeutet, dass man den Zinsertrag wieder dem Konto gutschreibt, sodass er seinerseits Zinsertrag bringt. Bernoulli untersuchte, wie sich der Zinsertrag am Jahresende akkumuliert, abhängig davon, wie oft Zins erhoben wird. Man stelle sich der Einfachheit halber vor, dass die Bank jährlich 100 Prozent Bonuszins auf die ursprüngliche Einlage von 1 Euro ausschüttet. Was geschieht, wenn die Bank erst Ende des Jahres verzinst? Dann erhält man 1 Euro Zinsertrag, worauf aber kein Zins mehr gezahlt wird, weil das Jahr zu Ende ist. Man hat also 2 Euro am Ende des Jahres. Wenn die Bank jedoch zweimal im Jahr zahlt, errechnet sie nach einem halben Jahr den Zinsertrag, der dem halben Zins von 50 Prozent entspricht, und man hat 1,50 Euro auf dem Konto. Am Ende des Jahres gibt es dafür die restlichen 50 Prozent Zinsen, also 0,75 Euro, sodass insgesamt 2,25 Euro auf dem Konto sind. Je öfter verzinst wird, desto höher ist der Endbetrag am Ende des Jahres. Vierteljährliche Verzinsung, zum Beispiel, führt zu 2,44 Euro, monatliche Verzinsung ergibt 2,61 Euro. Bernoulli konnte zeigen, dass sich bei kontinuierlicher Verzinsung mit einem entspre-

chend unendlich kleinen Zinssatz der Endbetrag auf etwa 2,72 Euro beläuft. Genau genommen würde das Ergebnis *e* Euro lauten.

106 Ferguson, T. S. (1989): »Who solved the secretary problem?«, in: *Statistical Science*, 4(3), 282–289 (https://doi.org/10.1214/ss/1177012493).
Gilbert, J. P. & Mosteller, F. (1966): »Recognizing the maximum of a sequence«, in: *Journal of the American Statistical Association*, 61(313), 35 (https://doi.org/10.2307/2283044).

Kapitel 7

107 Fiebelkorn, A. P.; Redd, S. B.; Gastañaduy, P. A.; Clemmons, N.; Rota, P. A.; Rota, J. S.; … Wallace, G. S. (2017): »A comparison of postelimination measles epidemiology in the United States, 2009–2014 versus 2001–2008«, in: *Journal of the Pediatric Infectious Diseases Society*, 6(1), 40–48 (https://doi.org/10.1093/jpids/piv080).

108 Jenner, E. (1798): *An inquiry into the causes and effects of the variolae vaccinae, a disease discovered in some of the western counties of England, particularly Gloucestershire, and known by the name of the cow pox.* (Ed. S. Low).

109 Booth, J. (1977): »A short history of blood pressure measurement«, in: *Proceedings of the Royal Society of Medicine*, 70(11), 793–799.

110 Bernoulli, D. & Blower, S. (2004): »An attempt at a new analysis of the mortality caused by smallpox and of the advantages of inoculation to prevent it«, in: *Reviews in Medical Virology*, 14(5), 275–288 (https://doi.org/10.1002/rmv.443).

111 Hays, J. N. (2005): *Epidemics and Pandemics. Their Impacts on Human History.* ABC-CLIO. Watts, S. (1999): »British development policies and malaria in India 1897–c.1929«, in: *Past & Present*, 165(1), 141–181 (https://doi.org/10.1093/past/165.1.141).
Harrison, M. (1998): »›Hot beds of disease‹: malaria and civilization in nineteenth-century British India«, in: *Parassitologia*, 40(1–2), 11–18 (http://www.ncbi.nlm.nih.gov/pubmed/9653727).
Mushtaq, M. U. (2009): »Public health in British India. A brief account of the history of medical services and disease prevention in colonial India«, in: *Indian Journal of Community Medicine: Official Publication of Indian Association of Preventive & Social Medicine*, 34(1), 6–14 (https://doi.org/10.4103/0970–0218.45369).

112 Simpson, W. J. (2010): *A Treatise on Plague Dealing with the Historical, Epidemiological, Clinical, Therapeutic and Preventive Aspects of the Disease.* Cambridge University Press (https://doi.org/10.1017/CBO9780511710773).

113 Kermack, W. O. & McKendrick, A. G. (1927): »A contribution to the mathematical theory of epidemics«, in: *Proceedings of the Royal Society A:*

Mathematical, Physical and Engineering Sciences, 115(772), 700 – 721 (https://doi.org/10.1098/rspa.1927.0118).

114 Hall, A. J.; Wikswo, M. E.; Pringle, K.; Gould, L. H.; Parashar, U. D. (2014): »Vital signs: food-borne norovirus outbreaks – United States, 2009 – 2012«, in: *Morbidity and Mortality Weekly Report*, 63(22), 491 – 495.

115 Murray, J. D. (2002): *Mathematical Biology I. An Introduction*. Springer.

116 Bosch, F. X.; Manos, M. M.; Muñoz, N.; Sherman, M.; Jansen, A. M.; Peto, J.; … Shah, K. V. (1995): »Prevalence of human papillomavirus in cervical cancer: a worldwide perspective. International Biological Study on Cervical Cancer (IBSCC) Study Group«, in: *Journal of the National Cancer Institute*, 87(11), 796 – 802.

117 Gavillon, N.; Vervaet, H.; Derniaux, E.; Terrosi, P.; Graesslin, O. & Quereux, C. (2010): »Papillomavirus humain (HPV): Comment ai-je attrapé ça?«, in: *Gynécologie Obstétrique & Fertilité*, 38(3), 199 – 204 (https://doi.org/10.1016/J.GYOBFE.2010.01.003).

118 Jit, M.; Choi, Y. H. & Edmunds, W. J. (2008): »Economic evaluation of human papillomavirus vaccination in the United Kingdom«, in: *BMJ* (*Clinical Research Ed.*), 337, a769 (https://doi.org/10.1136/bmj.a769).

119 Zechmeister, I.; Blasio, B. F. de; Garnett, G.; Neilson, A. R. & Siebert, U. (2009): »Cost-effectiveness analysis of human papillomavirus-vaccination programs to prevent cervical cancer in Austria«, in: *Vaccine*, 27(37), 5133 – 5141 (https://doi.org/10.1016/J.VACCINE.2009.06.039).

120 Kohli, M.; Ferko, N.; Martin, A.; Franco, E. L.; Jenkins, D.; Gallivan, S.; … Drummond, M. (2007): »Estimating the long-term impact of a prophyl-actic human papillomavirus 16/18 vaccine on the burden of cervical cancer in the UK«, in: *British Journal of Cancer*, 96(1), 143 – 150 (https://doi.org/10.1038/sj.bjc.6603501).

Kulasingam, S. L.; Benard, S.; Barnabas, R. V.; Largeron, N. & Myers, E. R. (2008): »Adding a quadrivalent human papillomavirus vaccine to the UK cervical cancer screening programme: a cost-effectiveness analysis«, in: *Cost Effectiveness and Resource Allocation*, 6(1), 4 (https://doi.org/10.1186/1478-7547-6-4).

Dasbach, E.; Insinga, R. & Elbasha, E. (2008): »The epidemiological and economic impact of a quadrivalent human papillomavirus vaccine (6/11/16/18) in the UK«, in: *BJOG: An International Journal of Obstetrics & Gynaecology*, 115(8), 947 – 56 (https://doi.org/10.1111/j.1471–0528.2008.01743.x).

121 Hibbitts, S. (2009): »Should boys receive the human papillomavirus vaccine? Yes«, in: *BMJ*, 339, b4928 (https://doi.org/10.1136/BMJ.B4928).

Parkin, D. M. & Bray, F. (2006): »Chapter 2: The burden of HPV-related cancers«, in: *Vaccine*, 24, S11–S25 (https://doi.org/10.1016/J.VACCINE.2006.05.111).

Watson, M.; Saraiya, M.; Ahmed, F.; Cardinez, C. J.; Reichman, M. E.; Weir, H. K. & Richards, T. B. (2008): »Using population-based cancer registry data to assess the burden of human papillomavirus-associated cancers in the United States: Overview of methods«, in: *Cancer*, 113(S10), 2841–2854 (https://doi.org/10.1002/cncr.23758).

122 Hibbitts, S. (2009): »Should boys receive the human papillomavirus vaccine? Yes«, in: *BMJ*, 339, b4928. https://doi.org/10.1136/BMJ.B4928).
ICO/IARC Information Centre on HPV and Cancer (2018): »United Kingdom Human Papillomavirus and Related Cancers«, Fact Sheet 2018.
Watson, M.; Saraiya, M.; Ahmed, F.; Cardinez, C. J.; Reichman, M. E.; Weir, H. K. & Richards, T. B. (2008): »Using population-based cancer registry data to assess the burden of human papillomavirus-associated cancers in the United States: Overview of methods«, in: *Cancer*, 113(S10), 2841–2854 (https://doi.org/10.1002/cncr.23758).

123 Yanofsky, V. R.; Patel, R. V. & Goldenberg, G. (2012): »Genital warts: a comprehensive review«, in: *The Journal of Clinical and Aesthetic Dermatology*, 5(6), 25–36.

124 Hu, D. & Goldie, S. (2008): »The economic burden of noncervical human papillomavirus disease in the United States«, in: *American Journal of Obstetrics and Gynecology*, 198(5), 500.e1–500.e7 (https://doi.org/10.1016/. AJOG.2008.03.064).

125 Gómez-Gardeñes, J.; Latora, V.; Moreno, Y. & Profumo, E. (2008): »Spreading of sexually transmitted diseases in heterosexual populations«, in: *Proceedings of the National Academy of Sciences of the United States of America*, 105(5), 1399–1404 (https://doi.org/10.1073/pnas.0707332105).

126 Blas, M. M.; Brown, B.; Menacho, L.; Alva, I. E.; Silva-Santisteban, A. & Carcamo, C. (2015): »HPV Prevalence in multiple anatomical sites among men who have sex with men in Peru«, in: *PLOS ONE*, 10(10), e0139524 (https://doi.org/10.1371/journal.pone.0139524).
McQuillan, G.; Kruszon-Moran, D.; Markowitz, L. E.; Unger, E. R. & Paulose-Ram, R. (2017): »Prevalence of HPV in Adults aged 18–69: United States, 2011–2014«, in: *NCHS Data Brief*, (280), 1–8 (http://www.ncbi. nlm.nih.gov/pubmed/28463105).

127 D'Souza, G.; Wiley, D. J.; Li, X.; Chmiel, J. S.; Margolick, J. B.; Cranston, R. D. & Jacobson, L. P. (2008): »Incidence and epidemiology of anal cancer in the multicenter AIDS cohort study«, in: *Journal of Acquired Immune Deficiency Syndromes* (1999), 48(4), 491–499 (https://doi.org/10.1097/QAI. 0b013e31817aebfe).
Johnson, L. G.; Madeleine, M. M.; Newcomer, L. M.; Schwartz, S. M. & Daling, J. R. (2004): »Anal cancer incidence and survival: the surveillance, epidemiology, and end results experience, 1973–2000«, in: *Cancer*, 101(2), 281–288 (https://doi.org/10.1002/cncr.20364).

Qualters, J. R.; Lee, N. C.; Smith, R. A. & Aubert, R. E. (1987): »Breast and cervical cancer surveillance, United States, 1973 – 1987«, in: *Morbidity and Mortality Weekly Report: Surveillance Summaries.* Centers for Disease Control & Prevention (CDC).

U. S. Cancer Statistics Working Group (2018): »U. S. Cancer Statistics Data Visualizations Tool, based on November 2017 submission data (1999 – 2015)«. U. S. Department of Health and Human Services, Centers for Disease Control and Prevention and National Cancer Institute (www.cdc.gov/cancer/dataviz).

Noone, A. M.; Howlader, N.; Krapcho, M.; Miller, D.; Brest, A.; Yu, M.; Ruhl, J.; Tatalovich, Z.; Mariotto, A.; Lewis, D. R.; Chen, H. S.; Feuer, E. J.; Cronin, K. A. (Hrsg. 2018): »SEER Cancer Statistics Review, 1975 – 2015«. National Cancer Institute. (https://seer.cancer.gov/csr/1975_2015/).

Chin Hong, P. V.; Vittinghoff, E.; Cranston, R. D.; Buchbinder, S.; Cohen, D.; Colfax, G.; … Palefsky, J. M. (2004): »Age specific prevalence of anal human papillomavirus infection in HIV negative sexually active men who have sex with men: The EXPLORE Study«, in: *The Journal of Infectious Diseases,* 190(12), 2070 – 2076 (https://doi.org/10.1086/425906).

128 Brisson, M.; Bénard, É.; Drolet, M.; Bogaards, J. A.; Baussano, I.; Vänskä, S.; … Walsh, C. (2016): »Population-level impact, herd immunity, and elimination after human papillomavirus vaccination: a systematic review and meta-analysis of predictions from transmission-dynamic models«, in: *Lancet.* Public Health, 1(1), e8–e17 (https://doi.org/10.1016/S2468 – 2667 (16)30001–9).

Keeling, M. J.; Broadfoot, K. A. & Datta, S. (2017): »The impact of current infection levels on the cost-benefit of vaccination«, in: *Epidemics,* 21, 56 – 62 (https://doi.org/10.1016/J.EPIDEM.2017.06.004).

Joint Committee on Vaccination and Immunisation (2018): »Statement on HPV vaccination« (https://www.gov.uk/government/publications/jcvi-statement-extending-the-hpv-vaccination-programmeconclusions).

Joint Committee on Vaccination and Immunisation (2018): »Interim statement on extending the HPV vaccination programme« (https://www.gov.uk/government/publications/jcvi-statementextending-the-hpv-vaccination-programme).

129 Mabey, D.; Flasche, S. & Edmunds, W. J. (2014): »Airport screening for Ebola«, in: *BMJ (Clinical Research Ed.),* 349, g6202 (https://doi.org/10.1136/bmj.g6202).

130 Castillo-Chavez, C.; Castillo-Garsow, C. W. & Yakubu, A.-A. (2003): »Mathematical Models of Isolation and Quarantine«, in: *JAMA: The Journal of the American Medical Association,* 290(21), 2876 – 2877 (https://doi.org/10.1001/jama.290.21.2876).

131 Day, T.; Park, A.; Madras, N.; Gumel, A. & Wu, J. (2006): »When is quaran-

tine a useful control strategy for emerging infectious diseases?«, in: *American Journal of Epidemiology*, 163(5), 479–485 (https://doi.org/10.1093/aje/kwj056).

Peak, C. M.; Childs, L. M.; Grad, Y. H. & Buckee, C. O. (2017): »Comparing nonpharmaceutical interventions for containing emerging epidemics«, in: *Proceedings of the National Academy of Sciences of the United States of America*, 114(15), 4023–4028 (https://doi.org/10.1073/pnas.1616438114).

132 Agusto, F. B.; Teboh-Ewungkem, M. I. & Gumel, A. B. (2015): »Mathematical assessment of the effect of traditional beliefs and customs on the transmission dynamics of the 2014 Ebola outbreaks«, in: *BMC Medicine*, 13(1), 96 (https://doi.org/10.1186/s12916-015-0318-3).

133 Majumder, M. S.; Cohn, E. L.; Mekaru, S. R.; Huston, J. E. & Brownstein, J. S. (2015): »Substandard vaccination compliance and the 2015 measles outbreak«, in: *JAMA Pediatrics*, 169(5), 494 (https://doi.org/10.1001/jamapediatrics.2015.0384).

134 Wakefield, A.; Murch, S.; Anthony, A.; Linnell, J.; Casson, D.; Malik, M.; … Walker-Smith, J. (1998): »RETRACTED: Ileal-lymphoid-nodular hyperplasia, non-specific colitis, and pervasive developmental disorder in children«, in: *Lancet*, 351(9103), 637–641 (https://doi.org/10.1016/S0140–6736(97)11096–0).

135 World Health Organisation: strategic advisory group of experts on immunization (2018): »SAGE DoV GVAP Assessment report 2018« (https://www.who.int/immunization/global_vaccine_action_plan/sage_assessment_reports/en/).

Register